面向深度分析的
专利大数据
集成与深加工研究

张　静　雷孝平　陈　亮◎著

科学技术文献出版社
SCIENTIFIC AND TECHNICAL DOCUMENTATION PRESS
·北京·

图书在版编目（CIP）数据

面向深度分析的专利大数据集成与深加工研究 / 张静，雷孝平，陈亮著 . —北京：科学技术文献出版社，2023. 3

ISBN 978-7-5235-0066-8

Ⅰ . ①面…　Ⅱ . ①张…　②雷…　③陈…　Ⅲ . ①专利—分析—数据处理　Ⅳ . ① G306

中国国家版本馆 CIP 数据核字（2023）第 037358 号

面向深度分析的专利大数据集成与深加工研究

策划编辑：周国臻　　责任编辑：王　培　　责任校对：王瑞瑞　　责任出版：张志平

出 版 者　科学技术文献出版社
地　　址　北京市复兴路15号　　邮编　100038
编 务 部　（010）58882938，58882087（传真）
发 行 部　（010）58882868，58882870（传真）
邮 购 部　（010）58882873
官方网址　www.stdp.com.cn
发 行 者　科学技术文献出版社发行　全国各地新华书店经销
印 刷 者　北京厚诚则铭印刷科技有限公司
版　　次　2023 年 3 月第 1 版　2023 年 3 月第 1 次印刷
开　　本　787×1092　1/16
字　　数　325千
印　　张　16.5　彩插4面
书　　号　ISBN 978-7-5235-0066-8
定　　价　58.00元

目　录

1 引 言

长期以来，由于专利数据具备涵盖信息全面、及时、公开、易获取等特点，成为科技评价与科技战略研究的重要信息资源。

随着数据资源的日渐丰富、数据获取渠道的日渐便捷，以及数据分析的方法日渐成熟，科研人员和创新主体对专利分析深度、广度的要求日渐提高，传统的专利数据库与专利信息检索分析平台越来越暴露出其在数据加工深度和数据集成广度上的局限性。

1.1 传统专利数据库的局限性

专利数据库是研究人员获取专利信息的便利途径，对专利信息分析起着至关重要的作用。然而，研究人员在使用过程中，往往发现在常见的专利数据库的使用过程中存在各种限制。

第一，无论是免费专利数据库还是商业化的专利数据库，可检索和下载的专利数量和内容都受到限制。免费的专利数据库往往不向用户提供规模化下载专利数据的接口，可供用户下载的专利信息内容也往往局限于寥寥的几个专利著录项；而商业化的专利数据库出于自身利益和性能的考虑也对用户的行为有诸多限制，以 Derwent Innovation Index 数据库为例，检索结果不能多于 10 万件专利，单次下载专利数据不能超过 500 条。这些限制对于研究人员的工作造成了很多不便，尤其是进行一些中观、宏观课题的研究时，往往因为数据使用限制而无法顺利开展。

第二，从专利信息提供方式看，目前主流专利数据库将专利信息往往以文本文档（TXT）、一张平面表（CSV 格式）或者 XML 格式方式提供给用户。这种数据提供方式，可以满足用户以查新和普通调研为目的浏览专利信息的需求，却难以满足用户对大量专利信息的统计分析需求。用户从传统专利数据库取得专利信息之后，往往还要借助信息处理专家对这些专利信息进行重新处理和加工，或者使用商业化专利数据库所对应的特殊软件来进行专利分析，而无法使用大量常见的、通用的信息分析挖掘软件。因此，传统专利数据库的信息提供方式提高了专利信息深度分析工作的难度。

第三，传统的专利数据库往往只是对知识产权局在册专利处理流程信息的简单整理，没有充分考虑研究人员的分析需求，存在大量冗余信息。举例来说，由于各国专利制度和专利信息管理系统的不同，对专利申请、公告过程中的信息记录存在很大差异，传统专利数据库在处理欧洲专利数据时，将专利的多次公开公告信息均作为一条独立的记录，而忽略了这些专利均指向同一发明的实质。这类冗余信息的大量存在导致研究人员在进行统计分析时，很难对不同国家的技术发展情况进行公平的比较。

第四，数据规范的不透明和不一致也是研究人员从事专利分析工作时碰到的主要障碍之一。通常情况下，免费专利数据库提供的专利信息内容有限，而且规范化程度较差；而商业化专利数据虽然对专利数据进行了各具特色的清洗和加工，但出于商业利益考虑，往往对其数据加工规范和流程保密。当研究人员需要对不同来源的专利数据进行综合处理时，往往因为不了解各自的数据规范而陷入困境。

1.2 专利数据并非信息孤岛

专利信息并不是孤立的，涉及技术、法律、商业等多种信息，完整准确的专利分析需要全面的数据支持，而传统专利数据库大多以对专利题录信息的整理为主，未对专利的法律状态、专利权转让、专利权人变更等动态衍生信息进行深入处理。有些数据库能够提供专利法律状态的检索，其法律状态数据也是与专利题录信息独立的，研究人员无法对其进行深入的分析。

此外，随着信息技术的发展，互联网上可以获取的信息资源种类越来越丰富，各类科学数据、商业数据俯拾皆是：如上市公司数据、技术标准数据、项目成果数据、商业市场数据、人才履历数据、产业链数据等不胜枚举。由于专利本身兼具技术、法律、商业的综合性特征，专利也可以通过技术主题、研发团队等因素和各类信息资源建立紧密的关联。信息分析挖掘技术的进一步发展，也为分析多维海量关联数据提供了技术手段。因此，现有的基于单一信息源的分析挖掘已经不能满足深度分析的需求。打破原有的信息孤岛，在各类信息之间建立关联，为分析提供更为丰富和立体的信息支撑已经成为一种迫切的、在现有技术条件下能够满足的需求。

1.3 以专利为核心的大数据集成与深加工势在必行

大数据环境下，传统的专利数据库已经无法满足研究人员的需求，成为专利深度分析挖掘的信息瓶颈，突破传统的专利分析模式，基于互联互通的多信息源拓展专利分析的深度与广度，已经成为业界的共识。

在此背景下，针对深度分析需求，面对良莠不齐的各种专利信息源，哪些内容的信息元素以什么样的质量标准才能纳入专利分析的核心数据框架？多源异构的专利信息应该以什么规范和数据模型进行集成？信息元素之间的关系应该如何构建？而面对不同性质和品类的信息资源，如何基于信息资源本身的内容和结构特征与专利数据建立关联？从各类信息资源中提取哪些信息元素？以什么规范对相关信息元素进行深加工？……这些都是亟待解决的问题。

在本书中，我们将以中国科学技术信息研究所承担的国家重点研发计划课题“知识产权信息智能采集及深度加工技术研究与应用示范”（课题编号：2017YFB1401902）的相关研究为基础，结合中国科学技术信息研究所专利研究团队多年来在专利数据处理和分析挖掘领域积累的研究经验，尝试为以专利为核心的大数据集成与深加工所面临的问题给出答案。

2　国内外主要专利数据资源

随着专利制度在世界经济、贸易、科技活动中地位的不断提高，社会公众对专利信息的需求越来越迫切。为了适应这种需求，各国专利局及专利情报机构都在不断丰富其专利信息产品的种类。网络时代的到来，使人们通过计算机网络远程获取和共享数据库信息变得更加方便快捷。

本章主要介绍互联网上典型的专利文献资源，旨在帮助读者了解和有效利用专利文献，获知进行专利检索的多种资源和途径，掌握互联网上主要的专利文献数据信息。

目前，根据提供商不同，互联网上常见的专利文献资源可以分为各国（地区）专利局及相关知识产权组织通过其网站提供的专利数据库和商业机构提供的专利数据库两大类。本章分别介绍这两种类型的国际知名的专利文献数据库，以便读者更好地掌握各专利文献资源的特点。

2.1　主要专利局提供的专利文献数据库

各国（地区）专利局及相关知识产权组织的网站上一般都会提供本局或本组织出版的专利文献，更新比较及时，部分网站还会提供与其他专利局和知识产权组织交换的专利数据。不同来源的专利文献所包含的信息有所差别，提供方式和供用户获取的方式也存在各种差异。

本节介绍一些主要专利局网站上提供的专利文献数据库，各项相关数据资源及统计数据信息均截止到 2020 年 9 月。

2.1.1　中国国家知识产权局网站

2.1.1.1　概况

中国国家知识产权局（SIPO）网站（http://www.cnipa.gov.cn/）是中国政府知识产权官方网站（图 2-1）。该网站包括中文和英文两个版本，都提供中国专利文献数据。在中文版面中，在“政务服务”下的“专利”模块中可以看到“专利检索”项，点击后进入专利检索及分析网页（http://pss-system.cnipa.gov.cn/sipopublicsearch/portal/app/home/declare.jsp），页面提供多个检索入口和多种语言，可以选择相应检索入口和语种进行专利检索。

图 2-1 中国国家知识产权局（SIPO）网站

2.1.1.2 数据收录范围及更新

专利检索及分析系统共收集了 103 个国家、地区和组织的专利数据，同时还收录了专利的引文、同族、法律状态等数据信息。其中，中国专利数据每周更新两次，国外专利数据、专利同族数据、专利法律状态信息每周更新一次，引文信息每周更新一次。

2.1.1.3 主要数据字段介绍

为了保证检索的全面性，充分体现数据的特点，系统根据专利数据范围的不同提供了不同的检索表格项。高级检索所涉及的主要数据字段如表 2-1 所示。

表 2-1 SIPO 专利高级检索所涉及的主要数据字段

序号	字段名称	所属数据范围
1	申请号	中外专利联合检索；中国专利检索；外国及港澳台专利检索
2	申请日	
3	公开（公告）号	
4	公开（公告）日	
5	发明名称	
6	IPC 分类号	
7	申请（专利权）人	
8	发明人	
9	优先权号	
10	优先权日	

续表

<table>
<tr><th>序号</th><th>字段名称</th><th>所属数据范围</th></tr>
<tr><td>11</td><td>摘要</td><td rowspan="4">中外专利联合检索；
中国专利检索；
外国及港澳台专利检索</td></tr>
<tr><td>12</td><td>权利要求</td></tr>
<tr><td>13</td><td>说明书</td></tr>
<tr><td>14</td><td>关键词</td></tr>
<tr><td>15</td><td>外观设计洛迦诺分类号</td><td rowspan="10">中国专利检索</td></tr>
<tr><td>16</td><td>外观设计简要说明</td></tr>
<tr><td>17</td><td>申请（专利权）人所在国（省）</td></tr>
<tr><td>18</td><td>申请人地址</td></tr>
<tr><td>19</td><td>申请人邮编</td></tr>
<tr><td>20</td><td>PCT 进入国家阶段日期</td></tr>
<tr><td>21</td><td>PCT 国际申请号</td></tr>
<tr><td>22</td><td>PCT 国际申请日期</td></tr>
<tr><td>23</td><td>PCT 国际申请公开号</td></tr>
<tr><td>24</td><td>PCT 国际申请公开日期</td></tr>
<tr><td>25</td><td>ECLA 分类号</td><td rowspan="12">外国及港澳台专利检索</td></tr>
<tr><td>26</td><td>UC 分类号</td></tr>
<tr><td>27</td><td>FT 分类号</td></tr>
<tr><td>28</td><td>FI 分类号</td></tr>
<tr><td>29</td><td>发明名称（英）</td></tr>
<tr><td>30</td><td>发明名称（法）</td></tr>
<tr><td>31</td><td>发明名称（德）</td></tr>
<tr><td>32</td><td>发明名称（其他）</td></tr>
<tr><td>33</td><td>摘要（英）</td></tr>
<tr><td>34</td><td>摘要（法）</td></tr>
<tr><td>35</td><td>摘要（德）</td></tr>
<tr><td>36</td><td>摘要（其他）</td></tr>
</table>

除了专利检索中涉及一些专利数据字段外，还有一些专利数据信息在专利详情界面进行了展示。SIPO 专利详情界面如图 2-2 所示。

图 2-2 SIPO 中国专利详情界面示例

从专利详情界面中所展示的专利信息可以看到，除了包含专利著录项目信息，还包含摘要附图、全文文本、全文图像、法律状态信息、引证信息、同族信息等。其中，法律状态信息包含申请号、法律状态公告日、法律状态含义；引证信息包含专利引证文献和非专利引证文献，专利引证文献中包含相关性、公开号、IPC 分类号、相关段落、相关权利要求等信息；专利同族信息包含家族号码、公开公告号、公开公告日、申请号、优先权号、发明名称等信息。

2.1.2 美国专利商标局网站

2.1.2.1 概况

美国专利商标局（USPTO）网站（https://www.uspto.gov/）是美国知识产权政府性官方网站，该网站提供了专利检索功能，如图 2-3 所示。

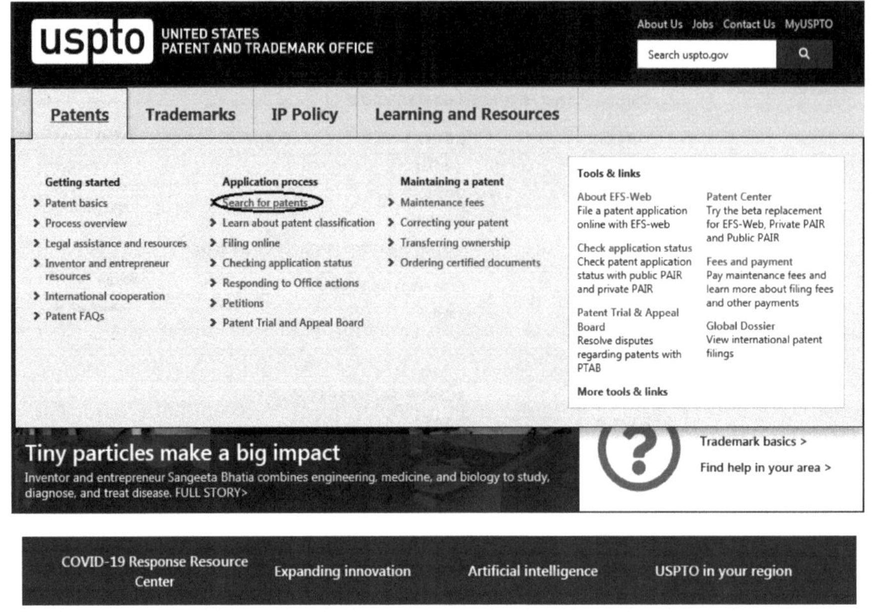

图 2-3　美国专利商标局（USPTO）网站

2.1.2.2　数据收录范围及更新

USPTO网站为用户提供美国授权专利和美国申请专利的检索，有美国专利分类查询、美国专利权转移查询及美国专利法律状态查询等多项服务。用户可以通过浏览器访问网址 https://www.uspto.gov/patents-application-process/search-patents 进入专利检索界面，其中包含多个专利数据库资源，如图 2-4 所示。

下面对常用的几种专利数据资源进行简单介绍。

在美国专利商标局专利全文和图像数据库（PatFT）中，可以查看已申请或授予的专利。美国专利商标局收藏了从 1976 年到现在的专利全文和从 1790 年到现在的所有专利的 PDF 图像。其中，1790—1975 年的数据只有全文图像页，可以通过专利号、公告日期和美国专利分类号进行检索；1976 年 1 月以后的数据除了全文图像页以外，提供完整的可搜索文本，包括所有书目数据，如发明者的姓名、专利的名称和受让人的姓名、摘要、发明的完整描述、索赔。显示每个专利的全文有一个超链接，以获得专利的每一页的整页图像。更正和复审证书的信息本身并不包括在全文数据库中，但可以作为附加在原专利全页图像之后的整页图像找到。该数据库通常在每个星期二，即专利发放当天更新。在联邦假日和数据可用性出现问题时，可能会有例外。目前的美国分类通常每两个月更新一次。

美国专利商标局专利全文和图像数据库（AppFT）可以检索专利申请的全文及影像版本。在 AppFT 中可以对专利申请的所有领域进行全文检索。

专利转让搜索数据库可以检索专利转让和所有权的变化。这个可搜索的数据库包含从 1980 年 8 月到现在的所有记录的专利转让信息。

专利申请信息检索（PAIR）系统为 USPTO 客户提供了一种简单且安全的方式，来检索和下载有关专利申请状态的信息。有两个 PAIR 应用程序，公共 PAIR 和专用 PAIR：公共 PAIR 提供对已发布专利和已发布申请的访问；专用 PAIR 使用已注册的账户，对正在处理的应用程序状态和历史记录的安全可进行实时访问。另外，用户可以从 PAIR 数据库中检索专利法律状态信息（表 2-2）。

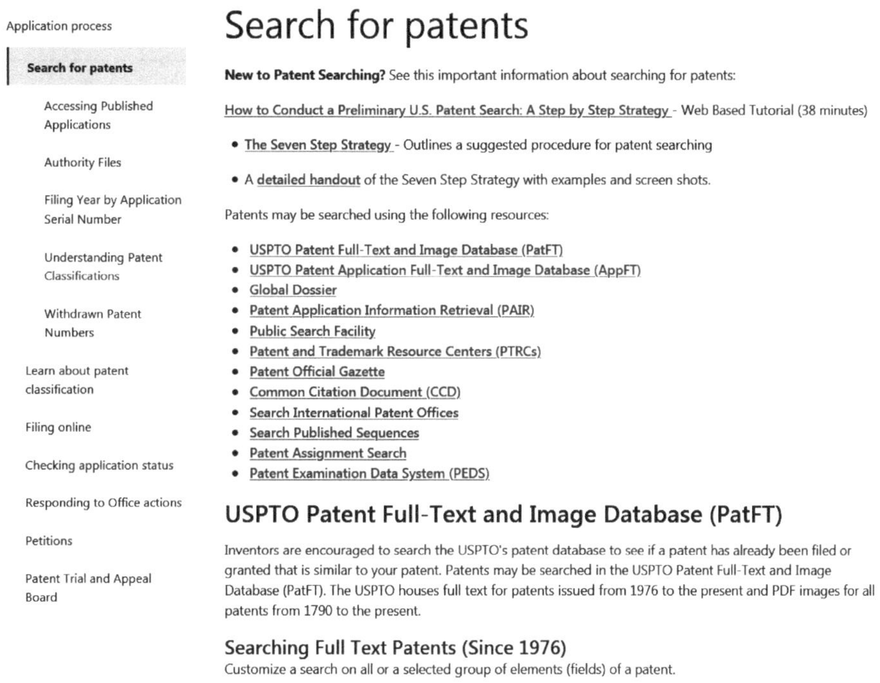

Application process

Search for patents

Accessing Published Applications

Authority Files

Filing Year by Application Serial Number

Understanding Patent Classifications

Withdrawn Patent Numbers

Learn about patent classification

Filing online

Checking application status

Responding to Office actions

Petitions

Patent Trial and Appeal Board

Search for patents

New to Patent Searching? See this important information about searching for patents:

How to Conduct a Preliminary U.S. Patent Search: A Step by Step Strategy - Web Based Tutorial (38 minutes)

- The Seven Step Strategy - Outlines a suggested procedure for patent searching
- A detailed handout of the Seven Step Strategy with examples and screen shots.

Patents may be searched using the following resources:

- USPTO Patent Full-Text and Image Database (PatFT)
- USPTO Patent Application Full-Text and Image Database (AppFT)
- Global Dossier
- Patent Application Information Retrieval (PAIR)
- Public Search Facility
- Patent and Trademark Resource Centers (PTRCs)
- Patent Official Gazette
- Common Citation Document (CCD)
- Search International Patent Offices
- Search Published Sequences
- Patent Assignment Search
- Patent Examination Data System (PEDS)

USPTO Patent Full-Text and Image Database (PatFT)

Inventors are encouraged to search the USPTO's patent database to see if a patent has already been filed or granted that is similar to your patent. Patents may be searched in the USPTO Patent Full-Text and Image Database (PatFT). The USPTO houses full text for patents issued from 1976 to the present and PDF images for all patents from 1790 to the present.

Searching Full Text Patents (Since 1976)

Customize a search on all or a selected group of elements (fields) of a patent.

图 2-4　USPTO 专利数据库界面

表 2-2　USPTO 专利数据库资源及中文名称

序号	数据库	数据库中文名称
1	USPTO Patent Full-Text and Image Database（PatFT）	美国专利商标局专利全文和图像数据库（PatFT）
2	USPTO Patent Application Full-Text and Image Database（AppFT）	美国专利商标局专利全文和图像数据库（AppFT）
3	Global Dossier	全球档案
4	Patent Application Information Retrieval（PAIR）	专利申请信息检索（PAIR）
5	Public Search Facility	公共搜索设施
6	Patent and Trademark Resource Centers（PTRCs）	专利和商标资源中心（PTRCs）

续表

序号	数据库	数据库中文名称
7	Patent Official Gazette	专利官方公报
8	Common Citation Document（CCD）	通用引文文件（CCD）
9	Search International Patent Offices	搜索国际专利局
10	Search Published Sequences	搜索已发布序列
11	Patent Assignment Search	专利转让搜索
12	Patent Examination Data System（PEDS）	专利审查数据系统（PEDS）

2.1.2.3 主要数据字段介绍

USPTO 的不同专利数据库中，所涉及的数字字段均有所不同。美国专利商标局专利全文和图像数据库（PatFT）高级检索所涉及的主要数据字段，如表 2–3 所示。

表 2–3 USPTO 专利 PatFT 高级检索所涉及的主要数据字段

检索字段代码	字段名称	检索字段代码	字段名称
PN	Patent Number，专利号	IN	Inventor Name，发明人姓名
ISD	Issue Date，公布日期	IC	Inventor City，发明人所在城市
TTL	Title，发明名称	IS	Inventor State，发明人所在州
ABST	Abstract，摘要	ICN	Inventor Country，发明人国别
ACLM	Claim（s），权利要求	AANM	Applicant Name，申请人姓名
SPEC	Description/Specification，描述 / 规格	AACI	Applicant City，申请人所在城市
CCL	Current US Classification，当前美国分类号	AAST	Applicant State，申请人所在州
CPC	Current CPC Classification，当前 CPC 分类号	AACO	Applicant Country，申请人国别
CPCL	Current CPC Classification Clas，当前的 CPC 分类等级	AAAT	Applicant Type，申请人类别
ICL	International Classification，国际分类号	LREP	Attorney or Agent，律师或代理人
APN	Application Serial Number，申请号	AN	Assignee Name，受让人姓名
APD	Application Dat，申请日期	AC	Assignee City，受让人所在城市
APT	Application Type，申请类型	AS	Assignee State，受让人所在州
GOVT	Government Interest，政府利益	ACN	Assignee Country，受让人国别

续表

检索字段代码	字段名称	检索字段代码	字段名称
FMID	Patent Family ID，专利家族号	EXP	Primary Examiner，主审查员
PARN	Parent Case Information，母案信息	EXA	Assistant Examiner，助理审查员
RLAP	Related US App. Data，相关国内申请	REF	Referenced By, US 参考文献
RLFD	Related Application Filing Date，相关申请日期	FREF	Foreign References，国外参考文献
PRIR	Foreign Priority，国外优先权	OREF	Other References，其他参考文献
PRAD	Priority Filing Date，优先权申请日期	COFC	Certificate of Correction，更正证书
PCT	PCT Information, PCT 信息	REEX	Re-Examination Certificate，复审证书
PTAD	PCT Filing Date, PCT 申请日期	PTAB	PTAB Trial Certificate, PTAB 试用证书
PT3D	PCT 371c124 Date, PCT 371c124 日期	SEC	Supplemental Exam Certificate，补充审查证书
PPPD	Prior Published Document Date，事先公布的文件日期	ILRN	International Registration Number，国际注册号
REIS	Reissue Data，再版数据	ILRD	International Registration Date，国际注册日期
RPAF	Reissued Patent Application Filing Date，再版专利申请日期	ILPD	International Registration Publication Date，国际注册公告日期
AFFF	130（b）Affirmation Flag，130（b）确认标志	ILFD	Hague International Filing Date，海牙国际申请日期
AFFT	130（b）Affirmation Statement，130（b）确认书		

美国专利商标局专利全文和图像数据库（AppFT）及其他数据库所涉及的主要数字字段比 PatFT 中的数据字段少，大多数都包含在表 2-3 中。专利详情界面所包含的数据信息基本都包含在上面的数据字段中。

2.1.3 欧洲专利局网站

2.1.3.1 概况

欧洲专利局（European Patent Office，EPO）是根据欧洲专利公约，于 1977 年 10 月 7 日正式成立的一个政府组织。其主要职能是负责欧洲地区的专利审批工作。欧洲专利局有 38 个成员国，覆盖了整个欧盟地区及欧盟以外的 10 个国家。欧洲专利保护范围覆盖到 44 个国家。依照欧洲专利公约的规定，一件欧洲专利申请，可以指定多国获得保护。一件欧洲专利可以在任何一个成员国或所有成员国中享有国家专利的同等效力。在这种情况下，可以简化在多国单独提交专利申请的手续，节约开支，方便申请人申请专利。

欧洲专利局（EPO）网站（https://www.epo.org）提供了专利查询的 3 种服务模式："European Patent Register"、"European Publication Server" 和 "Espacenet-patent search"（图 2-5）。

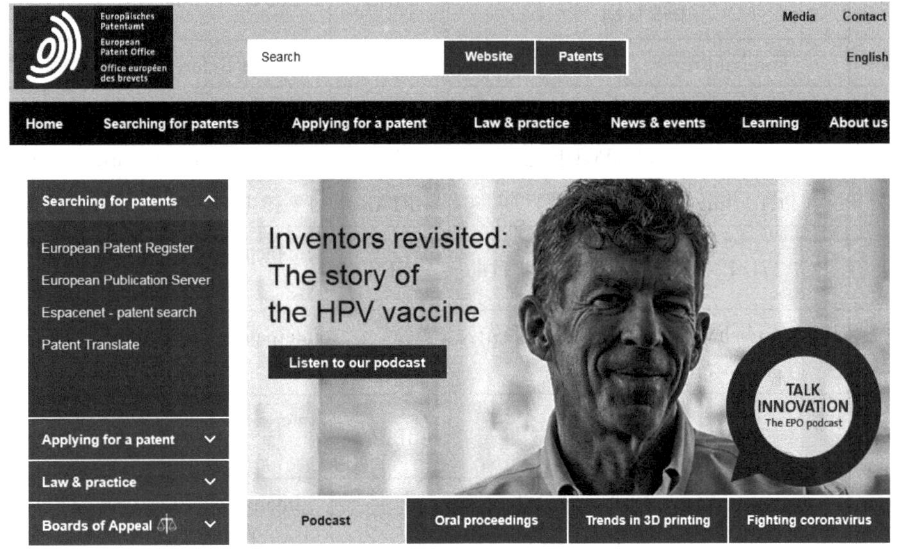

图 2-5　欧洲专利局（EPO）网站

"European Patent Register" 可以查询 EPO 授权程序及授权后进入各指定国阶段的法律状态信息。这个免费的在线服务，包含从发布之日起所有欧洲专利申请的程序信息。它包含指向许多 EPO 成员国的专利注册簿的链接，显示了国家专利局接管欧洲专利授予后欧洲专利的状况。在该数据库中，用户可以找出欧洲专利申请已进入程序的哪个阶段，查看是否已授予欧洲专利申请，检查是否对欧洲专利提出异议，阅读 EPO 与专利申请人 / 律师之间的往来信件等。

"European Publication Server" 是 EPO 发布的专利申请和专利说明书的法律权威来源。每周更新一次，用户可以免费在线访问 EPO 发布的所有欧洲专利文件。在该数据库中，可以查看从 1978 年至今的所有欧洲专利申请出版物（A 文件）和已授予的欧洲专利规格（B 文件），以字符编码的 PDF / A 格式下载单个文档。

"Espacenet-patent search" 为满足一般公众的检索需求而设计，它的主要目的是使用户容易获取世界范围内的专利信息。凭借其全球覆盖范围和搜索功能，Espacenet 系统可以免费访问从 1782 年至今的发明和技术发展信息。Espacenet 系统可供初学者和专家使用，并且每天更新。它包含来自世界各地的超过 1.2 亿份专利文件的数据。支持信息可以帮助用户了解专利是否已被授予及是否仍然有效。

由于使用 Espacenet 系统的用户较多，下面对 Espacenet 系统的数据进行详细介绍。

2.1.3.2 数据收录范围及更新

Espacenet 系统中包括 3 个数据库：EP 数据库、WIPO 数据库和 Worldwide 数据库。

EP 数据库包含欧洲专利局（EPO）自 1978 年以来发布的所有专利文件，不包含提交给国家专利局的任何专利申请，用户可以在标题、摘要、声明和说明书中搜索全文，不能用 CPC 号码进行专利检索。

WIPO 数据库包含自 1978 年以来发布的 PCT 专利文件，不包含直接提交给国家专利局的任何国家专利申请，在该数据库中可以找到英文和法文的标题和摘要，对于以西方字符集（如德语和西班牙语）提交的 PCT 申请，在这些语言中搜索时也会找到。在 WIPO 数据库中，可以全文搜索。搜索全文的描述或要求时，仅检索以这些语言提交的文档。与 EP 数据库一样，不能用 CPC 号码进行专利检索。

Worldwide 数据库是 Espacenet 系统中收录最全的一个数据库，收录了全球 100 多个国家和地区办事处的 8000 多万条专利申请数据和专利数据，可以满足大部分检索需求，同时该数据库还记录了 CPC 分类和引证文献，可供用户检索。

一般情况下，EP 数据库和 WIPO 数据库每周进行更新，数据收录后不久会加入到 Worldwide 数据库中。系统默认检索专利是在 Worldwide 数据库中进行检索，如果有需要也可以更改为另外两个数据库。

2.1.3.3 主要数据字段介绍

EPO Espacenet 系统高级检索中所涉及的数据字段如表 2-4 所示。从表格中可以看到，Espacenet 系统高级检索中所涉及的数据字段都是一些常见的著录项目字段。

表 2-4 Espacenet 系统高级检索所涉及的主要数据字段

序号	数据字段	中文名称
1	Title	发明名称
2	Abstract	摘要
3	Publication number	公开公告号
4	Application number	申请号
5	Priority number	优先权号
6	Publication date	公开公告日
7	Applicant（s）	申请人

续表

序号	数据字段	中文名称
8	Inventor（s）	发明人
9	CPC	联合专利分类号
10	IPC	国际专利分类号

专利详情界面如图 2-6 所示。页面左侧显示不同的数据项标签，包含：Bibliographic data、Description、Claims、Citing documents、INPADOC legal status、INPADOC patent family 等。页面右侧显示左侧数据项标签所对应的具体内容，包含：发明名称、公告号、申请号、申请人及国别、发明人及国别、专利 IPC 分类号及 CPC 分类号等。除了专利家族号码、摘要及其附图外，大多数数据信息基本都包含其中。

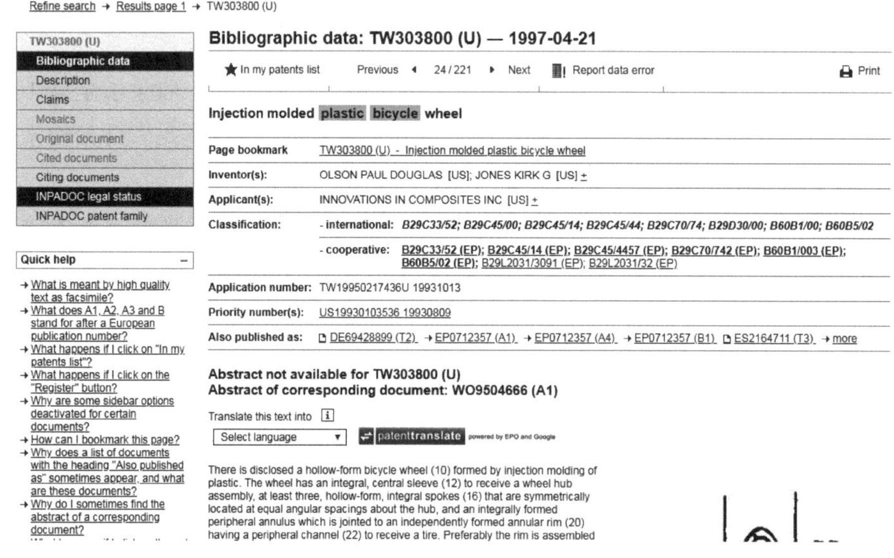

图 2-6　EPO Espacenet 系统专利详情示例

除了著录项目之外，Espacenet 系统还提供了专利的其他信息。其中，Description 包含了相关专利、发明背景、图形简介、优选实施例的详细描述等信息。Claims 包含了原始的专利权利要求信息，并提供了整理后的权利要求树。点击“Citing documents”，可以显示专利引证信息。点击“INPADOC legal status”，显示专利法律状态事件信息，包含法律状态事件代码、法律状态事件日期、生效日期等内容。点击“INPADOC patent family”，显示专利家族信息，包含该专利所有的家族成员的主要著录项信息。由此可见，Espacenet 系统所包含的专利信息的内容还是比较丰富的。

2.2 主要商业机构提供的专利文献数据库

商业机构提供的专利文献数据库分为收费和免费两类。收费的数据库往往提供更丰富的数据资源和功能强大的检索与分析功能。例如，Innography 在线数据平台可以进行在线检索和分析，并提供公司评价和专利价值评价等特色分析功能；德温特公司的 DII 数据库可以实现引证文献检索、化学结构式检索，并能对检索结果进行初步统计分析。免费的数据库的检索功能往往不如收费的商业数据库，但有些数据库却提供独特的检索服务，例如，Google Patents 提供了全部美国专利文献的检索，PatentCluster 能够将检索结果按照专利族树进行显示等。

本节介绍一些主要商业机构提供的专利文献数据库。

2.2.1 Innography

2.2.1.1 概况

Innography 数据库（Innography Advanced Analysis）是一款专利在线检索分析工具，由美国 ProQuest Dialog 公司于 2007 年推出，是世界顶级的知识产权商业情报分析工具。用户可通过网址 https://app.innography.com 访问 Innography 网站，该在线平台为收费网站，登录后其默认检索界面如图 2-7 所示。

从该界面中可以看到，平台提供了 Patent（专利）、Company（公司）、Litigation（诉讼）、Trademark（商标）、NPL（自然语言处理）等多维度检索功能。其中，专利检索又提供了多种检索方式。

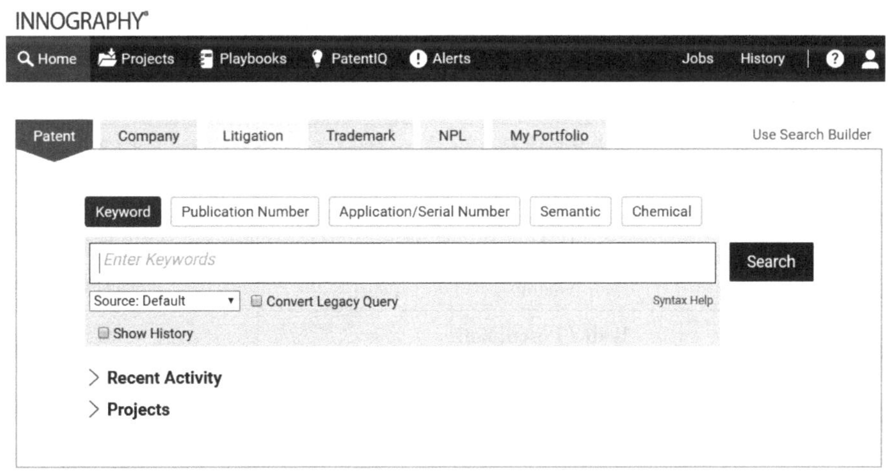

图 2-7 Innography 平台默认检索界面

2.2.1.2 数据收录范围及更新

Innography 收录了全球 100 多个国家的专利信息，还包含了来自 PACER（美国联邦法院电子备案系统）的全部专利诉讼数据，ITC（美国国际贸易委员会）的 337 件诉讼案件，PTAB（美国专利审判和上诉委员会）的专利复审无效案件，来自邓白氏及美国证券交易委员会的专利申请人财务数据、非专利文献数据及标准专利数据，多种类型数据可联合分析，并可视化显示。

Innography 数据库所包含的多维度数据源及其更新状况如表 2–5 所示。

表 2–5 Innography 多维度数据源

多维度的数据源				
专利	财务	诉讼	商标	非专利
· 超过 1 亿条全球专利文献 · 102 个国家和地区 · 主要国家和地区的专利全文数据 · 每周更新	· 邓白氏、美国证券交易委员会等公司财经信息 · 接近 900 万条公司记录和财务数据 · 来自 100 多个国家的 2000 万发明人数据	· 美国国际贸易委员会（ITC） · 美国专利审判和上诉委员会（PTAB） · 美国联邦法院电子备案系统（PACER） · 每周更新	· 接近 700 万条商标数据 · 美国商标数据 · 每周更新	· 期刊、学术会议、图书等非专利数据 · 技术标准 · 支持用户文档 · 超过 900 多万条非专利文献

2.2.1.3 主要数据字段介绍

Innography 数据平台专利高级检索提供了多个检索字段，所涉及的数据项除了检索项之外，右侧的筛选项还涉及一些数据字段，全部整理后的数据字段如表 2–6 所示。

表 2–6 Innography 专利检索所涉及的主要数据字段

序号	字段名称	中文含义
1	Title	发明名称
2	Abstract	摘要
3	Claims	权利要求
4	Body / Description	描述
5	Publication Number	公开公告号
6	Application/Serial Number	申请号
7	Source	来源局
8	Priority Date	优先权日期

续表

序号	字段名称	中文含义
9	Filing Date	申请日期
10	Publish Date	公开公告日
11	Expiration Date	失效日期
12	Organization（Current Assignee）	机构（当前专利权人）
13	Organization（Ultimate Parent）	机构（母公司）
14	Organization（Ultimate Subsidiary）	机构（归属子公司）
15	Organization（Original Assignee）	机构（原始专利权人）
16	Inventor	发明人
17	Examiner	审查员
18	Agent	代理人
19	Law Firm	代理机构
20	Classification（Cooperative）	CPC 分类号
21	Classification（International）	IPC 分类号
22	Classification（US）	美国分类号
23	Art Unit	技术分类
24	Rejection Type	驳回类型
25	Citations（Patent）	引用的专利
26	Legal Status（INPADOC）	法律状态
27	Extended Reference	扩展引用
28	Status	当前专利状态
29	Grants/Applications	授权 / 申请
30	Types	专利类型

专利详情界面如图 2-8 所示，默认显示的专利详情界面上除了常见的专利著录项目之外，还包含了相关附图、权利要求数量、前引数量、后引数量、专利强度等信息。

另外，除了概览（Overview）之外，还有权利声明、引用、描述、驳回、专利家族、法律状态、诉讼等标签项，里面各自包含一些专利数据信息。

由此可见，Innography 数据库除了包含专利文献自身的信息之外，还有专利家族、专利法律状态事件、专利强度等其他特色信息，并且把公司、法律、经济等相关信息与专利信息进行了融合，使得数据资源更加丰富、更有特色、更有价值。

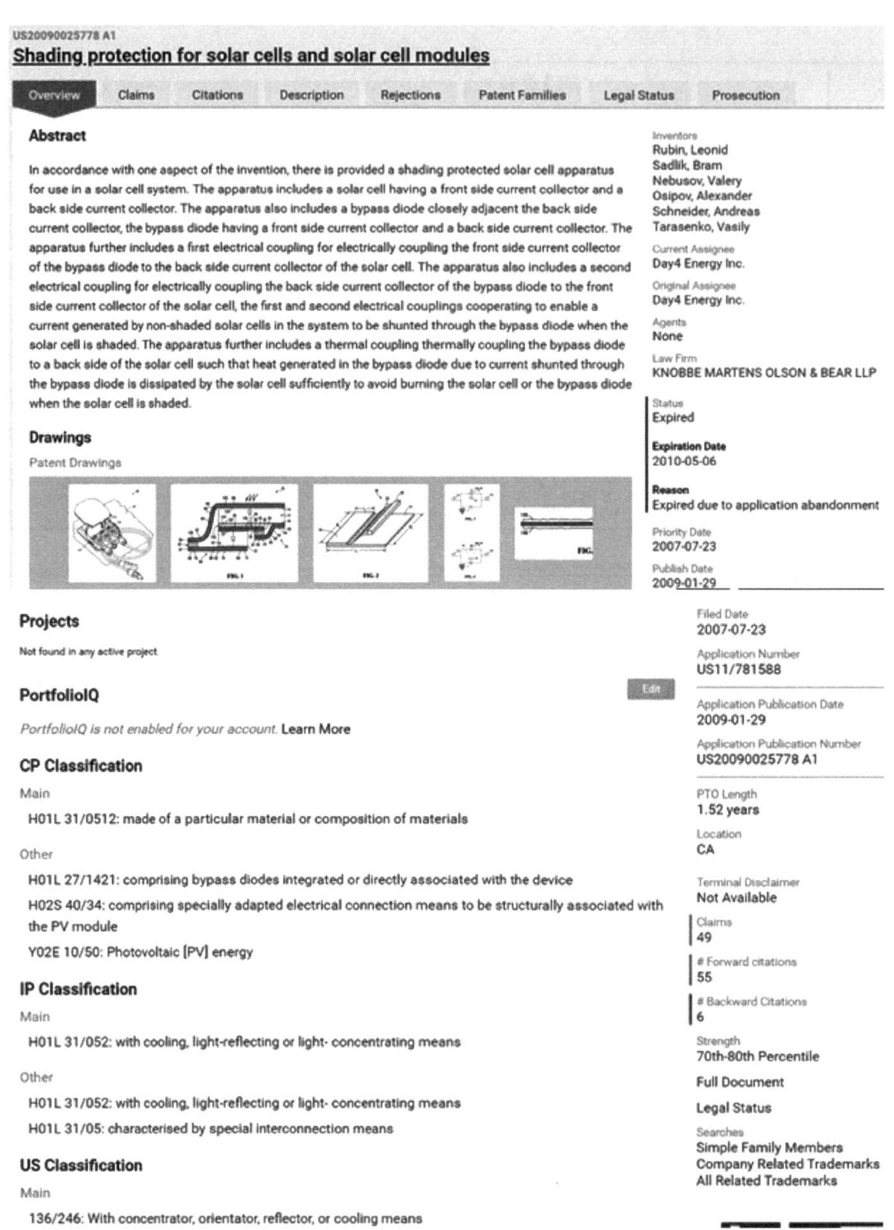

图 2-8　Innography 专利详情界面

2.2.2　智慧芽（Patsnap）

2.2.2.1　概况

智慧芽于 2007 年在新加坡成立，2010 年在中国苏州成立了智慧芽信息科技（苏州）有限公司。目前，全球员工近 700 多人，其中中国团队超过 500 人，70% 为技术研发人员。智慧芽是提供专利检索、分析、管理的一站式信息服务平台，公司致力于让全球更多组织、机构了解并更高效地使用专利。用户可通过网址 https://www.zhihuiya.com 访问智慧芽网站，该在线平台为收费网站（图 2–9）。

图 2–9　智慧芽网站

2.2.2.2　数据收录范围及更新

智慧芽提供了全球专利数据库，数据范围覆盖从 1790 年至今的 116 个国家 / 地区的 1.4 亿条全球专利数据，每周更新。数据库具体情况如表 2–7 所示。

表 2–7　智慧芽专利数据范围

数据库	数据范围
专利	116 个国家 / 地区；33 个主要国家 / 地区
权利转移	10 个国家 / 地区 / 组织：中国、中国台湾、加拿大、美国、法国、英国、芬兰、新加坡、澳大利亚、欧洲专利局
法律状态	54 个国家 / 地区；13 个国家 / 地区的官方法律
摘要附图与全文附图	37 个以上国家 / 地区
复审 / 无效 / 上诉	4 个国家 / 地区 / 组织：中国、美国、日本、欧洲专利局
许可	70 个以上国家 / 地区
PDF	37 个国家 / 地区

续表

数据库	数据范围
海关备案	2 个国家 / 地区：中国、日本
诉讼	9 个国家 / 地区：中国、中国台湾、加拿大、美国、日本、法国、英国、澳大利亚、西班牙
全文信息	26 个国家 / 地区
专利获奖信息	2 个国家 / 地区 / 组织：中国、欧洲专利局

2.2.2.3 主要数据字段介绍

智慧芽专利检索提供了多种检索方式，涉及多个检索字段，这些检索字段所涉及的主要数据字段如表 2–8 所示。

表 2–8 智慧芽专利检索所涉及的主要数据字段

序号	字段名称	序号	字段名称
1	专利名称	15	发明人
2	摘要	16	[标] 发明人
3	权利要求	17	发明人地址
4	公开公告号	18	申请人 / 专利权人
5	申请号	19	[标] 申请人 / 专利权人
6	申请日	20	审查员
7	公开公告日	21	助理审查员
8	优先权日	22	代理人
9	美国专利分类号	23	代理机构
10	国际专利分类号	24	被引用专利数量
11	联合专利分类号	25	引用专利数量
12	国际外观分类号	26	引用专利
13	FI 分类号	27	描述
14	F-Term 分类号		

专利详情页（图 2–10）包含了专利著录项目信息及摘要附图，还提供了专利价值评估。此外，还提供了引用分析、同族专利、法律信息等数据标签。

其中，权利要求项针对美国专利权利要求书，设置树结构阅读模式，权利要求主从结构一目了然，便于准确快速了解专利保护范围。引用分析里面包含了专利引用和被引用的信息，而且可以按照专利家族来展现引用关系。同族专利里面包含了专利的同族专利信息，同一个家族的专利拥有同一个专利家族号码。法律信息页面显示专利的法律状态和诉讼信息。

图 2-10　智慧芽专利详情示例

综上所述，智慧芽数据库除了包含专利文献自身的基本信息之外，还对发明人、专利申请人 / 专利权人名称进行了标准化加工，另外还有专利家族、专利引用、专利法律状态事件、专利价值评估、专利诉讼等其他特色信息。

2.2.3 Derwent Innovations Index

2.2.3.1 概况

Derwent Innovations Index（DII）是由科睿唯安公司推出的基于 WEB 的专利信息系统。德温特公司是全球最权威的专利情报和科技情报机构之一，1948 年在英国创建。德温特公司于 1995 年首次建立了专利引文索引（Patents Citation Index，PCI）数据库，1998 年德温特公司与美国科学情报研究所（ISI）联合成立了一个新的集团，共同开发德温特创新索引（Derwent Innovations Index，DII）。

DII 将德温特世界专利索引（Derwent World Patent Index，DWPI）和德温特专利引文索引（PCI）的内容整合在一起，采用 Web of Science 的界面，通过学术论文和技术专利之间的相互引证的关系，建立了专利和文献之间的连接。DII 将全球技术市场分为三部分：化学工程、机械工程和电子电器工程。

DII 数据库的主要优点在于人工加工编写的专利标题和摘要，其中突出了每项发明的新颖性、用途、优点和声明，并且 DII 建立了自己的分类体系：德温特分类号（DC）和德温特手工分类代码（MC），以方便用户在特定的技术领域进行高效精确的检索。同时，DII 数据库的专利以家族为单位进行组织，复杂同族的组织方式方便用户对发明进行检索和分析。DII 还建立了专利权属机构统一代码。

DII 数据库在 Web of Science 平台中，如图 2-11 所示。

2.2.3.2 数据收录范围及更新

DII 数据库覆盖全世界 1963 年以来的全球 40 多个专利机构的 1400 多万件基本发明专利，3000 多万件专利，包含引用专利、被引用专利、其他文献，并提供部分专利全文的链接。

DII 数据库每周增加来自全球 40 多个专利机构（涵盖 100 多个国家）的、经过德温特专利专家深加工的 2 万条专利文献；每周还增加来自 6 个主要专利授权机构的被引和施引专利文献，大约有 4.5 万条记录。这 6 个专利授权机构是：世界专利组织、美国专利局、欧洲专利局、德国专利局、英国专利局和日本专利局。引用信息可以追溯到 1973 年。

图 2-11　DII 数据库

2.2.3.3 主要数据字段介绍

DII 专利检索提供了多种检索方式，涉及多个检索字段，这些检索字段所涉及的主要数据字段如表 2-9 所示。

表 2-9 DII 专利检索所涉及的主要数据字段

字段名称	中文含义	字段名称	中文含义
TI	专利名称	CP	被引专利号
TS	主题（含标题、摘要、权利要求等多个字段）	CA	被引专利权人
AU	发明人	CN	被引专利权名称
PN	专利号	CC	被引专利权号码
IP	IPC 分类号	CI	被引发明人
AE	申请人名称 / 代码	CX	被引专利 + 专利族
AC	申请人代码	RIN	环系索引号
AN	申请人名称	DCN	德温特化合物号
DC	德温特分类代码	DRN	德温特注册号
MC	德温特手工代码	DCR	DCR 编号

除了专利检索所涉及的数据字段之外，还有很多数据信息展现在专利详情页面（图 2-12）。专利详情以家族为单位对同一个发明进行展示，页面内容除了包含常见的专利著录项目信息、摘要附图等，还提供了标准化专利权人名称和代码、加工后的标题和摘要、德温特主入藏号、专利家族号码、德温特分类代码、德温特手工代码等特色信息，并且还提供了部分专利的原文链接。

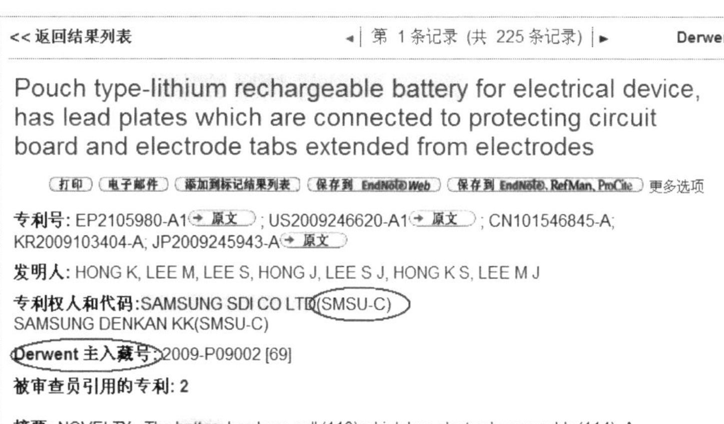

图 2-12 DII 专利详情界面示例

综上所述，DII 数据库具有其他专利数据源所不具备的一些特色，经过德温特专家加工后的数据具备独特的优势。

2.3 小结

从几种国内外专利数据资源介绍可以发现，不同专利数据库的专利数据资源存在一定的差异性，为了方便读者了解各网站的专利数据资源，将前面所述几种主要网站 / 数据库的数据特征列表如下（表 2–10）。

表 2–10 各主要网站 / 数据库的数据特征

序号	网站 / 数据库	数据范围	一般著录项目	专利家族	技术分类	专利引证信息	专利法律状态信息	其他加工信息
1	SIPO	全球	√		IPC/UC/ECLA/FI/FT	√	√	
2	USPTO	美国	√	√（美国）	IPC/CPC	√	√	
3	EPO Espacenet	全球	√	√（全球）	IPC/CPC	√	√	
4	Innography	全球	√	√（全球）	IPC/CPC/UC	√	√	标准化机构名、公司经济数据、专利强度
5	Patsnap	全球	√	√（全球）	IPC/CPC/UC / FI/FT	√	√	标准化机构名和人名、专利价值评估
6	D Ⅱ	全球	√	√（全球）	IPC/DC/MC	√		专利号、标题、摘要、标准化机构名

3 专利核心数据的准入研究

大数据时代，围绕专利的科技评价研究利用的数据资源越来越不局限于专利文献数据本身，专利引文、非专利引文的相关研究由来已久，专利法律状态和法律状态事件信息也被众多研究纳入分析指标。而具体垂直领域的深度分析，如标准数据、科学数据、商业数据也能与专利信息建立关联，从而支撑更为深入、精准的分析。数据资源的丰富在带来便利的同时，也对集成提出了更高的要求。

从专利数据质量的维度观察，专利数据质量控制的核心是确保完备性、及时性、有效性、一致性及完整性。依据上述标准，专利数据准入需要从如下 6 个方面进行规定：

①专利数据核心元素；

②专利数据概念模型；

③专利数据物理模型；

④专利数据的核心内容准入规范；

⑤专利数据的元数据规范；

⑥专利数据准入的质量控制规范。

3.1 专利数据准入规范的范畴

3.1.1 专利内容准入范围

专利数据准入规范主要用于对异构数据进行集成、对数据结构及数据含义进行标准化解释，从而保证专利数据加工在规范化的质量控制体系之下的指导性文档。

3.1.2 定义与术语

专利数据元素准入规范的主要参考资料为《专利文献数据规范》（ZC 0014—2012）。

数据元素：由一组属性集合规定其定义、标识、表示和允许值的一个数据单元。

数据类型：一些可区分的值的集合，这种区别由这些值的性质及对这些值的运算所表征。

实体：任何现存、曾经存在的或可能存在的具体的或抽象的事物，包括事物间的关联。例如：一个人、对象（物体）、事件、观念、过程等。实体的存在不依赖于是否有关于它的可用数据。

值域：允许值的集合。

对象类：想法、抽象概念或现实世界中事物的一个集合，它可以用明确的界限和含义进行标识，其特性和表现遵循相同的规则。

标识符：在一个规定的语境中，能够用来唯一标识与其关联的事物的字符序列。名称不宜用作标识符，因为它是与语言相关的。

缩略语如下。

DTD：文档类型定义（Document Type Definition）。

IPR：知识产权（Intellectual Property Right）。

ST3：世界知识产权组织标准 3（WIPO Standard ST.3）。

URL：统一资源定位符（Uniform Resource Locator）。

XML：可扩展标记语言（Extensible Makeup Language）。

XSD：XML 结构定义（XML Schemas Definition）。

PRS：专利注册服务（Patent Register Service），用于表示专利的法律状态信息。

3.1.3 数据元素准入的原则

数据元素的定义应：

①具有唯一性（在出现此定义的任何数据字典中）；

②要阐述其概念是什么，而不是阐述其概念不是什么；

③用描述性的短语或句子阐述；

④仅可使用人们普遍理解的缩略语；

⑤表述中不应包括其他数据元素或基本概念的定义。

数据元素的定义宜：

①阐述概念的基本含义；

②准确而无歧义；

③简练；

④能单独成立；

⑤表述中不要加入理由、功能用法、领域信息或程序信息；

⑥避免循环定义；

⑦对相关定义使用相同的术语和一致的逻辑结构；

⑧适合被定义的数据元素的类型。

3.1.4 数据元素的表示方法

专利文献数据元素的表示是通过描述专利数据元素的一系列属性来实现的，通过各种属性，对专利数据元素进行详尽的描述。通常而言，专利文献数据元素应该包含如下

11 个属性。

①标识符：在一个注册机构内，由注册机构分配的、与语言无关的数据元素的唯一标识符。

②中文名称：赋予数据元素的单个或多个中文字词的指称。

③英文名称：赋予数据元素的单个或多个英文字词的指称。

④定义：表达一个数据元素的本质特性并使其区别于所有其他数据元素的陈述。

⑤子元素：专利数据元素包含的下一级元素。

⑥属性：专利数据元素包含的属性。

⑦值域：根据相应属性中所规定的数据类型、数据格式而决定的数据元素的允许值的集合。

⑧数据类型：用于表示数据元素的符号、字符或其他表示的类型（表 3-1）。

⑨代码：专利数据元素 XML Schema 定义的代码。

⑩结构图：专利数据元素内容结构的展示图。

⑪备注：专利数据元素的附加注释。

表 3-1 数据类型可能的取值

数据类型	说明
字符型（string）	通过字符形式表达的值的类型
数字型（number）	通过从“0”到“9”数字形式表达的值的类型
日期型（date）	通过 YYYYMMDD 形式表达的值的类型，符合 GB/T 7408
日期时间型（datetime）	通过 YYYYMMDDhhmmss 形式表达的值的类型，符合 GB/T 7408
布尔型（boolean）	两个且只有两个表明条件的值，如 On/Off、True/False
二进制（binary）	上述无法表示的其他数据类型，如图像、音频等

3.1.5 数据核心元素

3.1.5.1 专利文献信息（Patent Document）

专利文献信息是经过加工的、格式良好的文献标识信息，至少包含：公布文献的知识产权局或组织的代码、文献流水号、文献种类代码和文献公布日期。相关数据对应于 INID 11、13 和 19 的内容。

表示经过严格的规范化处理的文献标识数据，用 WIPOST3Code、DocNumber、Kind 和 Date 表示，分别遵循 WIPO 标准 ST.3、WIPO 标准 ST.6、WIPO 标准 ST.16 和 WIPO 标准 ST.2。其中，DocNumber 仅由数字组成，数字不超过 13 位；文献种类 Kind 为 1 位字母或 1 位字母 +1 位数字；Date 为 INID 代码 40 到 48 对应的文献公布日期，格式为

YYYYMMDD。

关于“著录项目数据”的概念依据于 WIPO ST.9、WIPO ST.80 和国家知识产权局的 ZC 0009—2006《中国专利文献著录项目标准（试行）》，其范畴很大，已经超越了专利文件、专利数据产品的范围。因此，本书并未穷举“著录项目数据”的组合方式；在实际应用中，尤其在深加工中，可根据需要，抽取“著录项目数据”的子类进行组合，以满足应用需求。

通常专利著录项目数据包括如下信息。

文献标识信息（Publication Reference，对应于 INID 11、13 和 19）；

文献种类的简要说明（Plain Language Designation，对应于 INID 12）；

修正标识信息，对应于 INID 15，依据 WIPO 标准 ST.50 的修正信息和外观设计的修正信息；

某些重要知识产权组织特用的其他文献标识信息。

涉及的字段信息来源如表 3-2 所示。

表 3-2　专利文献信息数据元素

英文名称	中文名称
Patent Document and Related	专利文献数据
Publication Reference	文献标识信息
Plain Language Designation	文献种类的简要说明
Oldest Publication Date	最早的公开日期
Preceding Publication Date	在先公布日
Patent Number	专利号
Correction Type	更正的类型
Republication Code	再公开代码
Modifications	修正内容
Modified Bibliography	修正的著录项目
INID Code	INID 代码
Republication Correction Information Notes	再公开更正信息说明集合
Republication Correction Information Note	再公开更正信息说明
Error	更正前错误信息
Right	更正后正确信息
Publication Number of Following Publications	后续公布物的公布号
Extended Kind Code	扩展种类代码
Corrected Document	被修正文献

3.1.5.2 专利申请信息（Application Reference）

专利申请信息是经过加工的、格式良好的申请信息，至少包含：申请专利的知识产权局或组织的代码、申请编号和申请日期。相关数据对应于 INID 21 和 22 的内容。

申请标识用 WIPOST3Code 和 DocNumber 表示，分别遵循 WIPO ST.3 和 ST.13，其中为 DocNumber 设计了 15 位字符的长度，即“2 位知识产权类型代码” + “4 位年代标识” + “9 位序列号”。

申请标识信息类，对应于 INID 21 ～ 27 及其加工信息。本类包括：

申请标识信息；

其他日期（INID 23）；

工业产权权利生效日，即 INID 24；

申请使用的语言，INID 25；

申请公布的语种，INID 26；

在先提交的申请，INID 27；

其他申请信息，如美国专利申请序列码。

涉及的字段信息来源如表 3-3 所示。

表 3-3 专利申请信息数据元素

英文名称	中文名称
Application Reference	专利申请信息
Application Language	申请使用的语言（INID 25）
US Application Series Code	美国专利申请序列码
Design Application Source	外观设计申请来源
Total Design	包含在申请中的外观设计数
Publication Language	申请公布的语种（INID 26）
Date Application Deemed Withdrawn	申请的视为回撤日（B237）
Date Application Partially Withdrawn	申请的部分撤消日
Date Application Refused	申请驳回日（B235）
Date Application Withdrawn by Applicant	申请人撤消申请的日期（B236）
Complete Specification Filed Date	完整说明书申请日期（INID 23）
Date of CommingInto Force	专利生效日期（B243）
Revocation Date	失效日（B239）
Date Rights Reestablished	权利再确定日（B238）
Previously Filed Application	在先提交的申请（INID 27）
Patent Maintained as AmendedDate	按照更正维持专利日（B243）

续表

英文名称	中文名称
Rights Effective Dates	工业产权权利生效日（INID 24）
Application Date	申请日期

3.1.5.3 优先申请信息（Priority Details）

优先申请信息是经过加工的、格式良好的数据，至少包含：优先申请专利文献的知识产权局或组织的代码、优先申请专利的申请流水号和申请日期。相关数据对应于 INID 31、32 和 33。

优先权类信息，对应于 INID 30 ~ 39。本类包含：优先权信息和其他优先权信息。

涉及的字段信息来源如表 3-4 所示。

表 3-4　优先申请信息数据元素

英文名称	中文名称
Priority Details	优先申请信息
Incorporation by Reference	援引加入
Priority	优先权
Filing Office	最早申请局
Priority Doc Attached	申请关联的优先权文档
Priority Doc from Library	库中的优先权文档
Priority Doc Requested	需求的优先权文档
Restore Rights	恢复优先权
Earliest Priority Date	最早的优先权日
INPADOC Patent Family Information	INPADOC 同族专利信息
Priority Claim Considered not Made	未考虑的优先权
Priority Claim Considered not Made Doc	未考虑的优先权文本
Priority Claim IB Info	IB 的附加优先权信息
Submit Obligation	传送义务
Priority Active Indicator	优先权活性标识
Priority Linkage Type	优先权连接类型
Priority Date	优先权日期

3.1.5.4 公众获悉时间信息（Public Availability Date）

公众获悉时间对应于公众获悉日期，包括与 INID 41 ～ 47 有关的日期。具体可能涉及的时间信息包括：

Unexamined Not Printed Without Grant （INID 41）；

Examined Not Printed Without Grant（INID 42）；

Unexamined Printed Without Grant（INID 43）；

Examined Printed Without Grant（INID 44）；

Printed With Grant（INID 45）；

Claims Only Available（INID 46）；

Not Printed With Grant（INID 47）。

除上述公众获悉的时间信息之外，还有一些与补充、更正数据相关的时间信息，与 INID 48 有关，包括：

审定公告日 Authorized Publication Date；

授权公告日 Approval Publication Date；

授权日 Granted Date；

放弃日 Disclaimer。

涉及的字段信息来源如表 3–5 所示。

表 3–5 公众获悉时间信息数据元素

英文名称	中文名称
Public Availability Date	公众获悉时间信息
Unexamined not Printed without Grant	公众获知未审查未出版的未授权文档的日期
Examined not Printed without Grant	经审查但尚未批准专利的说明书，向公众提供阅读或接受复制日期
Unexamined Printed without Grant	未经审查的专利文献，对于该专利申请在此日或日前尚未授权，通过印刷或类似方法使公众获悉的日期
Examined Printed without Grant	经审查但尚未批准专利的说明书、出版日期
Printed with Grant	此日或日前已经授权的专利文献，通过印刷或类似方法使公众获悉的日期
Claims only Available	仅使公众获悉专利文献权利要求的日期
Grant Length	授权期限
Disclaimer	放弃日
US Term Extension	授权期限延长
Granted Date	授权日

续表

英文名称	中文名称
Authorized Publication Date	审定公告日
Approval Publication Date	授权公告日

3.1.5.5 IPC 分类信息（Classification IPC）

IPC 分类是第 1 至第 7 版 IPC 分类信息，内容包括：主分类、其他分类、附加信息、主连接的引得码、子连接引得码、非连接引得码。

对于第 8 版 IPC 分类，内容包括：IPC 版本日期、分类级别、部、大类、小类、大组、小组、符号位置、分类可能的值、生效日期、类状态、分类数据来源。具体而言：

Section（部），用大写字母 A 至 H 表示。

Main Class（大类），用两位阿拉伯数字表示，01 ～ 99。

Subclass，取值为大写字母 A 至 Z。

Main Group，与前面的小类号和之后默认的“/00”组成完整的大组号信息，取值为 1 ～ 3 位阿拉伯数字，范围是 1 ～ 999。

Subgroup，分类号中的小组，取斜线后 1 ～ 3 位的阿拉伯数字，取值为 1 ～ 999，与前面的元素结合，组合成完整的小组号信息。如果要表述大组号信息，则取 00，与前面的 Main Group 等元素结合，表述完整的大组号。

Symbol Position，取值为大写字母 F（第一位置），大写字母 L（在后位置）。

Classification Value，取值为大写字母 I（发明），大写字母 N（非发明）。

WIPOST3Code，取值为 WIPO 标准 ST.3 规定的国家或专利局代码，两位大写字母。

Classification Status，国际专利分类号信息中的分类状态。文献中首次给出的数据是初始数据，即使某一专利局以基本版给出分类号，另一专利局用高级版给出分类号也可以作为初始数据，用字母 B 表示；再分类数据是由于分类表的改变而导致的数据改变，用字母 R 表示；改变的数据是由于个别文献的偶尔再分类而导致的数据改变，如错误的修正，用字母 V 表示；删除的数据是由于文献中标识的分类号的改变而导致的从主分类数据库中被删除的数据，用字母 D 表示。

Classification Data Source，取值为大写字母 H（人工分类），大写字母 M（机器分类），大写字母 G（原始申请分类，申请人在提交时自行分类）。

涉及的字段信息来源如表 3-6 所示。

表 3-6　IPC 分类信息数据元素

英文名称	中文名称
Classification IPC	IPC 分类信息

续表

英文名称	中文名称
Main Classification	主分类
Further Classification	其他分类号
Additional Information	附加信息
Linked Indexing Code Group	引得码
Main Linked Indexing Code	主连接的引得码
Sub Linked Indexing Code	子连接的引得码
Unlinked Indexing Code	非连接的引得码
Classification IPCR Details	第 8 版 IPC 分类
Classification IPCR	第 8 版 IPC 分类信息
IPC Version Date	IPC 版本日期
Classification Level	分类级别
Section	部
Main Class	大类
Subclass	小类
Main Group	大组
Subgroup	小组
Symbol Position	符号位置
Classification Value	分类可能的值
Generating Office	产生局
Classification Status	分类状态
Classification Data Source	分类数据来源
ICAI	IPC 高级版发明信息
Classification Locarno	洛迦诺分类

3.1.5.6 国家分类信息（Classification National）

包括国家分类 Classification National、内部分类 Classification Domestic、欧洲专利分类方案 ECLA Classification Scheme、日本专利分类 JP Classification、美国专利分类 US Classification 等（表 3–7）。

表 3–7 国家分类信息

英文名称	中文名称
Classification National	国家分类
Classification Domestic	内部分类
Main Domestic Classification	内部主分类号
Sub Domestic Classification	韩国内部子分类号
ECLA Classification Scheme	欧洲专利分类方案
ECLA Class	ECLA 分类
Ref ECLA	一个 ECLA 分类
Class Title	类标题
Extension	扩展
Explanation	解释
Comment	注释
Class Notes	分类注释
Note Heading	注释标题
Note Content	注释内容
JP Classification	日本专利分类
FI	一个 JPC（FI-）分类
F Class	F-Term，包括一个主题和一个术语
Theme	5 位字母数字式主题代码
F Term	F Term 分类
US Classification	美国专利分类
US Classification Search Field	以美国专利分类号为基础的检索领域
Other Classification Details	一个或多个分类号，可表示范畴分类、药物范畴分类、实用专利分类、国民经济分类
Other Classification	一个分类号，可表示范畴分类、药物范畴分类、实用专利分类、国民经济分类
EPO Combination Classification	EPO 组合分类
EPO Link Classification	EPO 链接分类
F Term Details	所有 F 分类信息

3.1.5.7 摘要（Abstract）

本类对应于著录项目 INID 57，摘要信息。包括未经过深加工的摘要信息，经过深加工的摘要信息；发明和实用新型的摘要信息；外观设计的简要说明信息。具体包括：

元素 Abstract，用于描述发明和实用新型的初始状态（未加工）摘要信息；

元素 Design Brief Explanation，表示外观设计的简要说明信息；

元素 Enhanced Abstract，用于深加工（深度标引）后的摘要信息相关。

摘要信息如表 3-8 所示。

表 3-8 摘要信息

英文名称	中文名称
Abstract	摘要
Abstract Problem	摘要中“旨在解决的技术问题”部分
Abstract Solution	摘要中“旨在解决问题的解决方案”部分
Abstract Figure	摘要附图
Design Brief Explanation	外观设计的简要说明
Design Brief Explanation Page Count	简要说明页数
Enhanced Abstract Details	改写的摘要信息
Original Abstract	原始摘要信息
Enhanced Abstract	一条改写的摘要
Abstract Core	发明关键特征的摘要
Abstract Tech Focus	从不同角度反映发明的技术重点
Abstract Extension	扩展摘要、发明的附加信息
Abstract Novelty	摘要新颖性
Abstract Description	摘要的发明详述
Abstract Activity	摘要的活性
Abstract Act Mode	摘要的作用机制
Abstract Usefor	摘要用途
Abstract Drawings Description	摘要的附图说明
Abstract Definitions	摘要的定义
Abstract Wider Disclosure	摘要的进一步说明
Abstract Additional Information	附加信息
Abstract Drug	摘要的配药部分
Abstract Specific Compounds	摘要的特殊物质
Abstract Prior Art	摘要的在先技术
Abstract Example	摘要的示例

续表

英文名称	中文名称
Abstract Definitions Area	摘要的定义领域
Abstract Specific Compounds Area	摘要的特殊物质领域
Abstract Use Area	摘要的使用领域

3.1.5.8 说明书（Description）

元素 Description，即说明书正文，包括技术领域、技术问题、解决方案、背景技术、发明概述、图像的简要说明、实施例描述、发明的最佳应用模式或应用方法、发明的应用模式或应用方法、工业实用性、符号列表信息、有关生物材料保藏的信息、引文列表等，如表 3–9 所示。

表 3–9 说明书信息

英文名称	中文名称
Description	说明书
Technical Field	技术领域
Technical Problem	技术问题
Technical Solution	解决方案
Advantageous Effects	发明的先进性
Disclosure	发明内容
Background Art	背景技术
Invention Summary	发明概述
Drawings Description	说明书中“图像的简要说明”部分
Embodiments Description	实施例描述
Embodiments Example	实施例的例子
Best Mode	发明的最佳应用模式或应用方法
Invention Mode	发明的应用模式或应用方法
Industrial Applicability	工业实用性
Reference Signs List	符号列表信息
Reference to Deposited Biological Material	有关生物材料保藏的信息
Citation List	引文列表
Patent Documentation	专利文献
NPL	非专利文献信息
Description Page Count	说明书页数

3.1.5.9　权利要求书（Claims）

本类描述权利要求书信息。主要包含：

①权利要求书 Claims，包含权利要求文本、引用等信息；

②权利要求号 Claims Number，主要是在检索报告中引用；

③关于权利要求的统计信息，如 Claims Count、Claim Page Count。

权利要求书信息如表 3-10 所示。

表 3-10　权利要求书信息

英文名称	中文名称
Claims	权利要求书
Claim	一个权利要求
Claim Text	权利要求项的文本
Claim Reference	对一个权项的引用
Claims Number	权利要求号，由于属性 lang 的差异可能多于一个
Claims Count	权利要求个数
Claim Page Count	权利要求书页数

3.1.5.10　专利家族（Patent Family）

本类用于描述专利家族及其成员的相关信息，采取唯一根元素 Patent Family，其下包含了专利家族标识号、专利家族成员等元素（表 3-11）。

表 3-11　专利家族信息

英文名称	中文名称
Patent Family	专利家族
Accession Details	专利家族的入藏号信息
Accession	专利家族的入藏号
Update Details	更新信息
Update	更新
Patent Counts	专利总数
Member Patent Details	专利家族的成员集合
Member Patent	专利家族成员
Patent Family ID Details	专利家族标识号
Patent Family ID	单个专利家族标识号

3.1.5.11 专利引文（Citing and Cited Documents）

本类是引文加工信息，包括引证专利信息和被引证专利信息，归为两类，即被引证专利信息 Citing Reference 和引证文献信息 Cited Reference（表 3–12）。

表 3–12 专利引文信息

英文名称	中文名称
Citing Reference	被引证专利信息
Citing Patent Details	所有被引证专利信息
Citing Patent	一篇被引证的专利
Cited Reference	引证文献信息

3.1.5.12 当前法律状态分类（Legal Status）

本类是法律状态信息，包含一类，即 PRS，该类包括中国的法律状态、欧洲的法律状态、OHIM 的法律状态和许可数据（表 3–13）。

表 3–13 法律状态信息

英文名称	中文名称
PRS Record	法律状态记录
Issue Date	颁证日
IPR Type	知识产权类型
PRS Publication Date	法律状态公告日
PRS Code	法律状态代码
PRS Value	法律状态代码对应的法律状态信息、代码的含义
PRS Information	法律状态信息
Status Indicator	记录状态
Attribute List Format ID	相关文献的申请号 / 公开号的属性列表格式标识
Claimer	请求人名称
Extended States	扩展的国家
Extension Date	扩展日期
Kind Format	文献编号的格式，即申请号或公开号，取值 F 或 P, F 表示申请号，P 表示公开号
SPC Number	补充保护证书号

续表

英文名称	中文名称
License Details	所有与许可有关的数据
License	许可数据
Renewal Details	更新信息
Status History	状态记录
Status Date	历史状态对应的日期
Newest Owner	最新的权利拥有者姓名
PRS	法律状态
Payment Date	付款日期
Opponent	异议人
Payment Year	年费缴纳
Special IPR Number	IPR 专有号码
Concerned Country	有关国家

3.2 专利核心数据准入原则

长期以来，专利统计数据被广泛应用于科技评价活动中。专利数据之所以能够受到理论界与学术界的青睐，主要原因在于专利数据所包含的信息全面、规范且易于使用。然而，由于专利信息涉及的范围广、信息资源来源众多，其蕴含的具体内容、涉及的时间及空间跨度、信息的组织形式都存在很大的差异，这种差异为量化地评价专利信息资源质量带来很大的困难；对于质量参差不齐、内容千差万别、形式多种多样的专利信息资源，如何求同存异，在不减少信息量的同时，补齐缺失数据、提高数据质量，建立统一的，面向专利统计分析决策的集成规范，是目前研究的难点。

本研究从上述问题出发，以异构异质专利数据库为基础，根据实践经验总结面向深度分析支持的专利数据内容准入规范。

该数据内容准入规范的特点如下。

（1）以统计分析决策支持为目标

基于专利数据的指标和研究非常多样化，包括出版形式（统计目录、政策报告、学术研究论文），数据汇编的层面（国家层次、地区层次、公司层次、产业层次或技术领域层次），所采用的方法（编制指标、进行计量预测），所处理的分析性或政策性问题等。通常统计分析决策支持的主体包括如下一些内容：技术绩效评价、新兴技术预测、知识传播和技术变革动力分析、发明的地理属性分析、创新与社会网络、发明的经济价值评价、研发人员的绩效与流动性、官产学研在技术创新中的作用评价、研发活动的国际化、企业专利申请策略、专利制定与政策评价、专利申请数据预测、专利运行监测等。详情请参考《专利统计手册》（https://www.oecd.org/science/inno/oecdpatentstatisticsmanual.htm）。

（2）以多源异构数据集成为基础

目前，多源异构数据集成已经成为数据加工的趋势。其中，多源是指专利数据库的数据来源是多样化的，如包括 DOCDB、INPADOC、PATSTAT、USPTO、JPO、SIPO、OECD 等；异构是指这些数据格式是差异化的，如 DOCDB 是 XML 格式，INPADOC 是文本格式、PATSTAT 是 CSV 格式，同时，这些数据内在的组织方式也是有所区别的。因此，专利数据库构建的主要任务就是从深度分析需求出发，对多源异构数据进行统一的数据集成（包括数据补充、数据修正、数据去冗余、数据标准化）。

（3）以专利申请为单位进行信息组织

利用专利唯一性原则将整个专利生命周期全过程中的信息贯穿起来。以申请为专利逻辑起点，以专利申请为单位对全部专利数据进行信息组织。

（4）兼顾数据的完整性与通用性

以 DOCDB、INPADOC 来源数据为基础，从深度分析需求出发，综合考虑数据的完整性、通用性、更新频率等因素，最终，确定专利数据库的元数据。

（5）以国别为单位存储数据

目前，本研究主要是以国别为单位组织，暂不考虑大型交换数据的应用场景。

3.3 专利核心数据模型

数据模型是为理解数据被如何组织或结构化而创建的，它是数据内容及数据实体和属性之间关系的可视化表现。由于数据模型定义了数据结构和内容，因此其成为理解数据内容，并用来使数据得以存储和访问的工具。很多时候，数据模型是理解数据内容的基础（图 3-1、图 3-2）。

专利号码信息是各种专利信息的逻辑起点，因此，以专利号码信息为中心对各类专利信息进行统一的组织。从专利深度分析需求出发，相关专利信息又可以分为技术信息、法律信息、“人”的信息三类。

概念模型将专利文献数据核心元素信息有机组织起来，从而使原有零散的数据元素信息形成了一个有机的整体。尤其是在以专利申请为中心的组织原则之下，相关专利信息分别或者集成起来能够服务于特定深度分析需求。

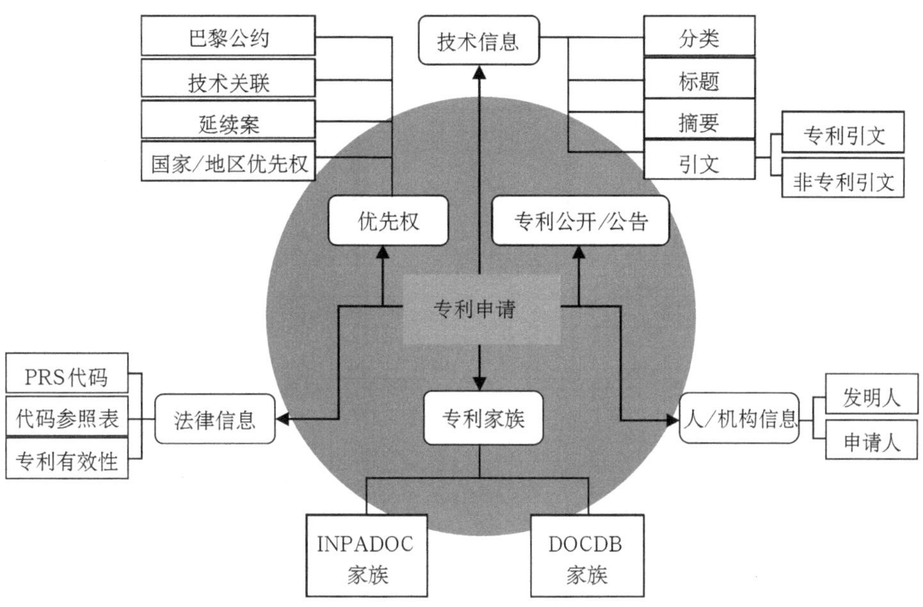

图 3-1　专利数据概念模型

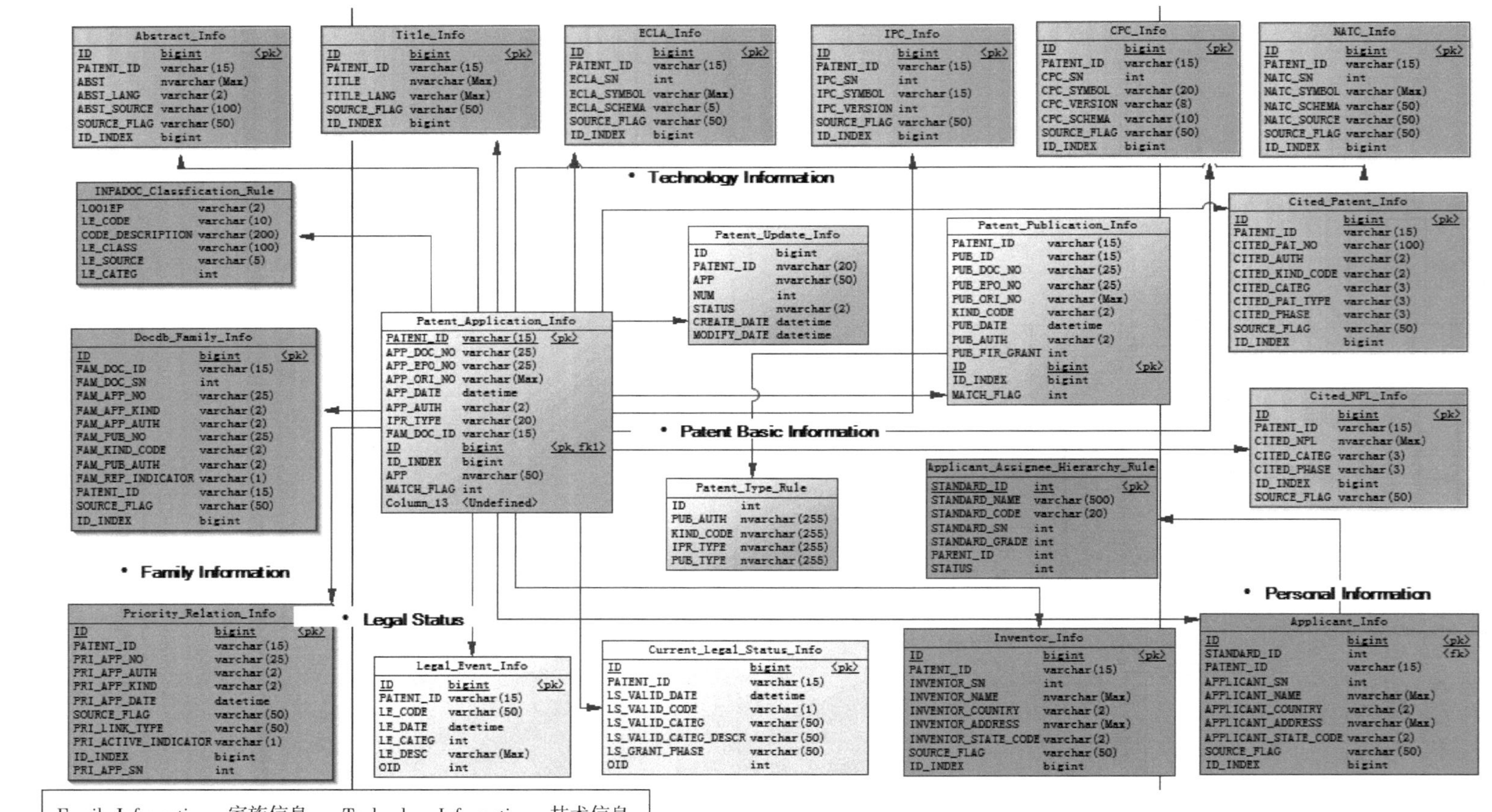

图 3-2 专利数据物理模型

4 多源异构专利信息集成

长期以来，专利统计数据被广泛应用于科技评价活动中。专利数据之所以能够受到理论界与学术界的青睐，简而言之，是因为专利数据所包含的信息全面、规范且易于使用。专利数据本身集合了经济、法律及技术信息，是其他相关信息所不具备的；在有关国际组织的共同努力下，专利数据陆续出台了一系列的规范，这些规范使得专利数据较其他数据更为规范与准确；另外，近年来，在数据提供商及各国专利管理机构的共同努力下，一大批专利数据库被开发出来，其中既包括免费的，也包括商用的，这些数据库的存在使得我们可以便利地使用专利数据资源。

目前，向公众提供的专利信息服务多来自单一的信息源，所包含的专利信息种类、内容往往也较为单一，即便包含多种信息来源，各服务提供商仅在浏览检索入口提供多种信息源检索的接口，对于多个信息源的资源并不进行深入集成，因此，对专利信息资源的描述层次、角度及组织方式都难以适应创新主体对专利信息的需求。

近年来，国内对于专利信息集成的研究不断加强，很多研究已经在理论层面上提供了较为完整的专利信息集成方案，如《异构专利数据源集成方案设计与实现》《异构专利数据源集成方案设计与实现》《专利信息资源检索与利用的基石》。但是，目前国内并没有建立统一高效的专利信息集成规范。

4.1 专利信息集成规范的难点

专利数据是很复杂的，对于深度分析而言，尤其应该谨慎地使用和分析。专利数据的复杂性来源于多个方面，如专利管理机构程序的多样性、专利申请方式的多样性、专利人申请行为的多样性等。实际上，专利信息集成难度主要来源于 3 个方面：

系统层（异构数据的物理集成）；

逻辑层（异构数据的逻辑规范与匹配）；

社会层（不同国别、区域和机构对于专利数据的规定差异；法律、技术操作层产生的差异）。

另外，还有一些问题也使得专利信息集成规范的建立存在极大挑战。

①目标不明确。随着信息技术的发展趋势，未来的专利数据库会朝着以目标为导向的专业专利数据库方向发展。我们现有数据集成框架大多是通用型的，即考虑一般目的、一般用途。但是对于复杂专利数据而言，这往往是无效的。以地域为例，专利数据中所包含的地域信息就可能包含十分复杂的关系。例如，一般数据中都包括发明人的国家、

申请人的国家、优先权国家等信息。更一般的情况是，不同分析内容的研究对于专利地域、时间的使用是存在差异的。

②缺乏对数据的理解。相关研究以数据集成（Data Integration）方法为指引，将专利数据有机集成到关系数据库的逻辑框架之下，但是，过程偏重于技术实现，忽略了专利数据本身的特点，低估了专利数据的复杂性。专利信息集成的目的在于：通过对多源、异构专利数据资源的集成、清洗、标引、衍生加工等方法，保证数据一致性、完整性，使专利数据能更好地满足创新主体的需求，提高信息的价值。但是专利信息存在一些传统问题，如时空的差异、重复（家族问题）、不协调不统一（法律状态事件、专利权人名称）、混乱（非专利引文问题）。

4.2 专利信息集成的概念

专利信息集成，是共享或者合并来自两个或者更多数据来源的专利信息，创建一个融合了各个数据源数据特色、最大限度挖掘专利数据潜在的价值信息的、面向广泛应用的数据库。建立专利集成数据库，可以为不同来源的数据建立一个统一的数据规范和数据加工标准，便于专利数据的检索、分析，以及日后的数据交换。

具体而言，数据集成的主要内容包括以下几个方面。

①异构数据的逻辑结构匹配；②多源、异构数据间差异化数据的筛选；③多源、异构数据间差异化数据的匹配；④多源、异构数据间差异化数据的补充。

4.3 专利信息集成的数据源

目前，大型数据加工过程中所使用的主要数据源如下。

（1）DOCDB 著录项信息

DOCDB 数据是目前著录项信息的主要数据源，包含了 90 多个国家的专利著录项信息，也就是我们通常所知的欧洲专利信息源。这个数据库的使用手册被称为“欧洲专利信息源交换格式手册”，可以在网上免费（DOCDB User Documentation）下载。

（2）INPADOC 数据库

与法律状态事件相关的数据源是 INPADOC 数据库，就是我们所熟知的 PRS。

（3）与申请人、专利权人、发明人相关的补充数据源

① EP Register 数据；② USPTO 数据源；③ EEE-PPAT 数据集；④ OECD HAN 数据集。

（4）与专利权利要求相关的补充数据源

欧洲及美国专利公开文本的权利要求数据都可以直接来源于 EPO 和 USPTO 的数据源。

（5）与技术信息相关的补充数据源

DERWENT DII 数据库，其中包括改写的标题、深加工摘要信息。

4.4 异构数据的逻辑结构集成

异构数据的逻辑结构匹配是指对多源、异构数据进行统一的逻辑模型设计，使其能够在物理结构模型和逻辑结构模型上符合数据匹配的标准，便于最终的数据集成工作。本规则中，以 ISTIC 中国专利集成数据库为例，介绍异构数据逻辑结构集成的流程。

专利信息集成数据库，是建立在 SIPO 中国专利原始基础数据库和 DOCDB 中国专利综合数据库的基础上的。专利数据库集成了上述异构异质的中国专利基本信息，具体的集成流程与思路如图 4-1 所示。

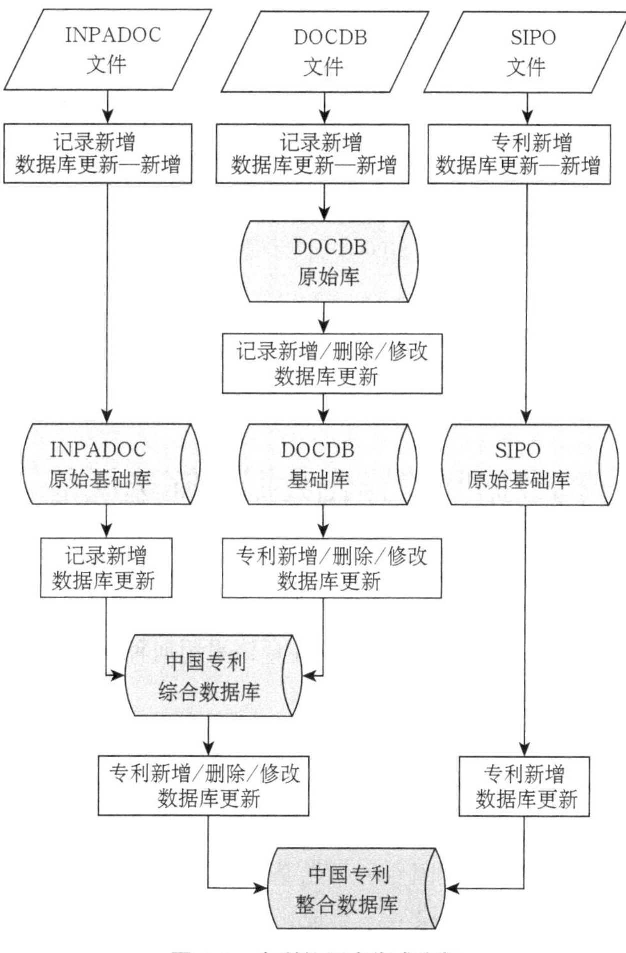

图 4-1 专利数据库集成流程

4.5 专利唯一标识符的设定

对于异构数据的集成而言，设立统一的唯一标识符是十分重要的，该措施有利于将全部的数据集成到统一的规则之下，是建立后续物理模型的基础。

本案例中，ISTIC 中国专利集成数据库的数据来源是 SIPO 中国专利原始基础数据库和 DOCDB 中国专利综合数据库，上述两种来源的专利以专利申请号为主来确定同一件专利。

唯一标识符的设定规则：若两个数据源的申请号相同，即可基本判定为同一件专利，并赋予格式统一的 ISTIC 专利唯一标识（PATENT_ID）；如果同一数据源中出现多条申请号相同的记录，可以根据具体的情况，确定是重复记录还是申请号错误，并人工修改错误的申请号；如果两个数据源的专利数据不能匹配，需人工进一步核实是否有申请号错误的情况，并人工修改。为方便专利信息集成，不同情况的专利记录标记不同的标签，以示区分（表 4–1）。

表 4–1　专利记录标记不同的标签的含义

标签值	数据情况
1	DOCDB 中国专利综合数据库独有的专利记录
2	DOCDB 中国专利综合数据库和 SIPO 中国专利原始基础数据库可正确匹配的专利记录
3	SIPO 中国专利原始基础数据库独有的专利记录
4	DOCDB 中国专利综合数据库中重复的申请号（APP_DOC_NO）但不同的文献类型（APP_KIND）记录

4.6 多源、异构数据间差异化数据的筛选规范

4. 6. 1 筛选规则的设定依据

筛选规则是指对多源数据进行集成时，究竟该采用何种数据作为集成后数据库的数据来源。筛选规则的设立主要考虑如下因素：

①数据来源的权威性；②数据来源的完整性；③数据格式的规范性；④数据结构的可扩展性；⑤数据的粒度；⑥筛选规则设定实例。

本书以 ISTIC 中国专利集成数据库中数据信息筛选规则为例。

① DOCDB 数据库和 SIPO 中国专利原始基础数据库可正确匹配的专利记录，该部分数据各自独有的字段信息直接录入、集成，部分共有字段信息择优录入，如 IPC 信息等。

② SIPO 中国专利原始基础数据库中独有的专利数据，直接选取基础数据库中的信息进行集成，同时特殊标记该部分数据。

③ DOCDB 择优数据库中独有的专利数据，直接选择择优数据库中的信息进行集成，同时特殊标记该部分数据。

不同信息表的筛选原则如表 4-2 所示。

表 4-2 SIPO 与 DOCDB 专利信息表的筛选规则

数据表名称	来源信息表	说明信息
Patent_Application_Info	SIPO：Patent_Basic_Info	优先选取 DOCDB 中的申请号信息
	DOCDB：Patent_Application_Info	
Patent_Publication_Info	SIPO：Patent_Basic_Info	DOCDB 中一个 APP_DOC_NO 对应多个 PUB_NO, SIPO 中只有一条 PUB_NO，优先选取 DOCDB 中的数据
	DOCDB：Patent_Publication_Info	
Priority_Relation_Info	SIPO：Priority_Info	DOCDB 对优先权信息做过规范化处理，优先选取 DOCDB 信息
	DOCDB：Priority_Relation_Info	
Docdb_Family_Info	DOCDB：Docdb_Family_Info	DOCDB 独有信息
CPC_Info	DOCDB：CPC_Info	DOCDB 独有信息
ECLA_Info	DOCDB：ECLA_Info	DOCDB 独有信息
IPC_Info	SIPO：IPC_Info	DOCDB 对 IPC 信息进行了追溯，优先选取 DOCDB 中 IPC 信息
	DOCDB：IPC_Info	
Title_Info	SIPO：Patent_Basic_Info	不区分来源，都保留入库
	DOCDB：Title_Info	
Abstract_Info	SIPO：Patent_Basic_Info	不区分来源，都保留入库
	DOCDB：Abstract_Info	
Cited_NPL_Info	DOCDB：Cited_NPL_Info	DOCDB 独有信息（目前都为空）
Cited_Patent_Info	DOCDB：Cited_Patent_Info	DOCDB 独有信息（目前都为空）
Inventor_Info	SIPO：Inventor_Info	不区分来源，都保留入库
	DOCDB：Inventor_Info	
Applicant_Info	SIPO：Original_Assignee_Info	不区分来源，都保留入库

4.6.2 数据来源标签

为区分不同来源及不同格式的数据，通常需要在信息表设置字段 SOURCE_FLAG，具体取值规则如下。

①来源于 DOCDB 的数据：因为 DOCDB 提供的数据格式包括 docdb、docdba、epodoc 和 original 四类，所以 SOURCE_FLAG 的相应取值分别为 DOCDB-docdb、DOCDB-docdba、DOCDB-epodoc、DOCDB-original；

②来源于 USPTO 的数据：SOURCE_FLAG 的取值为 USPTO；

③来源于 SIPO 的数据：SOURCE_FLAG 的取值为 SIPO；

④来源于补充数据，根据数据来源不同，SOURCE_FLAG 的相应取值分别为 WIPO-download、EPO-download、PAJ-download、RUPTO-download；

⑤来源于 DOCDB 简单专利家族的补充数据：SOURCE_FLAG 的取值为 DOCDB-family。

4.7 多源、异构数据间差异化数据的匹配规范

匹配规范指在多源、异构数据之间，根据一定的规则对数据表、数据字段进行匹配，确保不同数据来源的数据表述是一致的，具体的格式、表示方式可以略有不同。

4.7.1 专利数据表匹配规范

以通用专利数据表和 PATSTAT 的数据表结构为例解释数据表的匹配规范（表 4-3）。

表 4-3 通用专利数据表和 PATSTAT 的数据表结构匹配规范

<table>
<tr><th>序号</th><th>表格名称</th><th>表格含义</th><th>对应 PATSTAT 表格名称</th></tr>
<tr><td>1</td><td>Patent_Application_Info</td><td>专利申请信息表</td><td>tls201_appln</td></tr>
<tr><td>2</td><td>Patent_Publication_Info</td><td>专利公开信息表</td><td>tls211_pat_publn</td></tr>
<tr><td>3.1</td><td rowspan="4">Priority_Relation_Info</td><td rowspan="4">优先权信息表</td><td>tls201_appln</td></tr>
<tr><td>3.2</td><td>tls204_appln_prior</td></tr>
<tr><td>3.3</td><td>tls205_tech_rel</td></tr>
<tr><td>3.4</td><td>tls216_appln_contn</td></tr>
<tr><td>4</td><td>Docdb_Family_Info</td><td>简单专利家族信息表</td><td>tls218_docdb_fam</td></tr>
<tr><td>5</td><td>IPC_Info</td><td>国际专利分类信息表</td><td>tls209_appln_ipc</td></tr>
<tr><td>6</td><td>ECLA_Info</td><td>欧洲专利分类信息表</td><td>tls210_appln_n_cls</td></tr>
<tr><td>7</td><td>CPC_Info</td><td>联合专利分类信息表</td><td>tls224_appln_cpc</td></tr>
<tr><td>8</td><td>NATC_Info</td><td>国内分类信息表</td><td>tls210_appln_n_cls</td></tr>
<tr><td>9</td><td>Title_Info</td><td>标题信息表</td><td>tls202_appln_title</td></tr>
<tr><td>10</td><td>Abstract_Info</td><td>摘要信息表</td><td>tls203_appln_abstr</td></tr>
<tr><td>11.1</td><td rowspan="2">Cited_Patent_Info</td><td rowspan="2">专利引证信息表</td><td>tls212_citation</td></tr>
<tr><td>11.2</td><td>tls215_citn_categ</td></tr>
</table>

续表

序号	表格名称	表格含义	对应 PATSTAT 表格名称
12.1	Cited_NPL_Info	非专利文献引证信息表	tls212_citation
12.2			tls214_npl_publn
13.1	Inventor_Info	发明人信息表	tls206_person
13.2			tls207_pers_appln
13.3			tls208_doc_std_nms
14.1	Applicant_Info	申请人信息表	tls206_person
14.2			tls207_pers_appln
14.3			tls208_doc_std_nms

4.7.2 专利数据字段匹配规范

同时选择优先关系字段，以解释差异数据的数据字段的匹配规范（表 4–4）。

表 4–4 优先关系字段匹配规范

DOCDB		USPTO	
关系类型	说明	关系类型	说明
1	Prior application claimed for related-publication	01	Related-publication
2	Prior application claimed for provisional application	02	Us-provisional-application
3	Prior application claimed for a division	03	Division
4	Prior application claimed for continuation	04	Continuation
5	Prior application claimed for continuation in part	05	Continuation-in-part
6	Claimed application is an original reissue serial number	06	Reissue
7	Prior application claimed for a substitute	07	Substitution
B	Claimed for continuation “ABANDONED”	04	Continuation PARENT_ STATUS= “ABANDONED”
C	Claimed for continuation in part “ABANDONED”	05	Continuation-in-part PARENT_ STATUS= “ABANDONED”
D	Claimed for a division “ABANDONED”	03	Division PARENT_ STATUS= “ABANDONED”
R	Request for re-examination number		

4.7.3　匹配实例：如何确定是同一件专利

DOCDB 美国专利择优数据库和 USPTO 美国专利基础数据库中的专利是以公开 / 公告号作为对接字段进行匹配。DOCDB 美国专利择优数据库中的专利公开 / 公告号的格式较为规范，USPTO 美国专利基础数据库分为申请公开数据库和核准公告数据库，专利记录的具体匹配方式如表 4-5 所示。

表 4-5　专利记录具体匹配方式

DOCDB 美国专利择优数据库（PUB_NO）	USPTO 美国专利基础数据库（APP_PN/PN）
US+YEAR+6 位流水号， US2001014978	APP_PN：YEAR+7 位流水号， 20010014978
US+1 ～ 8、10、11 位流水号， US4123005	PN：7 位流水号， 4123005
US+RE+1 ～ 5 位数字， USRE34091	PN：RE+5 位流水号， RE34091
US+H+1 ～ 4 位流水号， USH1682	PN：H+6 位流水号，流水号不足 6 位，在前面以 0 补齐， H001682
防卫性公告：US+T+6 位流水号， UST100401	T+6 位流水号， T100401
植物专利，US+2 ～ 5 位流水号， US11528	PN：PP+5 位流水号， PP11528
外观设计专利，US+D+5 ～ 6 位流水号， USD296404	PN：D+6 位流水号， D296404

4.8　多源、异构数据间差异化数据的补充规范

有一些专利数据的确存在遗失值的情况，尤其是时间相对久远的数据资源。针对这种情形需要进行补充，从而实现数据的完整。

4.8.1　一般专利数据遗失补充规则

①遗失的日期类型的值被表示为“9999-12-31”，是“未知日期”的意思；

②遗失的字符串类型的值可以表示为长度为 0 的字符串，如“ ”，有时也可以采用包含空格的固定长度的字符串来表示；

③遗失的数字类型的值可以表示为一个数字 0。

4.8.2 申请号的补充规则

专利数据中存在大量的缺失申请号信息的情形，具体分析而言，申请号遗失的问题主要有 3 种，存在如下几种情形。

（1）因为优先权问题而补充的申请号

存在这样一种情形，一项专利申请被主张为优先权，但该文献并未出现在 DOCDB 数据库中，尽管如此，我们只能假定该优先申请是真实存在的，虽然它由于某种原因最终并未出现在 DOCDB 数据库中。因此，我们将为该优先申请创建一个虚拟申请号。通常，这种虚拟申请情况的出现是由于专利申请在专利公开之前被撤回或放弃，但该申请仍作为一种优先权而存在，或者在美国以续案的形式而存在。

（2）因为引文问题而补充的申请号，这又分为两种情形

1）申请号源于被引用的专利公告号

存在一些被引用的公告号，但这些公告号在 DOCDB 数据库中找不到相对应的数据。这包括被引用的专利是从非专利文献（NPL 引文）中提取的。在这种情况下，一个虚拟的专利公告号被补充进了 PATSTAT（参见公告号的补充）。同时，由于每一项专利公告都必须对应一项专利申请，因此我们也会为该公告号创建一项匹配的申请。

相应的规则如下。

检查被引的公告号在 DOCDB 数据库中是否存在对应的数据，如果不存在，则创建一个虚拟的公告号和一个虚拟的申请号，这个虚拟申请号的属性值如下。

APPLN_AUTH: identical to that of the cited publication.

APPLN_NR: identical to that of the cited publication.

APPLN_KIND = 'D2'.

APPLN_FILING_DATE = '9999-12-31'.

IPR_TYPE = 'PI'.

APPLN_ID: Allocate a unique value incrementally, starting at 930.000.001.

2）申请号源于被引用的专利申请号

有一些被引用的专利申请（不同于第一种专利公告的情形），在 DOCDB 数据库中并不存在对应的专利申请号，在这种情况下就需要创立一项虚拟的申请。

相应的规则如下。

检查被引用的专利申请在 DOCDB 数据库中是否存在对应的申请参照数据，如果不存在，那么就需要创建一个虚拟的申请号。该虚拟申请号的属性值如下。

APPLN_AUTH: as cited in the cited filed application.

APPLN_NR: as cited in the cited filed application.

APPLN_KIND: as cited in the cited filed application; if not given then use "D3".

APPLN_FILING_DATE: as cited in the cited filed application, if not given then assign

'9999-12-31'.

APPLN_ID: Allocate a unique value incrementally, starting at 960.000.001.

4.9 美国专利信息资源集成研究

专利信息资源集成使用的数据是欧洲专利局和美国专利商标局提供的美国专利题录数据。欧洲专利局提供的美国专利数据资源，包括 2001 年至今的专利申请公开数据（Published Applications）和 1790 年至今的核准公布数据（Issued Patent）；美国专利商标局提供的美国专利数据资源，包括 2001 年至今的专利申请公开数据和 1976 年至今的核准公布数据，1790—1975 年的数据只有图像全文说明书，USPTO 仅提供检索服务。

考虑到美国专利商标局不提供 1790—1975 年的专利数据，因此本书试图集成 1976—2014 年 12 月的核准公布数据，以及 2001—2014 年 12 月的专利申请公开数据。数据集成的思路是：首先，通过关联字段匹配两个不同来源的美国专利数据，以保证数据的一致性；其次，经过宏观和微观的数据对比分析，确定数据集成方案，以保障数据获取的完整性；最后，通过重新组织和数据存储，实现数据获取的直接性。

4.9.1 关联字段的选择

美国专利申请号是循环编号，每轮循环均为 000001 ～ 999999 连续编排，周而复始，为了区分不同循环周期的申请号，美国专利商标局引入了申请号系列码（Application Number Series Code）。如图 4-2 所示，专利（Utility Patent）申请于 2006 年，申请号编码进入了第 11 个循环周期，因此 USPTO 提供的专利申请号是 11/594928，EPO 对美国专利申请号进行了规范化处理，申请号包括申请年份流水号信息，所以对于同一件专利，EPO 经过规范加工后提供的申请号是 20060594928。对于相同的专利，USPTO 和 EPO 提供的申请号的表达方式不同。

文献号是各知识产权局在公布专利文献时编制的序号。专利申请一经受理，随后便依审查制度和审批程序一次公布或多次公布，从而导致一件申请有一个申请号或多个文献号（如申请公开号和核准公告号）。对于美国专利而言，来源于 EPO 和 USPTO 的专利文献号基本一致，因此本书使用专利文献号对不同来源的美国专利数据进行关联，具体关联方式及示例如图 4-2 所示。

将专利文献号作为两个不同来源数据的关联字段，去匹配、对接、筛选、规范 EPO 和 USPTO 提供的美国专利信息资源，并以专利申请号为单位组织专利信息的存储，以此构建美国专利数据库。

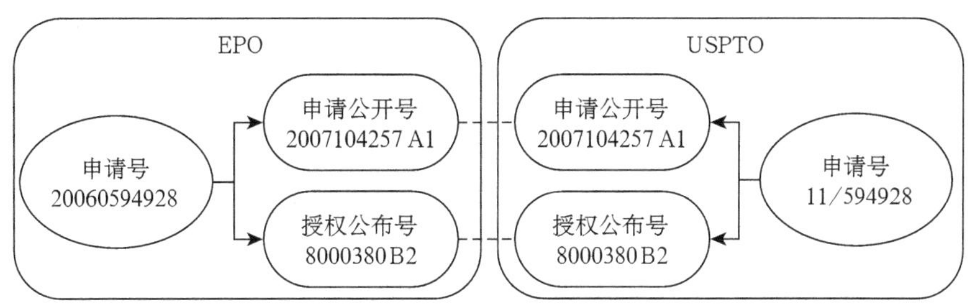

图 4-2 两种来源的美国专利数据关联示意

4.9.2 宏观数据对比

欧洲专利局获取各个国家、地区、组织的专利数据资源后，为了规范、统一专利信息资源，会对不同来源的专利著录项信息予以取舍和清洗。美国专利商标局提供的美国专利数据是最原始的官方信息资源，因此两者各有优势，其信息可以相互补充，表 4-6 是 EPO 和 USPTO 提供的美国专利数据著录项信息对比。

表 4-6 两种来源的美国专利题录信息宏观对比

	EPO	USPTO	
		申请公开	授权公布
标题信息	√	√	√
摘要信息	√	√	√
国际专利分类信息	√	√	√
欧洲专利分类信息	√		
联合专利分类信息	√		
美国专利分类信息	√	√	√
洛迦诺分类信息			√
植物专利分类信息			√
引证信息	√		√
发明人信息	√	√	√
申请人 / 专利权人信息	√	√	√
代理机构 / 代理人信息		√	√
审查员信息			√
优先权信息	√	√	√
简单专利家族信息	√		
分案 / 续案信息		√	√
相关 PCT 专利信息			√

集成上述两种来源的美国专利数据，就是针对来源于 EPO 和 USPTO 的专利数据特点，为共有的信息和特有的信息建立不同的加工标准。对于共有的信息，如标题信息、摘要信息、国际专利分类信息等，通过对比两种来源数据的准确性和合理性，优先选取更为准确、全面的数据；对于特有的信息，如审查员信息、代理机构 / 代理人信息、欧洲专利分类信息、美国专利分类信息等，有选择地予以保留。根据上述规则，经过进一步的数据清洗与规范，共有信息和特有信息以关系型的数据库形式存储，形成信息全面、数据规范的美国专利数据库。

4.9.3 微观数据对比

4.9.3.1 标题信息、摘要信息

一般情况下，欧洲专利局和美国专利商标局提供的专利标题和摘要是一致的。考虑到授权公布的专利经过了专利审查员的审查和申请人的修改，信息更为准确，因此集成数据库中的专利标题和摘要优先选取授权公布的专利文献信息，即以最新公布文献中的专利标题和摘要信息为准。

4.9.3.2 发明人信息、申请人 / 专利权人信息

欧洲专利局对发明人、申请人 / 专利权人数据进行了统一的规范化处理，包括标点符号、英文字母大写转换等；相较而言，美国专利商标局的发明人、申请人 / 专利权人的信息更接近专利原文，其地址信息更为全面，尤其对于居住地为美国的申请人 / 专利权人，地址信息精确到“州”。以专利 7594121（专利授权公布号）为例，两种来源提供的专利权人信息对比情况如表 4-7 所示。

在专利信息分析过程中，规范的发明人姓名、申请人 / 专利权人名称及详细的地址信息对于竞争对手的战略分析和地域分析都非常重要，因此，我们保留了 EPO 提供的发明人姓名、申请人 / 专利权人名称，以及 USPTO 提供的地址信息，如表 4-7 所示，经过数据集成后的结果如表 4-8 所示。

表 4-7　两种来源的申请人 / 专利权人信息示例

来源	序号	专利权人名称	国别	州	地址
USPTO	1	Sony Corporation	JP		Tokyo
	2	Sony Electronics Inc.	US	NJ	Park Ridge
EPO	1	SONY CORP	JP		
	2	SONY ELECTRONICS INC	US		

表 4–8 经过数据集成后的信息示例

序号	专利权人名称	国别	州	地址
1	Sony Corp	JP		Tokyo
2	Sony Electronics Inc	US	NJ	Park Ridge

4.9.3.3 国际专利分类信息

国际专利分类（International Patent Classification，IPC）是目前世界上唯一通用的专利文献分类体系，对于海量专利文献的组织、管理和检索具有极其重要的作用。美国专利采用的是美国专利分类（U.S. Patent Classification，USPC）体系，USPTO 只是用计算机系统将 USPC 分类号转换成 IPC 分类号，标注在专利文献的扉页，并且不进行任何后续的回溯和完善；而欧洲专利局自第 8 版 IPC 推广使用以来，按照第 8 版的分类标准，陆续对 1 ～ 7 版的 IPC 信息进行追溯和修正。因此，就 IPC 信息而言，欧洲专利局提供的 IPC 信息更加准确。

4.9.3.4 其他专利分类信息

美国专利商标局一直沿用美国专利分类体系，欧洲专利局之前同时使用 IPC 分类体系和欧洲专利分类（European Classification，ECLA）体系。2010 年 10 月，美国专利商标局和欧洲专利局宣布合作开发联合专利分类（Cooperative Patent Classification，CPC），美国专利商标局承诺将在 CPC 实施之后放弃其近 200 年历史的 USPC 体系，欧洲专利局也已经停止使用 ECLA 体系。目前，上述两个机构均已开始推广联合专利分类体系，并分别提供了 CPC 检索入口。因此，美国专利数据库未保留 USPC 和 ECLA 分类信息，而是选择了 CPC 分类信息。

4.9.3.5 优先权信息

欧洲专利局规范了专利的优先权信息，尤其是优先专利申请号码，并标引了优先专利申请与本专利申请的关系类型，包括分案申请、续案申请、部分续案申请等。欧洲专利局在规范后的优先权信息的基础上构建了简单专利家族数据库。因此，欧洲专利局提供的优先权信息更加准确。

4.9.3.6 其他信息

对于两种来源的独有信息（除欧洲专利分类信息和美国专利分类信息），如欧洲专利局提供的简单专利家族信息，美国专利商标局提供的审查员信息、代理机构 / 代理人信息、分案 / 续案信息等，均予以保留并规范。

4.9.4 美国专利信息资源集成及实现

利用专利文献号，对欧洲专利局和美国专利商标局提供的美国专利信息资源进行集成。数据集成流程如图 4–3 所示。

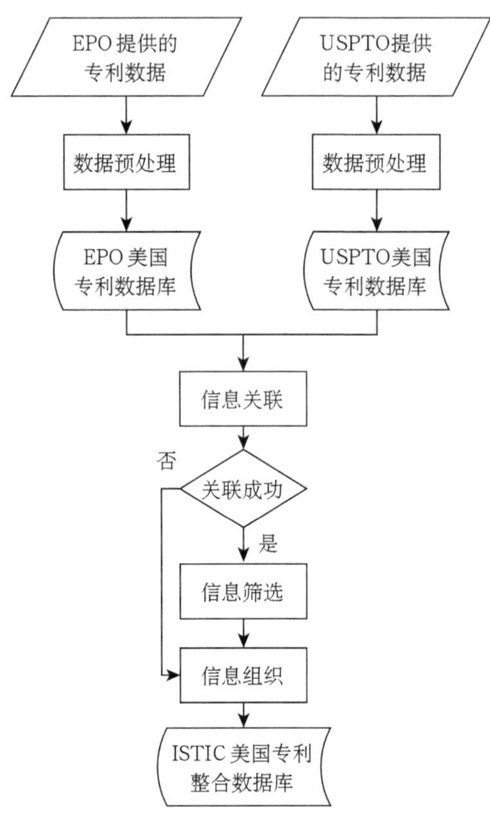

图 4–3 美国专利信息资源集成流程

①数据预处理，主要对 EPO 和 USPTO 提供的美国专利原始数据进行初步的数据清洗，同时将其转化成具有标准格式并能够存储于数据库的数据，为数据资源集成提供基础数据。

②信息关联，根据同一件专利申请号相同、文献号不同的原则，确定同一件专利的多次公开 / 公布记录；通过专利的文献号关联两种来源的数据，实现来源于 EPO 和 USPTO 的美国专利数据的匹配。

③信息筛选，经过不同来源数据的宏观和微观比对，确定数据集成加工方案，以保障数据的完整性。

④信息组织，根据预先制定的数据集成加工方案，对数据进行统一的清洗与规范，并予以组织和存储，构建美国专利数据库。

美国专利数据库以专利申请（Application）为核心组织信息资源，包括多次公开/公布记录信息（Publications）、技术信息（Technical Info）、相关人员信息（Parties）、优先权信息（Priorities）、简单专利家族信息（Families），以及其他相关信息（Other Info），其概念如图 4-4 所示。

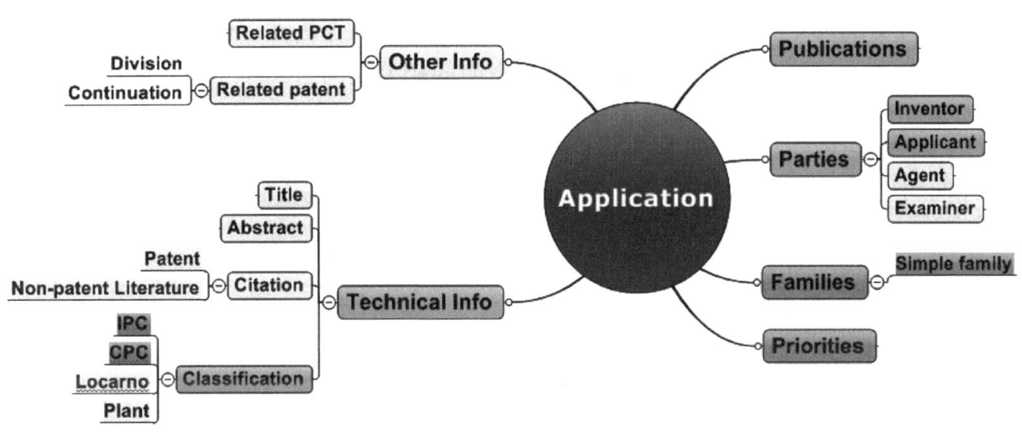

图 4-4 美国专利数据库概念（见书末彩图）

5 引文信息集成研究

专利引文（Patent Citation）是指在专利文件中列出的与本专利申请相关的其他文献，用于评估发明的可专利性和确定新申请专利的权利要求的合法性。这些参考文献包括可公开获取的科学、技术文件，任何其他构成发明的相关先例的文件。

专利引文大体可以分为两大类，专利的参考文献和非专利的参考文献。专利参考文献是对在世界上任何时间、地点，以任何语言已申请的其他专利中先前已经受保护或描述的相关技术的引用。非专利参考文献包括科学出版物、会议论文汇编、书籍、标准等。

5.1 引文的相关标准

5.1.1 世界知识产权组织（WIPO）：ST.14 在专利文献中列入引证参考文献的建议—2016

WIPO 在《ST.14 在专利文献中列入引证参考文献的建议》中，对参考文献在专利文献中出现的位置、INID 码的标识（56）、参考文献列表的分类及排序方式都给予了详细的建议。

另外，WIPO 还将专利引文分为专利文献、非专利文献，又将非专利文献分为知识产权声明文件、会议论文集、期刊或连续出版物、摘要、标准等几大类。分别对各类参考文献引用信息需包含的内容、格式、参考规范、顺序进行了梳理。其中，比较常用的内容摘录如下。

引用文献的标识：建议使用 INID 代码（56）标识“引证的参考文献清单”。

引用文献在专利文献中的位置。建议引证的参考文献清单位于：

①专利文献的扉页上；

②专利文献所附的检索报告中。

引用文献的排列顺序：建议“引证的参考文献”清单中的文献应按照适合用户需求的顺序排列，并在清单中明确表示出来。以下是引证的参考文献排列顺序的举例。

①本国专利文献；

②国外专利文献；

③其他非专利文献。

然而，在检索报告中，文献可按其相关度顺序引证。

不同类型引用文献应标识的要素和排列顺序如下。

对无论是以纸件形式还是按页显示方式获得的（如摹真、缩微等）任何引证的文献或公告，应按列出顺序，对下列要素进行标识。

（1）对于专利文献

①出版文献的知识产权局，由双字母代码（WIPO 标准 ST.3）表示；

②公布文献的知识产权局所给的文献号（在日本专利文献中，天皇纪年必须位于专利文献的流水号之前）；

③文献类型，根据 WIPO 标准 ST.16，在文献上标识适当的符号表示，如果在文献上没有标出，如可能，按照此标准给予标识；

④专利权人或申请人的姓名或名称（用大写字母，可适用之处用缩写形式）；

⑤引证专利文献的公布日期（用 4 位数字按公历表示年代），或在修正专利文献中按照 WIPO 标准 ST.9 的 INID 代码（48）表示修正专利文献公布日期，以及如果文献中有的话，按照 INID 代码（15）表示补充修正代码；

⑥适用之处，如相关章节的页码、栏、行或段落号，或附图中的相关图形。

（2）在期刊或其他系列出版物中发表的文章

①作者姓名（用大写字母）；

②期刊或其他系列出版物中的文章题目（可适用之处，用缩写或截词）；

③期刊或其他系列出版物的名称（可使用国际通用的缩略语）；

④期刊或其他系列出版物中，表示年代的 4 位数字指明的发行日期、发行期号、文章页数（如果有年、月、日，应适用 WIPO 标准 ST.2）的位置；

⑤可适用之处，标准标识符和分配给该刊物的编号，例如：ISBN 2-7654-0537-9，ISSN 1045-1064；值得注意的是，对于相同名称的印刷版和电子版，这些编号也许是不一样的；

⑥适用之处，文章的相关章节和 / 或附图的相关图形。

引用文献的类型：建议在上述第 7 段中提及的和检索报告中引证的任何一条文献（参考文献）用下列字母或标记指明，并紧邻被引证的上述文献，位于其后。

（1）表示特别相关的引证文献参考文献类型

“X”类：仅考虑该文献，权利要求所记载的发明不能被认为具有新颖性或创造性；

“Y”类：当该文献与另一篇或多篇此类文献结合，并且这种结合对于本领域技术人员是显而易见时，权利要求所记载的发明不能认为具有创造性；

（2）表示其他与现有技术相关的引证文献参考文献类型

“A”类：一般现有技术文献，无特别相关性；

“D”类：由申请人在申请中引证的文献，该文献（参考文献）是在检索过程中要参考的，代码“D”应始终与一个表示引证文献相关性的类型相随；

“E”类：PCT 细则第 33 条 1（c）中确定的在先专利文献，但是在国际申请日当天或之后公布的；

"L"类：可能引起优先权疑义的文献为了确定其他引证文献的公布日期而引证的文献，或由于其他特殊原因（应指出文献引证的理由）而引证的文献。

5.1.2 国际标准化组织（ISO）：ISO 690 信息资源引用及参考文献题录指南

ISO 690 是国际标准化组织制定的有关标注引用文献方式的标准。它规定了参考文献遵循的格式、信息出现的顺序位置等。不过，其中所用的符号、文字风格未被包含到此标准之中。ISO 690 的最新版本于 2010 年公布，能够覆盖所有类型的信息资源，包括但不限于：专题论文、专利、地图文献、电子资源、音乐、录音、照片等。

5.2 各专利局专利文献信息中专利引文信息的实际情况

我们选取了中国国家知识产权局（SIPO）、美国专利商标局（USPTO）、欧洲专利局（EPO）提供的可合法公开批量获取的专利信息资源作为调研对象进行了研究。

5.2.1 SIPO

国家知识产权局 2006 年发布的《专利数据元素标准第 2 部分：关于用 XML 处理中国发明、实用新型专利文献数据的暂行办法》中，与专利引文相关的部分如下（表 5–1）。

表 5–1 专利文献引文数据

<table>
<tr><th>元素</th><th>构成和说明</th><th>内容说明</th></tr>
<tr><td>references-cited</td><td>（text | （citation+，date-search-completed ？，date-search-report-mailed ？，place-of-search ？，search-report-publication ？，searcher ？））
该结构比较宽泛，既包括了复杂的结构也包括了简单的文本</td><td>引用文件数据</td></tr>
</table>

<！ —INID 56 引用文献 —>

<！ —This tag and elements to be used primary to code data on the title page of patents under INID code（56）.—>

<！ ELEMENT references-cited（text |（citation+，date-search-completed ？ ，date-search-report-mailed ？ ，place-of-search ？ ，search-report-publication ？ ，searcher ？ ））>

<！ — 其他参考文献，包括专利文献或非专利文献 —>

<！ — Reference to other documents, either patent literature（patcit）or non-patent literature（nplcit）—>

<！ — 属性：

id　文献 id 号建议取值 'cit0001', 'cit0002'

srep-phase 文献引用段落 —>

<！ —attribute：

id　document id Recommended id = 'cit0001', 'cit0002', etc.

srep-phase cited phase—>

<！ ELEMENT citation（（patcit | nplcit），corresponding-docs*, rel-passage*, category*, rel-claims*, classification-ipc ？，classifications-ipcr ？，classification-national ？）>

<！ ATTLIST citation

id ID #IMPLIED

srep-phase CDATA #IMPLIED

>

注：根据国家知识产权局 2006 年发布的《专利数据元素标准第 2 部分：关于用 XML 处理中国发明、实用新型专利文献数据的暂行办法》及 WIPO 在 2008 年对 40 个国家 / 地区的专利管理组织针对专利引文的规范化、标引、披露等具体实施情况做的调查报告（*Survey Concerning Citation Practices in Industrial Property Offices*），国家知识产权局在专利引文的规范制定及实施等方面均走在国际前列。但目前在国家知识产权局专利数据服务试验系统免费向公众公开的专利数据中，无论是中国专利的题录数据库，还是专利全文数据库，均未含引文信息。经了解，目前标引好的中国专利引文信息仅向专利审查员开放。因此，在后续相关引文数据深加工规范的制定过程中，涉及中国专利引文的均参照欧洲专利局的相关规范进行处理。

5.2.2 USPTO

U.S. Patent Grant Data/XML v4.3（a.k.a. Red Book）中关于专利引文的规定如下。

<！ —

—>

<！ ELEMENT us-citation（（patcit | nplcit），corresponding-docs*, rel-passage*, category*, rel-claims*, classification-ipc ？，classifications-ipcr ？，classification-cpc-text ？，classification-national ？）>

<！ ATTLIST us-citation

srep-phase CDATA #IMPLIED

>

<！ ELEMENT patcit（text |（document-id, rel-passage*））>

<！ ATTLIST patcit

```
    id ID #IMPLIED
    num CDATA #IMPLIED
    dnum CDATA #IMPLIED
    dnum-type CDATA #IMPLIED
    file CDATA #IMPLIED
    url CDATA #IMPLIED
>
<！ ELEMENT nplcit（text | article | book | online | othercit）>
<！ ATTLIST nplcit
    id ID #IMPLIED
    num CDATA #IMPLIED
    lang CDATA #IMPLIED
    file CDATA #IMPLIED
    npl-type CDATA #IMPLIED
    medium CDATA #IMPLIED
    url CDATA #IMPLIED
>
```

在 USPTO 的授权专利 XML 文件中，引文部分也由被引专利文献（Patcit）、被引非专利文献（Nplcit）及引证阶段 3 个部分构成。

其中，被引专利文献的信息包括被引专利的号码、授予国家 / 地区、文献类型、日期等；被引非专利文献的信息包括非专利文献的文字描述（通常包含其标题、日期、作者等题录信息，顺序格式不统一）；引证阶段的信息揭示了被引参考文献的来源，分为审查员、申请人及第三方三类。

5.2.3 EPO

欧洲专利局是世界上收录专利数据最多的政府组织，截至 2019 年 4 月，EPO 已经收录了全球 103 个国家 / 地区 / 组织的专利数据。EPO 的文献管理数据库（Document Database，DOCDB）是被三方合作伙伴（欧洲专利局、美国专利商标局和日本专利局）认可为著录项目的主数据库。DOCDB XML 是向三方合作伙伴、WIPO 和商业提供者交换 DOCDB 数据的标准格式，该格式以 ST.36 为基础。（“以 ST.36 为基础”的意思是：新的交换格式将在可能的情况下遵循 ST.36，但由于交换数据的特定性质，在必要时可能会扩展标准。）

DOCDB 以 ST.36 为基础，在专利数据的组织上面向专利在单个国家 / 组织的公开 /

公告周期，对专利信息的内容进行了标准化和规范化处理。在 DOCDB XML 中，专利引文相关信息由元素 <exch:references-cited> 进行描述。<exch:references-cited> 的具体结构如图 5-1 所示。

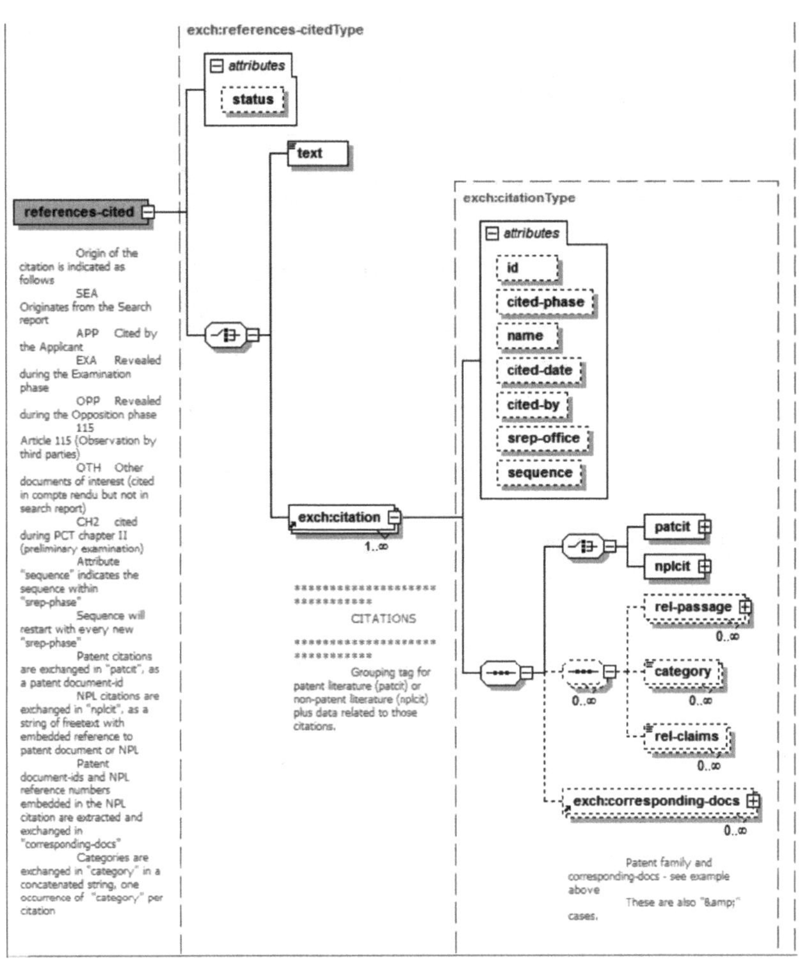

图 5-1 DOCDB XML 专利引文信息结构 ①

DOCDB 数据库将专利引用文献划分为专利文献（“patcit”）和非专利文献（“nplcit”）两类。更进一步，对于被引用的文献，欧洲专利局除规范了其被引日期、引用机构等信息外，还对引用阶段（“cited-phase”）和引用类型（<category>）的信息进行了规范；此外，欧洲专利局也对非专利文献的文献类型进行了进一步的标识。具体信息如下。

1）引证阶段（“cited-phase”）

“cited-phase”被用来标识被引用文献的来源，具体内容如表 5-2 所示。

① EPO . Exchange format EPO-patent information resource [EB/OL] . [2021-03-24].https://www.epo.org/.

表 5–2　专利引用文献引证阶段

引证阶段	引证阶段说明	来源
SEA	Originates from the search report	引证文献源于检索报告
ISR	Originates from international search report	引证文献源于国际检索报告
SUP	Originates from supplementary search report	引证文献源于补充检索报告
PRS	Origin pre-grant / pre-search	授权前检索文件
APP	Cited by the applicant	引证文献源于申请人引用
EXA	Revealed during the examination phase	审查阶段披露的检索报告
OPP	Revealed during the opposition phase	异议阶段披露的检索报告
APL	Filed for appeal by applicant / proprietor / patentee	专利申请人 / 专利权人 / 专利持有者在诉讼阶段引用的对比文件
FOP	Filed for opposition by any third party	第三方在异议阶段引用的对比文件
TPO	Third party observation	第三方引用的对比文件
CH2	Chapter 2	引证文献源于国际检索报告

2）引用关系类型（<category>）

引用关系类型如表 5–3 所示。

表 5–3　引用关系类型

引用关系类型值	引用关系类型说明
X	特别相关的文件，单独考虑该文件，认定要求保护的发明不是新颖的或不具有创造性
Y	特别相关的文件，当该文件与另一篇或者多篇该类文件结合并且这种结合对于本领域技术人员为显而易见时，要求保护的发明不具有创造性
A	认为不特别相关地表示了现有技术一般状态的文件
O	涉及口头公开、使用、展览或其他方式公开的文件
P	公布日先于申请日，但迟于所要求的优先权日的文件
T	在申请日或优先权日之后公布，与申请不相抵触，引证该文献是为了理解发明的理论或原理
E	在申请日的当天或之后公布的在线申请或专利
D	在申请文件中引用了该文件
L	可能对优先权要求构成怀疑的文件，或为确定另一篇引用文件的公布日而引用的或者因其他特殊理由而引用的文件（如具体说明的）
&	同族专利的文件

2011 年之后公布的专利信息中，引用关系类型有可能被分类为“I”。“I”是引用关系类型“X”的进一步明确，在含义上存在细微的差别（表 5–4）。

表 5–4 2011 年之后公布的专利信息中的引用关系类型

引用关系类型值	引用关系类型说明
X	特别相关的文件，单独考虑该文件，认定要求保护的发明不是新颖的或不具有创造性
I	特别相关的文件，单独考虑该文件，认定要求保护的发明不具有创造性

3）非专利参考文献类型

非专利参考文献类型如表 5–5 所示。

表 5–5 非专利参考文献类型

非专利参考文献类型值	非专利参考文献类型说明
a	非特定类型文献
b	书籍
i	生物类摘要
c	化学类摘要
e	数据库
d	德温特引用
p	非专利引文中的专利
J	日本专利摘要
S	连续出版物
w	网络资源

5.3 专利引文分析中的等同性问题

专利文件和发明不具有一一对应的关系。不同发明对同一专利的引用存在差异。一项发明可以由不同国家或跨国家的专利组织签发的一系列专利文件所覆盖。通常，一项发明在各国所有已公布专利申请和后续授予的专利中构成一个专利族。

而在专利文献中，专利的引用指向的是具体的专利而不是一个发明。对一项发明的引用分布在不同版本的专利族成员中，如果不借助专利家族来进行专利引文统计，那么，一些根据引文统计指标计算获得的影响力判断会严重被低估或高估（图 5–2）。

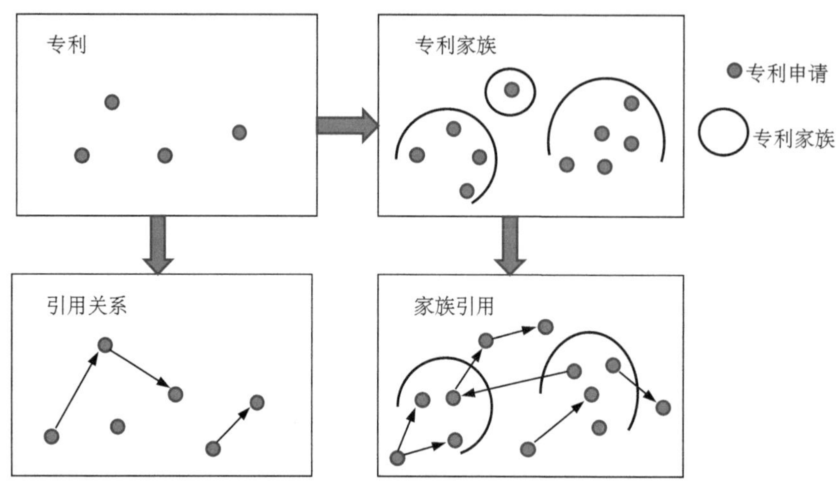

图 5-2　专利引文家族扩展

5.4　专利引文深加工规范

5.4.1　设计原则

本规范优先考虑权威性的、规范良好的、向公众免费开放的专利数据源作为引文数据加工的基础。在专利引文加工规范所涉及的数据元素范围内，考虑到与专利本身属性相关的数据元素已在专利数据准入中予以定义和描述，因此在本规范中不进行冗余设计，仅保留能够表征引用特点的数据元素，以及表征非专利文献特征的数据元素加以定义与描述。此外，考虑到专利引用中的等同性问题，本规范就专利家族引用的相关数据元素及其之间的关系进行了设计（图 5-3）。

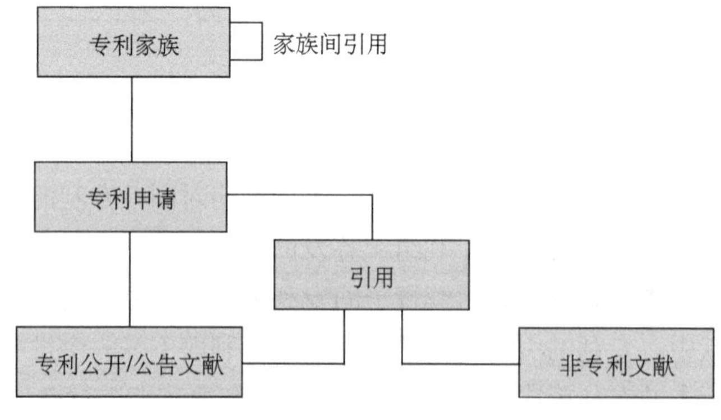

图 5-3　专利家族引用关系

5.4.2 参考的相关标准

5.4.2.1 WIPO ST.2

Manner for designating calendar dates（May 1997），即《采用公历标示日期的标准方法》（1997 年 5 月版）。

详见：https://www.wipo.int/export/sites/www/standards/en/pdf/03-02-01.pdf

5.4.2.2 WIPO ST.3

Two-letter codes for the representation of states,other entities and organizations（July 2018），即《用双字母代码表示国家、其他实体及政府间组织的推荐标准》（2018 年 7 月版）。

详见：https://www.wipo.int/export/sites/www/standards/en/pdf/03-03-01.pdf

5.4.2.3 WIPO ST.14

References cited in patent documents（May 2016），即《在专利文献中列入引证的参考文献的建议》（2016 年 5 月版）。

详见：https://www.wipo.int/export/sites/www/standards/en/pdf/03-14-01.pdf

5.4.2.4 WIPO ST.36

Processing of patent information using XML（November 2007），即《用于 XML 处理专利信息的建议》（2007 年 11 月版）。

详见：https://www.wipo.int/export/sites/www/standards/en/pdf/03-36-01.pdf

5.4.2.5 ISO 690—2010

Information and documentation – Guidelines for bibliographic references and citations to information resources（June 2006），即 ISO 690 信息资源引用及参考文献题录指南（2010 年 6 月版）。

详见：https://www.iso.org/standard/43320.html

5.4.2.6 ZC 0012.2—2006

《专利数据元素标准第 2 部分：关于用 XML 处理中国发明、实用新型专利文献数据的暂行办法》（2006 年 12 月版）。

详见：http://www.sipo.gov.cn/docs/pub/old/wxfw/zlwxxxggfw/zsyd/bzyfl/gnbz/201407/P020140704360158009633.doc

5.4.3 表格规范

5.4.3.1 专利引证信息表

专利引证信息表包括申请文件中背景技术参考的专利文献信息，以及在专利审查、异议、诉讼等阶段产生的专利引证信息（表 5–6）。

表 5–6 专利引证信息

<table>
<tr><td rowspan="9">字段</td><td>PATENT_ID</td><td>专利唯一标识</td><td></td></tr>
<tr><td>CITED_PAT_SN</td><td>被引专利序号</td><td rowspan="6">被引专利基本信息数据</td></tr>
<tr><td>CITED_PAT_NO</td><td>被引专利号</td></tr>
<tr><td>CITED_AUTH</td><td>被引专利国家 / 区域</td></tr>
<tr><td>CITED_PAT_DATE</td><td>被引专利日期</td></tr>
<tr><td>CITED_KIND_CODE</td><td>被引专利文献类型代码</td></tr>
<tr><td>CITED_PAT_TYPE</td><td>被引专利文献类型</td></tr>
<tr><td>CITED_PHASE</td><td>引证阶段</td><td rowspan="2">引用关系基本数据</td></tr>
<tr><td>CITED_CATEG</td><td>引用关系分类</td></tr>
<tr><td>加工规则</td><td colspan="3">①选取最新公开 / 公布记录对应的专利引证信息；
②对于不同阶段引用的相同专利文献，暂不做处理</td></tr>
<tr><td>备注</td><td colspan="3">无</td></tr>
</table>

5.4.3.2 非专利文献信息表

非专利文献信息表记录专利引用的非专利文献的题名、发布日期、作者、类型等信息（表 5–7）。

表 5–7 非专利文献信息

<table>
<tr><td rowspan="3">字段</td><td>NPL_ID</td><td>非专利文献唯一标识</td><td></td></tr>
<tr><td>NPL_BIBLIO</td><td>非专利文献信息</td><td rowspan="2">非专利引文基本数据</td></tr>
<tr><td>NPL_TYPE</td><td>非专利文献类型</td></tr>
<tr><td>加工规则</td><td colspan="3">①选取最新公开 / 公布记录对应的非专利引文信息；
②考虑到大部分专利题录数据中未对非专利引文的标题、来源、发布日期、作者信息等进行清洗标引，因此非专利文献信息表中非专利引文信息 NPL_BIBLIO 来自题录信息中对应的自由文本</td></tr>
<tr><td>备注</td><td colspan="3">无</td></tr>
</table>

5.4.3.3 非专利文献引证信息表

非专利文献引证信息表包括申请文件中背景技术参考的非专利文献信息，以及在专利审查、异议、诉讼等阶段产生的非专利引文信息和非专利引文信息的分类（表 5-8）。

表 5-8 非专利文献引证信息

字段	PATENT_ID	专利唯一标识	
	CITED_NPL_SN	被引非专利文献序号	
	CITED_NPL_ID	被引非专利文献唯一标识	
	CITED_PHASE	引证阶段	引用关系基本数据
	CITED_CATEG	引用关系分类	
加工规则	①选取最新公开 / 公布记录对应的非专利引文信息； ②对于不同阶段引用的相同非专利文献，暂不做处理		
备注	无		

5.4.3.4 专利家族引用信息表

考虑到专利引用中的等同性问题，专利家族信息表包含了有关专利家族和被引用专利家族的相关信息（表 5-9）。

表 5-9 专利家族引用信息

字段	FAM_ID	专利家族唯一标识
	CITED_FAM_SN	被引用专利家族序号
	CITED _FAM_ID	被引专利家族唯一标识
加工规则	①选取最新公开 / 公布记录对应的非专利引文信息； ②对于不同阶段引用的相同非专利文献，暂不做处理	
备注	无	

5.4.4 字段规范

5.4.4.1 专利唯一标识（PATENT_ID）

名称：专利唯一标识

别名：无

描述：在专利集成过程中，针对不同来源的相同专利，或者同一件专利的多次公开 / 公布记录，赋予的虚拟标识，一般为不超过 10 位的数字。

取值范围：1 ～ 900 000 000。

默认值：无

数据来源：

来源于 DOCDB 数据的 XML 格式。

<exch:application-reference is-representative="YES" doc-id="11607218" data-format="docdb">

备注：为保证数据更新的稳定性，沿用了 DOCDB（PATSTAT）提供的专利标识，但是在数据集成过程中，由于不同来源数据的数据范围差异等原因，少量专利无此标识，因此为该部分专利赋予临时标识。

5.4.4.2 被引专利序号（CITED_PAT_SN）

名称：被引专利序号

别名：无

描述：对于被引专利顺序的描述。

取值范围：1 ～ 900 000 000。

默认值：无

数据来源：

①来源于 DOCDB 数据的 XML 格式。

<exch:references-cited status="C">

<exch:citation cited-phase="TPO" cited-date="20150626" sequence="1">

<patcit num="1" dnum="US2005209337A1" dnum-type="publication number">

<document-id doc-id="288182583">

<country>US</country>

<doc-number>2005209337</doc-number>

<kind>A1</kind>

<name>GUTMAN ARIE [IL]，et al</name>

<date>20050922</date>

</document-id>

<category>Y</category>

</patcit>

</exch:citation>

<exch:citation cited-phase="SEA" cited-date="20130614" srep-office="EP" sequence="2">

<patcit num="1" dnum="WO2009052394A2" dnum-type="publication number">

<document-id doc-id="57183109">

<country>WO</country>

<doc-number>2009052394</doc-number>
<kind>A2</kind>
<name>BRADLEY UNIVERSITY [US]，et al</name>
<date>20090423</date>
</document-id>
<category>X</category>
</patcit>
</exch:citation>

②来源于 USPTO 数据的 XML 格式（仅限于美国专利）。

<us-references-cited>
<us-citation>
<patcit num="00001">
<document-id>
<country>US</country>
<doc-number>1431268</doc-number>
<kind>A</kind>
<name>Spiegler</name>
<date>19221000</date>
</document-id>
</patcit>
<category>cited by examiner</category>
<classification-national>
<country>US</country>
<main-classification>2157</main-classification>
</classification-national>
</us-citation>
<us-citation>
<patcit num="00002">
<document-id>
<country>US</country>
<doc-number>2411907</doc-number>
<kind>A</kind>
<name>Taborski</name>
<date>19461200</date>
</document-id>

</patcit>

<category>cited by examiner</category>

<classification-national>

<country>US</country>

<main-classification> 2150</main-classification>

</classification-national>

</us-citation>

备注：无。

5.4.4.3 被引专利号（CITED_PAT_NO）

名称：被引专利号

别名：无

描述：对于被引专利的描述。

取值范围：1 ～ 900 000 000。

默认值：无

数据来源：

①来源于 DOCDB 数据的 XML 格式。

<exch:references-cited status="C">

<exch:citation cited-phase="TPO" cited-date="20150626" sequence="1">

<patcit num="1" dnum="US2005209337A1" dnum-type="publication number">

<document-id doc-id="288182583">

<country>US</country>

<doc-number>2005209337</doc-number>

<kind>A1</kind>

<name>GUTMAN ARIE [IL]，et al</name>

<date>20050922</date>

</document-id>

<category>Y</category>

</patcit>

</exch:citation>

<exch:citation cited-phase="SEA" cited-date="20130614" srep-office="EP" sequence="2">

<patcit num="1" dnum="WO2009052394A2" dnum-type="publication number">

<document-id doc-id="57183109">

<country>WO</country>

<doc-number>2009052394</doc-number>
<kind>A2</kind>
<name>BRADLEY UNIVERSITY [US], et al</name>
<date>20090423</date>
</document-id>
<category>X</category>
</patcit>
</exch:citation>

②来源于 USPTO 数据的 XML 格式（仅限于美国专利）。

<us-references-cited>
<us-citation>
<patcit num="00001">
<document-id>
<country>US</country>
<doc-number>1431268</doc-number>
<kind>A</kind>
<name>Spiegler</name>
<date>19221000</date>
</document-id>
</patcit>
<category>cited by examiner</category>
<classification-national>
<country>US</country>
<main-classification> 2157</main-classification>
</classification-national>
</us-citation>
<us-citation>
<patcit num="00002">
<document-id>
<country>US</country>
<doc-number>2411907</doc-number>
<kind>A</kind>
<name>Taborski</name>
<date>19461200</date>
</document-id>

</patcit>
<category>cited by examiner</category>
<classification-national>
<country>US</country>
<main-classification> 2150</main-classification>
</classification-national>
</us-citation>

备注：在 DOCDB/USPTO 的 XML 中提取被引专利号（包括被引用的专利申请标识符和专利文献标识符）后，在对应专利基本信息表中找到专利唯一标识作为被引专利唯一标识。

5.4.4.4 被引专利国家 / 地区（CITED_AUTH）

名称：被引专利国家 / 地区

别名：无

描述：被引专利申请 / 公开 / 公布国家 / 地区 / 组织机构代码的描述。

取值范围：两位大写英文字符（A-Z），符合 WIPO ST.3《用双字母代码表示国家、其他实体及政府间组织的推荐标准》。

默认值：无

数据来源：

①来源于 DOCDB 数据的 XML 格式。

<exch:references-cited status="C">
<exch:citation cited-phase="TPO" cited-date="20150626" sequence="1">
<patcit num="1" dnum="US2005209337A1" dnum-type="publication number">
<document-id doc-id="288182583">
<country>US</country>
<doc-number>2005209337</doc-number>
<kind>A1</kind>
<name>GUTMAN ARIE [IL]，et al</name>
<date>20050922</date>
</document-id>
<category>Y</category>
</patcit>
</exch:citation>
<exch:citation cited-phase="SEA" cited-date="20130614" srep-office="EP" sequence="2">

<patcit num="1" dnum="WO2009052394A2" dnum-type="publication number">
<document-id doc-id="57183109">
<country>WO</country>
<doc-number>2009052394</doc-number>
<kind>A2</kind>
<name>BRADLEY UNIVERSITY [US]，et al</name>
<date>20090423</date>
</document-id>
<category>X</category>
</patcit>
</exch:citation>

②来源于 USPTO 数据的 XML 格式（仅限于美国专利）。

<us-references-cited>
<us-citation>
<patcit num="00001">
<document-id>
<country>US</country>
<doc-number>1431268</doc-number>
<kind>A</kind>
<name>Spiegler</name>
<date>19221000</date>
</document-id>
</patcit>
<category>cited by examiner</category>
<classification-national>
<country>US</country>
<main-classification> 2157</main-classification>
</classification-national>
</us-citation>
<us-citation>
<patcit num="00002">
<document-id>
<country>US</country>
<doc-number>2411907</doc-number>
<kind>A</kind>

```xml
<name>Taborski</name>
<date>19461200</date>
</document-id>
</patcit>
<category>cited by examiner</category>
<classification-national>
<country>US</country>
<main-classification> 2150</main-classification>
</classification-national>
</us-citation>
```

备注：根据被引专利号类型（CITED_PAT_TYPE）是 app 或 pub，被引专利国家/地区分别表示被引专利申请国家/地区或被引专利公开/公布国家/地区/组织机构代码。

5.4.4.5 被引专利日期（CITED_PAT_DATE）

名称：被引专利日期

别名：无

描述：对于被引专利日期的描述。

取值范围：日期格式，如 CCYY-MM-DD。

默认值：无

数据来源：

①来源于 DOCDB 数据的 XML 格式。

```xml
<exch:references-cited status="C">
<exch:citation cited-phase="TPO" cited-date="20150626" sequence="1">
<patcit num="1" dnum="US2005209337A1" dnum-type="publication number">
<document-id doc-id="288182583">
<country>US</country>
<doc-number>2005209337</doc-number>
<kind>A1</kind>
<name>GUTMAN ARIE [IL]， et al</name>
<date>20050922</date>
</document-id>
<category>Y</category>
</patcit>
</exch:citation>
<exch:citation cited-phase="SEA" cited-date="20130614" srep-office="EP"
```

```
sequence="2">
    <patcit num="1" dnum="WO2009052394A2" dnum-type="publication number">
    <document-id doc-id="57183109">
    <country>WO</country>
    <doc-number>2009052394</doc-number>
    <kind>A2</kind>
    <name>BRADLEY UNIVERSITY [US], et al</name>
    <date>20090423</date>
    </document-id>
    <category>X</category>
    </patcit>
      </exch:citation>
```


②来源于 USPTO 数据的 XML 格式（仅限于美国专利）。


```
      <us-references-cited>
    <us-citation>
    <patcit num="00001">
    <document-id>
    <country>US</country>
    <doc-number>1431268</doc-number>
    <kind>A</kind>
    <name>Spiegler</name>
    <date>19221000</date>
    </document-id>
    </patcit>
    <category>cited by examiner</category>
    <classification-national>
    <country>US</country>
    <main-classification> 2157</main-classification>
    </classification-national>
    </us-citation>
    <us-citation>
    <patcit num="00002">
    <document-id>
    <country>US</country>
    <doc-number>2411907</doc-number>
```

```
<kind>A</kind>
<name>Taborski</name>
<date>19461200</date>
</document-id>
</patcit>
<category>cited by examiner</category>
<classification-national>
<country>US</country>
<main-classification> 2150</main-classification>
</classification-national>
</us-citation>
```

备注：根据被引专利号类型（CITED_PAT_TYPE）是 app 或 pub，被引专利文献类型代码分别表示被引专利申请类型代码或被引专利文献类型代码。

5.4.4.6 被引专利文献类型代码（CITED_KIND_CODE）

名称：被引专利文献类型代码

别名：无

描述：被引专利申请 / 公开 / 公布类型代码的描述。

取值范围：不超过两位 ASC Ⅱ字符，一般为一位字母，或者字母后缀为数字。

默认值：无

数据来源：

①来源于 DOCDB 数据的 XML 格式。

```
<exch:references-cited status="C">
<exch:citation cited-phase="TPO" cited-date="20150626" sequence="1">
<patcit num="1" dnum="US2005209337A1" dnum-type="publication number">
<document-id doc-id="288182583">
<country>US</country>
<doc-number>2005209337</doc-number>
<kind>A1</kind>
<name>GUTMAN ARIE [IL], et al</name>
<date>20050922</date>
</document-id>
<category>Y</category>
</patcit>
</exch:citation>
```

<exch:citation cited-phase="SEA" cited-date="20130614" srep-office="EP" sequence="2">
<patcit num="1" dnum="WO2009052394A2" dnum-type="publication number">
<document-id doc-id="57183109">
<country>WO</country>
<doc-number>2009052394</doc-number>
<kind>A2</kind>
<name>BRADLEY UNIVERSITY [US]，et al</name>
<date>20090423</date>
</document-id>
<category>X</category>
</patcit>
</exch:citation>

②来源于 USPTO 数据的 XML 格式（仅限于美国专利）。

<us-references-cited>
<us-citation>
<patcit num="00001">
<document-id>
<country>US</country>
<doc-number>1431268</doc-number>
<kind>A</kind>
<name>Spiegler</name>
<date>19221000</date>
</document-id>
</patcit>
<category>cited by examiner</category>
<classification-national>
<country>US</country>
<main-classification> 2157</main-classification>
</classification-national>
</us-citation>
<us-citation>
<patcit num="00002">
<document-id>
<country>US</country>

<doc-number>2411907</doc-number>
<kind>A</kind>
<name>Taborski</name>
<date>19461200</date>
</document-id>
</patcit>
<category>cited by examiner</category>
<classification-national>
<country>US</country>
<main-classification> 2150</main-classification>
</classification-national>
</us-citation>

备注：根据被引专利号类型（CITED_PAT_TYPE）是 app 或 pub，被引专利文献类型代码分别表示被引专利申请类型代码或被引专利文献类型代码。

5.4.4.7 被引专利号类型（CITED_PAT_TYPE）

名称：被引专利号类型

别名：无

描述：对于被引专利号类型的描述。

取值范围：app 或 pub，分别代表被引专利的号码类型为专利申请标识符或专利文献标识符。

默认值：pub

数据来源：

来源于 DOCDB 数据的 XML 格式。

<exch:references-cited status="C">
<exch:citation cited-phase="TPO" cited-date="20150626" sequence="1">
<patcit num="1" dnum="US2005209337A1" dnum-type="publication number">
<document-id doc-id="288182583">
<country>US</country>
<doc-number>2005209337</doc-number>
<kind>A1</kind>
<name>GUTMAN ARIE [IL]，et al</name>
<date>20050922</date>
</document-id>
<category>Y</category>

```
</patcit>
</exch:citation>
<exch:citation cited-phase="SEA" cited-date="20130614" srep-office="EP" sequence="2">
<patcit num="1" dnum="WO2009052394A2" dnum-type="publication number">
<document-id doc-id="57183109">
<country>WO</country>
<doc-number>2009052394</doc-number>
<kind>A2</kind>
<name>BRADLEY UNIVERSITY [US], et al</name>
<date>20090423</date>
</document-id>
<category>X</category>
</patcit>
</exch:citation>
```

取 XML 属性 dnum-type 的前 3 位字母：app 或 pub。

备注：一般如果是申请人在申请文本中参考的专利，该被引专利号类型可能为 app，即引用专利的申请号码；如果是审查阶段、诉讼、异议、第三方引用的专利，则被引专利号类型为 pub。

5.4.4.8 引证阶段（CITED_PHASE）

名称：引证阶段

别名：无

描述：对于引证阶段的描述。

取值范围：3 位 ASC Ⅱ 字符，取值为 APP、SEA、EXA、OPP、115、ISR、SUP、CH2、PRS、TPO，各个取值的含义如表 5-10 所示。

表 5-10　引证阶段标识及说明

引证阶段	引证阶段说明	含义
SEA	Originates from the search report	引证文献源于检索报告
ISR	Originates from international search report	引证文献源于国际检索报告
SUP	Originates from supplementary search report	引证文献源于补充检索报告
APP	Cited by the applicant	引证文献源于申请人引用
EXA	Revealed during the examination phase	审查阶段披露的检索报告

续表

OPP	Revealed during the opposition phase	异议阶段披露的检索报告
115	Article 115（observation by third parties）	第三方引用的对比文件（目前已停止使用）
TPO	Third party observation	第三方引用的对比文件
CH2	Chapter 2	引证文献源于国际检索报告
PRS	Origin pre-grant / pre-search	授权前检索文件
APL	Filed for appeal by applicant / proprietor / patentee	专利申请人 / 专利权人 / 专利持有者在诉讼阶段引用的对比文件
FOP	Filed for opposition by any third party	第三方在异议阶段引用的对比文件

默认值：无

数据来源：

①来源于 DOCDB 数据的 XML 格式。

<exch:references-cited status="C">
<exch:citation cited-phase="TPO" cited-date="20150626" sequence="1">
<patcit num="1" dnum="US2005209337A1" dnum-type="publication number">
<document-id doc-id="288182583">
<country>US</country>
<doc-number>2005209337</doc-number>
<kind>A1</kind>
<name>GUTMAN ARIE [IL]，et al</name>
<date>20050922</date>
</document-id>
<category>Y</category>
</patcit>
</exch:citation>
<exch:citation cited-phase="SEA" cited-date="20130614" srep-office="EP" sequence="2">
<patcit num="1" dnum="WO2009052394A2" dnum-type="publication number">
<document-id doc-id="57183109">
<country>WO</country>
<doc-number>2009052394</doc-number>
<kind>A2</kind>
<name>BRADLEY UNIVERSITY [US]，et al</name>
<date>20090423</date>

```
</document-id>
<category>X</category>
</patcit>
</exch:citation>
```


②来源于 USPTO 数据的 XML 格式（仅限于美国专利）。


```
<us-references-cited>
<us-citation>
<patcit num="00001">
<document-id>
<country>US</country>
<doc-number>1431268</doc-number>
<kind>A</kind>
<name>Spiegler</name>
<date>19221000</date>
</document-id>
</patcit>
<category>cited by examiner</category>
<classification-national>
<country>US</country>
<main-classification> 2157</main-classification>
</classification-national>
</us-citation>
<us-citation>
<patcit num="00002">
<document-id>
<country>US</country>
<doc-number>2411907</doc-number>
<kind>A</kind>
<name>Taborski</name>
<date>19461200</date>
</document-id>
</patcit>
<category>cited by examiner</category>
<classification-national>
<country>US</country>
```

<main-classification> 2150</main-classification>

</classification-national>

</us-citation>

从 USPTO 取值时，根据引证数据来源于 applicant 或 examiner，分别赋值 APP 或 SEA。

备注：无

5.4.4.9 引用关系类型（CITED_CATEG）

名称：引用关系类型

别名：无

描述：对于专利与引用的参考文献关系的分类。

取值范围：至多 5 位 ASC Ⅱ字符，取值为 X、Y、A、D、E、L、O、P、T，或其组合（如 XPD），各个取值的含义如表 5-11 所示。

表 5-11 引用关系分类标识及说明

引用关系分类	引用关系分类说明	含义
X	Particularly relevant documents when taken alone（before April 2011）or Particularly relevant if taken alone-prejudicing novelty（since April 2011）	特别相关的文件，单独考虑该文件，认定要求保护的发明不是新颖的或不具有创造性
Y	Particularly relevant if combined with another document of the same category	特别相关的文件，当该文件与另一篇或者多篇该类文件结合并且这种结合对于本领域技术人员为显而易见时，要求保护的发明不具有创造性
A	Defining the state of the art and not prejudicing novelty or inventive step	认为不特别相关地表示了现有技术一般状态的文件
D	Documents cited in the application	在申请文件中引用了该文件
E	Earlier patent application, but published after the filing date of the application searched	在申请日的当天或之后公布的在线申请或专利
L	Documents cited for other reasons	可能对优先权要求构成怀疑的文件，或为确定另一篇引用文件的公布日而引用的或者因其他特殊理由而引用的文件（如具体说明的）
O	Non-written disclosure	涉及口头公开、使用、展览或其他方式公开的文件
P	Intermediate document	公布日先于申请日，但迟于所要求的优先权日的文件

续表

引用关系分类	引用关系分类说明	含义
T	Theory or principle underlying the invention	在申请日或优先权日之后公布，与申请不相抵触，但为了理解发明之理论或原理的在后文件
I	Particularly relevant if taken alone-prejudicing inventive step	特别相关的文件，单独考虑该文件，认定要求保护的发明不是新颖的或不具有创造性
&	Document member of the same patent family	同族专利的文件

默认值： 无

数据来源：

来源于 DOCDB 数据的 XML 格式。

<exch:references-cited status="C">
<exch:citation cited-phase="TPO" cited-date="20150626" sequence="1">
<patcit num="1" dnum="US2005209337A1" dnum-type="publication number">
<document-id doc-id="288182583">
<country>US</country>
<doc-number>2005209337</doc-number>
<kind>A1</kind>
<name>GUTMAN ARIE [IL]，et al</name>
<date>20050922</date>
</document-id>
<category>Y</category>
</patcit>
</exch:citation>
<exch:citation cited-phase="SEA" cited-date="20130614" srep-office="EP" sequence="2">
<patcit num="1" dnum="WO2009052394A2" dnum-type="publication number">
<document-id doc-id="57183109">
<country>WO</country>
<doc-number>2009052394</doc-number>
<kind>A2</kind>
<name>BRADLEY UNIVERSITY [US]，et al</name>
<date>20090423</date>
</document-id>

<category>X</category>

</patcit>

</exch:citation>

备注： 只有当 CITN_ORIGIN 为 SEA、ISR 和 SUP 时，引用关系分类信息才可能存在。引用关系分类一般都是专利审查检索中审查员给出的分类。对于一些国家（如美国、日本）没有可用的分类。

5.4.4.10 非专利文献唯一标识（NPL_ID）

名称： 非专利文献唯一标识

别名： 无

描述： 在专利信息集成过程中，对专利引用文献中出现的非专利文献，赋予的虚拟标识，一般为不超过 10 位的数字。

取值范围： 1 ～ 900 000 000。

默认值： 无

数据来源： 在专利信息集成过程中，对专利引用文献中出现的非专利文献，赋予的虚拟标识，自增信息。

备注： 无

5.4.4.11 非专利文献信息（NPL_BIBLIO）

名称： 非专利文献信息

别名： 无

描述： 对于非专利文献信息的描述。

取值范围： 至多 3000 字符。

默认值： 无

数据来源：

①来源于 DOCDB 数据的 XML 格式。

<exch:references-cited status="A">

<exch:citation cited-phase="SEA" cited-date="20130614" srep-office="EP" sequence="1">

<nplcit num="1" npl-type="s" extracted-xp="002205331">

<text>COLTER DAVID C ET AL："Rapid expansion of recycling stem cells in cultures of plastic-adherent cells from human bone marrow"，PROCEEDINGS OF THE NATIONAL ACADEMY OF SCIENCES,NATIONAL ACADEMY OF SCIENCES,US,vol. 97, no. 7，28 March 2000（2000-03-28）, pages 3213 – 3218, XP002205331, ISSN：0027-8424，DOI：10.1073/PNAS.070034097

</text>

</nplcit>

<category>XY</category>

</exch:citation>

<exch:citation cited-phase="SEA" cited-date="20130614" srep-office="EP" sequence="3">

<nplcit num="2" npl-type="s" extracted-xp="009170066">

<text>HAACK-SORENSEN M ET AL: "The influence of freezing and storage on the characteristics and functions of human mesenchymal stromal cells isolated for clinical use", CYTOTHERAPY,ISIS MEDICAL MEDIA,OXFORD,GB,vol. 9, no. 4, 1 January 2007（2007-01-01）, pages 328 - 337, XP009170066, ISSN: 1465-3249, DOI: 10.1080/14653240701322235

</text>

</nplcit>

</exch:citation>

②来源于 USPTO 数据的 XML 格式（仅限于美国专利）。

<us-citation>

<nplcit num="00016">

<othercit>Toddler necktie,available Feb. 12, 2012, [online], [site visited Dec. 5, 2014]. Available from internet, <

</othercit>

</nplcit>

</us-citation>

备注：非专利文献信息（NPL_BIBLIO）包括文献的作者、文献标题及期刊名称、卷、册、年份、页码等信息。目前，NPL_BIBLIO 的格式并不统一。

5.4.4.12 非专利文献类型（NPL_TYPE）

名称：非专利文献类型

别名：无

描述：对于被引非专利文献类型的描述。

取值范围：1 位小写英文字母，其取值及含义如表 5-12 所示。

表 5-12 非专利文献类型标识及说明

引用文献类型	引用文献类型说明	含义
a	Abstract citation of no specific kind	不特定类型文献

续表

引用文献类型	引用文献类型说明	含义
b	Book citation	图书
i	Biological abstract citation	生物类摘要
c	Chemical abstract citation	化学类摘要
e	Database citation	数据库
d	Derwent citation	德温特引用
p	Patent citation within NPL group	非专利引文中的专利
j	Patent abstracts of Japan citation	日本专利摘要
s	Serial / Journal / Periodical citation	连续出版物
w	World Wide Web / Internet search citation	网络资源

默认值：无

数据来源：

来源于 DOCDB 数据的 XML 格式。

<exch:references-cited status="A">

<exch:citation cited-phase="SEA" cited-date="20130614" srep-office="EP" sequence="1">

<nplcit num="1" npl-type="s" extracted-xp="002205331">

<text>COLTER DAVID C ET AL："Rapid expansion of recycling stem cells in cultures of plastic-adherent cells from human bone marrow", PROCEEDINGS OF THE NATIONAL ACADEMY OF SCIENCES,NATIONAL ACADEMY OF SCIENCES,US,vol. 97, no. 7, 28 March 2000（2000–03–28）, pages 3213 – 3218, XP002205331, ISSN：0027–8424, DOI：10.1073/PNAS.070034097

</text>

</nplcit>

<category>XY</category>

</exch:citation>

<exch:citation cited-phase="SEA" cited-date="20130614" srep-office="EP" sequence="3">

<nplcit num="2" npl-type="s" extracted-xp="009170066">

<text>HAACK-SORENSEN M ET AL: "The influence of freezing and storage on the characteristics and functions of human mesenchymal stromal cells isolated for clinical use", CYTOTHERAPY, ISIS MEDICAL MEDIA, OXFORD, GB, vol. 9, no. 4, 1 January

2007（2007-01-01），pages 328 – 337, XP009170066, ISSN：1465-3249, DOI：10.1080/14653240701322235

</text>

</nplcit>

</exch:citation>

备注：无

5.4.4.13 被引非专利文献序号（CITED_NPL_SN）

名称：被引非专利文献序号

别名：无

描述：对于被引非专利文献顺序的描述。

取值范围：1 ～ 900 000 000。

默认值：无

数据来源：

①来源于 DOCDB 数据的 XML 格式。

<exch:references-cited status="A">

<exch:citation cited-phase="SEA" cited-date="20130614" srep-office="EP" sequence="1">

<nplcit num="1" npl-type="s" extracted-xp="002205331">

<text>COLTER DAVID C ET AL："Rapid expansion of recycling stem cells in cultures of plastic-adherent cells from human bone marrow"，PROCEEDINGS OF THE NATIONAL ACADEMY OF SCIENCES,NATIONAL ACADEMY OF SCIENCES,US,vol. 97，no. 7，28 March 2000（2000-03-28），pages 3213 – 3218，XP002205331，ISSN：0027-8424，DOI：10.1073/PNAS.070034097

</text>

</nplcit>

<category>XY</category>

</exch:citation>

<exch:citation cited-phase="SEA" cited-date="20130614" srep-office="EP" sequence="3">

<nplcit num="2" npl-type="s" extracted-xp="009170066">

<text>HAACK-SORENSEN M ET AL："The influence of freezing and storage on the characteristics and functions of human mesenchymal stromal cells isolated for clinical use"，CYTOTHERAPY,ISIS MEDICAL MEDIA,OXFORD,GB,vol. 9, no. 4, 1 January 2007（2007-01-01），pages 328 – 337, XP009170066, ISSN：1465-3249，DOI：

10.1080/14653240701322235

</text>

</nplcit>

</exch:citation>

②来源于 USPTO 数据的 XML 格式（仅限于美国专利）。

<us-citation>

<nplcit num="00016">

<othercit>Toddler necktie,available Feb. 12, 2012, [online], [site visited Dec. 5，2014]. Available from internet，<

</othercit>

</nplcit>

</us-citation>

备注： NPL_BIBLIO 非专利文献信息包括文献的作者、文献标题及期刊名称、卷、册、年份、页码等信息。目前 NPL_BIBLIO 的格式并不统一。

5.4.4.14 被引非专利文献唯一标识（CITED_NPL_ID）

名称： 被引非专利文献唯一标识

别名： 无

描述： 在专利信息集成过程中，对专利引用文献中出现的非专利文献，赋予的虚拟标识，一般为不超过 10 位的数字。

取值范围： 1 ～ 900 000 000。

默认值： 无

数据来源： 非专利文献唯一标识 NPL_ID

备注： 无

5.4.4.15 简单专利家族唯一标识（FAM_ID）

名称： 简单专利家族唯一标识

别名： 无

描述： DOCDB 为简单专利家族赋予的虚拟标识。

取值范围： 最多 9 位数字。

默认值： 无

数据来源：

来源于 DOCDB 数据的 XML 格式。

<exch:exchange-document country="WO" doc-number="0007234" kind="A1" doc-id="365138817" date-publ="20000210" family-id="26519371"is-representative="YES"

date-of-last-exchange="20131212" date-of-previous-exchange="20131205" date-added-docdb="20000226" originating-office="EP" status="A">

备注：通常情况下，简单专利家族号是固定值，不同版本的 DOCDB 数据中，简单专利家族号保持不变，仅当更改优先权号码或优先权活跃程度时才会修改专利的简单专利家族号。此外，在 DOCDB 数据与 PATSTAT 数据中，简单专利家族号保持一致。

5.5 我国生物技术领域技术创新与基础研究关联分析——从专利引文分析的角度

基础研究与技术创新的关系并不是一个新话题，许多文献指出基础研究是应用研究的先决条件和催化剂，是技术创新的根本驱动力[1]。在知识经济时代，越来越多的专利直接引用科学论文从而产生创新，尤其是在新兴技术领域，有的科学家甚至在发表论文的同时将科研成果申请专利，这些现象说明科学和技术的联系日益紧密，科学与技术之间的知识流动越来越直接和频繁[2]。

我国自实施自主创新战略以来，研发投入大幅增长，但是持续增长的研发投入并未带来中国产业核心技术的显著进步。柳卸林等认为造成研发投入增长与技术创新增长不同步的一个重要原因是没有能够正确认识基础研究在产业核心技术能力中的作用[3]。大量核心技术的背后需要长期的基础研究的积累。由于中国企业长期以来忽视基础研究，导致越靠近基础研究的产业技术领域（如生物医药），中国企业的创新能力越薄弱。

以往的相关研究表明，生物医药领域的专利发明和基础创新之间存在紧密联系。Narin（1985）分析了 1978—1980 年公布的美国生物技术专利的非专利引文（Non-Patent References，NPR）情况，发现生物技术专利引用了大量的科学论文，其技术发展与基础研究的关系日益密切[4]。国内学者们的研究也表明我国在美国所申请的专利中，生物医药领域的专利与基础研究的关联最为紧密，有 70% 以上的专利技术研发活动直接引用了基础研究产生的科学知识，而在机械领域则只有不到 25% 的技术创新活动引用了基础研究产生的科学知识[5][6]。

本节将分析所关注的范围缩小到一个比较小但很重要的领域：生物科技。生物科技是一个新兴的基于知识的产业，被称为 21 世纪的带头学科。在当代新科技革命中，生物科技与信息科技并称为高新科技的支柱。目前，生物技术的发展是发展中国家的“瓶

① BUSH V．Science and the endless frontier[M]．Washington，DC:National Science Foundation，1945.

② 裴云龙，蔡虹，赵皎卉．纳米科学对纳米技术的影响：基于 NPR 的分析 [J]. 情报杂志，2010，29（10）：1–4.

③ 柳卸林，何郁冰．基础研究是中国产业核心技术创新的源泉 [J]. 中国软科学，2011（4）：104–117.

④ NARIN F，NOMA E. Is technology becoming science？ [J]. Scientometrics，1985（7）：369–381.

⑤ 桂婕．基础研究与专利发明之间的关系测度研究 [D]. 北京：北京理工大学，2007.

⑥ 文晓芬．基于专利引文的我国基础研究与技术创新的关联分析 [D]. 北京：中国科学技术信息研究所，2011.

颈”，世界上正在研究开发的生物技术药物品种63%在北美，25%在欧洲，7%在日本，5%在世界其他地方[①]。美国在生物技术领域处于全球领先地位，它拥有世界上约一半的生物技术公司和一半的生物技术专利，其生物技术产品的销售额占全球生物技术产品市场的90%以上。研究发现，美国的生物科技公司在将大学实验室的知识转移到市场中扮演了重要的角色，这些公司与大学科研人员有着紧密联系[②]。McMillan等人的研究表明，美国生物科技产业对公共科学的依赖明显多于其他产业，主要依赖于公共科学中最根本的基础研究，并且在引用模式上有明显的国家偏斜性[③]。中国生物技术研发水平在亚洲和发展中国家居领先地位，但与发达国家相比，还存在很大差距。虽然学者们的研究说明了生物科技的技术创新依赖于基础研究，但是对于我国的生物技术创新依赖于哪些基础研究、依赖程度如何、这些基础研究来源于哪些国家、是否以公共科学研究为主等问题尚不明确，本节在该方面进行了相关研究，以期对我国生物技术领域的技术创新的基础研究来源进行揭示，并为政府和企业支持基础研究提供相关论据。

5.5.1 国内外相关研究综述

基础研究是对科学前沿的探索，发表科学论文或撰写专著是研究人员将其研究成果公之于世的主要形式。因此，科学论文已成为衡量基础研究水平的重要指标之一。同样，只有申请专利保护，才能享有对技术创新成果的独占权。虽然专利不是技术创新的全部，但是专利可以作为技术创新的核心内容和基础。如果将专利作为测度技术创新活动的指标，将科学论文作为测度基础研究活动的指标，那么，对专利引文中的科学论文进行计量分析，就能够反映出技术创新对基础研究的依赖程度，或者说反映出基础研究对技术创新的贡献大小。

国际上采用专利计量方法来分析基础研究与技术创新之间关系的研究始于20世纪80年代，美国CHI研究公司的Narin是此类研究的开创者。Narin最先使用专利引文分析方法来探讨公共科学与技术创新之间的互动关系，研究表明在高新技术领域，技术的发展与基础研究的关系日益密切[④]。后来，Narin在另一研究中发现，美国专利引用的科学文献中有73%来自高校、政府部门或其他公共研究机构，27%来自企业界科学家；美国技术与美国科学的知识联系程度，6年内增加了两倍[⑤]。Meyer从非专利引文角度就

① 田文英，孟娟．从战略角度看我国生物技术的专利保护[J]. 科技进步与对策，2002，5：81–83.

② AUDRETSCH D B，STEPHAN P. Company – scientist locational linkages:the case of biotechnology [J]. American economic review，1996（86）：641 - 652.

③ MCMILLAN G，NARIN F，DEEDS D. An analysis of the critical role of public science in innovation:the case of biotechnology [J]. Research policy，2000（29）：1–8.

④ NARIN F，NOMA E. Is technology becoming science？ [J]. Scientometrics，1985（7）：369–381.

⑤ NARIN F，HAMILTON K S，OLIVASTRO D. The increasing linkage between U.S. technology and public science [J]. Research policy，1997（26）：317–330.

基础研究与专利技术是否存在直接关联进行了研究，结果表明专利的科学文献引用内容及其引用频率能反映基础研究与技术创新之间的相互关联，不同的领域关联强弱、互动方式不同，使得其知识转移机制也不同[①]。Tijssen 对引用了荷兰科技论文的美国专利进行引文分析，以测度荷兰的基础科学研究对荷兰及其他国家技术创新的贡献。分析结果显示，专利引用的荷兰科技论文数量显著增加，其中国内引用模式占主导地位，这表明荷兰的基础研究对其本国的技术创新意义重大[②]。Hiroyuki 用专利引文分析方法对日本比较有影响的专利文献进行了科学关联性分析，发现大学的基础研究是发明专利的主要理论来源[③]。Szu-chia S.Lo 以遗传工程为例，通过分析非专利文献引用情况来揭示基础研究与技术发展之间的关联，结果表明高校、研究院等公共研究机构的基础研究对技术发展有极其重要的影响[④]。

国内采用专利引文分析方法来分析基础研究与技术创新之间关系的研究虽然起步较晚，但是近年来在逐渐增加。早期研究是对国外学者的研究成果进行介绍，如刘立等介绍了 Narin 的案例研究，阐述了从专利引文看公共科学对技术创新的重要作用[⑤]。后来，学者们开始进行定量分析的实证研究。复旦大学的官建成教授基于 1995—2004 年中国在美国申请的专利，对其 NPR 进行了描述性统计分析，发现被专利引用的 SCI 论文在期刊和技术领域两个方面都呈偏态分布[⑥]。桂婕从专利发明活动的技术复杂程度、企业在技术研发活动中对外部公共基础研究成果的吸收与利用能力、基础研究的知识溢出特征及其与专利发明的地理邻近关系 3 个方面，来测度基础研究与专利发明之间的关系[⑦]。裴云龙等使用非专利引文分析方法和负二项回归模型，定量研究了纳米科学对纳米技术的影响，发现在纳米技术领域，专利对科学论文的引用频次，与专利的被引频次之间存在显著的正向关系[⑧]。文晓芬以我国 2000—2009 年在美国申请并获得授权的化学、医药、计算机与通信、机械 4 个技术领域的发明专利为研究对象，对我国技术创新

---

① MEYER M. Does science push technology？ patents citing scientific literature [J]. Research policy，2000（29）：409-434.

② TIJSSEN R. Science dependence of technologies：evidence from inventions and their inventors [J].Research policy，2002，31（4）：509-526.

③ HIROYUKI T，TAKAYUKI T，YASUHIRO Y，et al. A bibliometric analysis of scientific literatures cited by influential patents [J]. Journal of information processing and management，2006（1）：2-10.

④ LO SCS. Scientific linkage of science research and technology development：a case of genetic engineering research [J]. Scientometrics，2010（1）：109-120.

⑤ 刘立，王耀德 . 从专利引文看公共科学对技术创新的重要作用 [J]. 科学学研究，2003（4）：428-432.

⑥ GUAN J,HE Y. Patent-bibliometric analysis on the chinese science-technology linkages [J]. Scientometrics，2007，72（3）：403-425.

⑦ 桂婕 . 基础研究与专利发明之间的关系测度研究 [D]. 北京：北京理工大学，2007.

⑧ 裴云龙，蔡虹，赵皎卉 . 纳米科学对纳米技术的影响：基于 NPR 的分析 [J]. 情报杂志，2010，29（10）：1-4.

与基础研究之间的关联关系进行了实证研究[①]。

基于国内外学者们使用专利引文分析方法在基础研究与技术创新的定量研究方面所做的工作，我们使用中国在美国专利商标局（USPTO）历年来获得授权的所有生物科技专利，通过 NPR 分析方法，把科学论文和技术专利联系起来。然后，定量地研究我国生物技术领域的技术创新的基础研究来源。

5.5.2 数据和研究方法论

5.5.2.1 数据来源和范围

本部分所涉及的数据包括两种：专利数据和科学论文数据。其中，专利数据来自 USPTO 专利数据库。选择该数据库主要基于以下几点：①美国专利是世界新技术的代表。美国专利的发明者，约一半是外国人。各国或各地区拥有的美国专利占美国专利总数的比例，大体跟该国 GDP 占世界 GDP 的份额呈正比。②美国专利数据库具备数据数量大、质量高、覆盖面广、检索方便等优点，一般被认为是此类研究的首选专利数据库。③美国在生物技术领域处于全球领先地位。因此，用 USPTO 专利数据来分析我国生物技术领域的技术创新状况比较具有说服力。对于科学论文数据，选择了 Thomson 集团的 ISI Web of Knowledge 平台提供的 SCI 数据库，该数据库也因其全面性、完备性和权威性等优点被此类研究者经常采用。

为了从 USPTO 网站获取我国在美国申请的生物技术领域的专利数据，首先需要构建检索式。本部分采用了美国国家经济研究局（NBER）对美国专利所构建的基于 USPC 的技术分类体系，其中“生物科技”类别所对应的美国专利分类号（USPC）为“435”和“800”[②]。使用这两个 USPC，检索专利权人国别为“CN”的专利，共得到 214 件授权的中国生物科技发明专利，引用了 2883 条非专利文献。这些专利引用非专利文献的情况如图 5-4 所示。

从图 5-4 中可以看到，有 23 件专利没有引用任何非专利文献；引用 1 ～ 10 条非专利文献的专利数量最多，有 105 件专利，约占总量的一半；有 43 件专利引用了 11 ～ 20 条的非专利文献；引用大量非专利文献的专利数量依次减少，仅有 10 件专利引用了 50 条以上的非专利文献。对这些非专利文献进行去除重复项的处理后，得到 2768 条记录。去掉表达不完整的文献及其他类型的文献后，得到论文 1756 篇。

① 文晓芬 . 基于专利引文的我国基础研究与技术创新的关联分析 [D]. 北京：中国科学技术信息研究所，2011.

② HALL B，JAFFE A，TRAJTENBERG M. The nber patent citation data file:lessons，insights and methodological tools[EB/OL].（2001-10）[2012-08-15]. http://www.nber.org/papers/w8498.

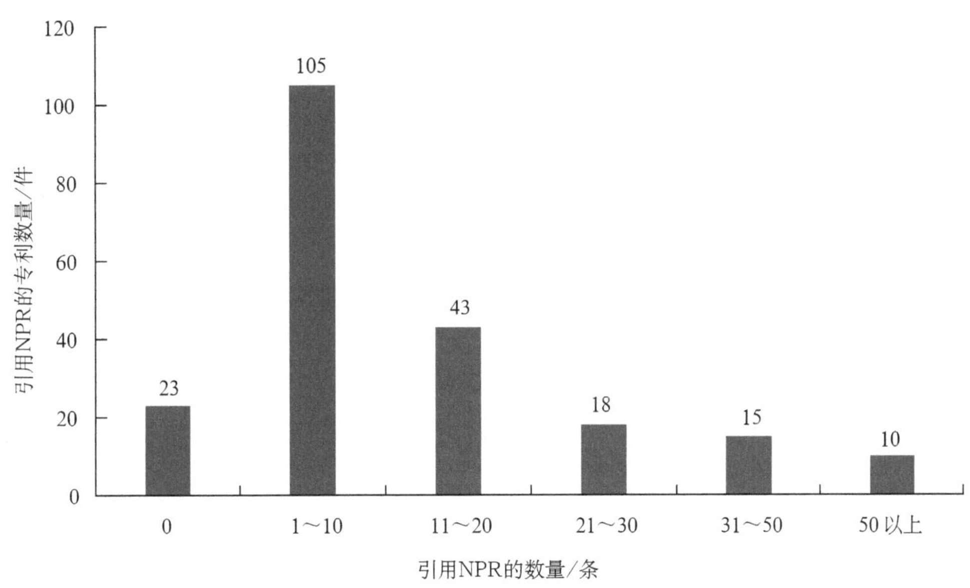

图 5-4 中国生物发明科技专利引用非专利文献的状况

5.5.2.2 研究方法

（1）专利的科学引文与 SCI 论文的匹配

专利主要引用两种“先有技术”：新发明所依赖的基础专利和影响新发明产生的科学文献及其他出版物，后者即所谓的 NPR。非专利文献包括科学论文、会议论文、文摘、书籍及工业标准、工程手册等出版物。由于科学论文特别是 SCI 论文，较之其他文献更能反映基础研究的状况，所以，专利引文分析多以专利引文中非专利文献中的 SCI 论文作为分析对象。

专利的科学引文与 SCI 论文进行匹配的步骤为：首先，将专利原始文件中的专利号及专利引用的非专利文献信息提取出来，建立专利的非专利引文数据库。其次，对非专利文献进行简单去重后，从非专利引文中提取论文的题目、作者、年份等相关信息与 SCI 数据库进行匹配，采集 SCI 引文信息，建立本地 SCI 引文数据库。最后，由于上面形成的 SCI 引文数据库中仍然存在数据重复现象，根据 SCI 论文数据中包含代表论文唯一标识的入藏号（WOS）进行二次去重，才能得到最终的无重复的 SCI 引文数据库。

根据这一匹配步骤，将专利所引用的所有论文与 SCI 数据库进行匹配，发现其中有 SCI 论文 1172 篇，根据入藏号再次去重后，剩余 SCI 论文 1106 篇。

（2）专利 NPR 分析方法论

通过专利 NPR 来分析技术创新与基础研究之间的关系，主要包括以下几个方面的内容。

1）科学关联度分析

科学关联度（Science Linkage，SL）是指专利引用科研学术论文或者研究报告等的平均数量，是专利引文分析的一个重要指标，能反映技术创新对基础科学研究的依赖程度。通过科学关联度分析，可以探测技术创新与基础研究依赖程度；同一技术领域不同时期科学关联度，则可以反映该技术领域的技术创新与基础研究依赖程度随时间的变化趋势。

2）期刊来源分析

专利引用科学论文涉及的期刊种类越多，专利引用越多期刊刊载的基础研究成果，专利技术对基础研究知识的依赖性就越大[①]。通过对不同技术领域专利引用的科学论文的来源期刊进行分析，不仅可以测度技术创新对基础研究的依赖性，还能确定各技术领域专利引文的核心期刊，为技术研发人员在技术创新过程中吸收和利用外部科学知识提供指导。

3）论文国别分析

同样，通过对专利的 SCI 引文作者的所属国家进行分析，可以获知专利技术在其创新过程中所引用的科学知识的地区来源。专利所引用的论文来自本国越多，说明技术创新越依赖于本国的基础研究；反之，则说明技术创新主要依靠国外的基础研究成果，依赖性强，自主性较差。

4）公共科学分析

所谓公共科学（Public Science），是指由政府机构、学术机构、慈善机构资助的，在政府研究机构、学术研究机构和慈善研究机构进行的科学研究[②]。Arrow（1962）和 Nelson（1959）论证，基础研究的产出具有公共物品的性质，因而是市场失灵的，所以，基础研究必须由政府来资助[③④]。因此，定量考察公共科学对技术创新的贡献大小，可以为政府支持基础研究提供有用的论据。

5.5.3 我国生物技术领域技术创新的基础研究关联分析

5.5.3.1 科学关联度分析

对我国生物技术领域的 214 件发明专利所引用的非专利文献进行分析，共得到 1106 篇 SCI 论文，平均每件发明专利引用的 SCI 论文数量为 5.17 篇。这一数据远远高于其他技术领域，在文晓芬的研究中，我国化学、计算机与通信、机械领域的专利平均

① 陈燕，黄迎燕，方建国，等 . 专利信息采集与分析 [M]. 北京：清华大学出版社，2006.

② NARIN F,NOMA E. Is technology becoming science？ [J]. Scientometrics，1985（7）：369-381.

③ ARROW K. Economics of welfare and the allocation of resources for invention[M]. Princeton，NJ：Princeton Univ. Press,1962.

④ NELSON R. The simple economics of basic scientific research [J]. The journal of political economy，1959，67（3）：297-306.

引用 SCI 论文的数量分别为 1.67 篇、0.19 篇和 0.20 篇 [①]。

为了了解我国生物技术领域技术创新对基础研究的依赖性随着时间的推移是在加强还是在弱化，我们分了几个不同的时间阶段对生物技术领域的科学关联度进行分析。其中，专利的年份为授权批准的年份；论文的年份为公开发表的年份。表 5-13 给出了生物技术领域在 4 个时间段的专利平均引用 SCI 论文数量的对比分析结果。

表 5-13 我国生物技术领域专利的科学关联度

时间	专利数量（A）/ 件	引用非专利文献数量（B）/ 条	引用 SCI 论文数量（C）/ 篇	科学关联度（C/A）
1981—1999 年	13	64	8	0.62
2000—2003 年	22	246	66	3.00
2004—2007 年	64	804	290	4.53
2008—2011 年	115	1767	755	6.57

从表中可以看出，随着时间的推移，我国生物技术领域的专利数量、引用非专利文献（NPR）数量及引用 SCI 论文数量都在快速增加。2008—2011 年的专利数量（115 件）是第一阶段（1981—1999 年）的近 10 倍，而引用非专利文献数量则增长了近 30 倍，最为突出的是引用 SCI 论文数量，增长了近百倍，十分显著。

从科学关联度来看，我国生物技术领域的技术创新在 2000 年以前对基础研究的依赖性很低，1981—1999 年的科学关联度仅有 0.62；但是从 2000 年之后，生物科技的技术创新对基础研究的依赖性迅速增大，而且在不断加强。2000—2003 年，期刊的科学关联度为 3.00，2008—2011 年，科学关联度已经增长为 6.57，是前者的两倍多。由此可见，我国生物技术领域的技术创新对基础研究的依赖呈不断加强的趋势。

5.5.3.2 专利引用的 SCI 论文期刊来源分析

对我国生物技术领域专利所引用的 SCI 论文的期刊来源进行分析，表 5-14 列出了排名前 10 位的期刊、这些期刊所对应的学科类别及被引用的次数。其中，《美国国家科学院院刊》、《科学》和《生物化学杂志》是论文被引次数最多的 3 个期刊。从期刊的学科类别来看，我国生物科技专利技术创新过程中引用的科学知识大多来源于国际一流的期刊，首先是一些综合类的国际一流期刊，如《美国国家科学院院刊》《科学》；还有一些是生物化学、植物科学、遗传学、免疫学等方面的专业性期刊，在国际上也都具有很大的影响力。这些国际一流期刊成为我国生物技术领域专利技术的主要科学理论来源。

① 文晓芬. 基于专利引文的我国基础研究与技术创新的关联分析[D]. 北京：中国科学技术信息研究所，2011.

表 5-14 我国生物技术领域被引排名前 10 位的期刊

排名	期刊英文名称	期刊中文名称	学科类别	被引次数 / 次
1	*Proceedings of the National Academy of Sciences of the United States of America*	美国国家科学院院刊	自然综合	52
2	*Science*	科学	自然综合	48
3	*Journal of Biological Chemistry*	生物化学杂志	生物化学和分子生物学	30
4	*Plant Molecular Biology*	植物分子生物学	生物化学和分子生物学；植物科学	25
5	*Nature Biotechnology*	自然生物科技	生物技术与应用微生物学	22
6	*Nucleic Acids Research*	核酸研究	生物化学与分子生物学	20
7	*Plant Physiology*	植物生理学	植物科学	19
8	*Gene*	基因	遗传与优生	19
9	*Journal of Immunology*	免疫学杂志	免疫学	18
10	*Biochemical and Biophysical Research Communications*	生物化学和生物物理研究通讯	生物化学与分子生物学；生物物理学	18
10	*Lancet*	柳叶刀	内科—普通内科	18

5.5.3.3 专利引用的 SCI 论文作者所属国家分布

通过对专利的 SCI 引文作者的国别进行分析，可以获知专利技术所引用的基础研究产生的科学知识的来源情况。图 5-5 显示了我国生物技术领域专利引用的 SCI 论文的作者的所属国家分布情况。

从图中可以看到，我国生物技术领域专利技术的创新活动过程中引用的 SCI 论文，主要为美国研究人员所发表。中国科研人员发表的论文被引频次位居第二，但是和美国相比还有很大的差距，英国的 SCI 论文被引频次与中国大致相同，然后是日本、德国、法国等国家。需要注意的是，在统计数据时，中国统计范围包括了中国内地和中国香港特别行政区。如果仅计算内地的被引频次，则只有 69 篇中国科研人员的论文被引用，排名为第 5 位。由此可见，美国的基础研究是我国生物技术领域的技术创新的主要来源，而我国自身的基础研究能力还远远低于美国。同时，英国、日本、德国、法国等发达国家也是我国生物科技技术创新的重要基础知识来源国家。

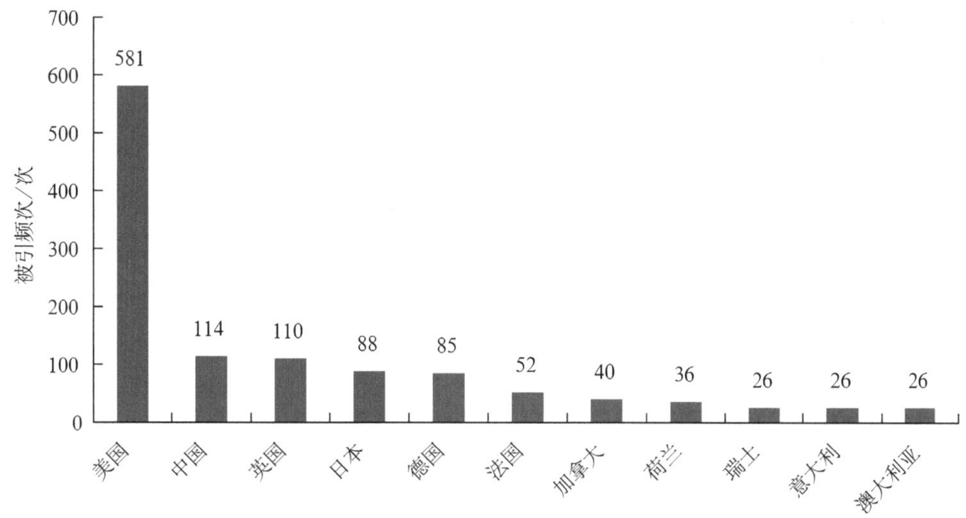

图 5-5 我国生物技术领域专利引用的 SCI 论文作者所属国家分布

5.5.3.4 专利引用的 SCI 论文公共科学分析

通过对专利所引用的 SCI 论文的作者的所属机构的类别进行分析，可以把基础科学的来源分为公共科学、私有科学和公私合作研究 3 个方面。图 5-6 显示了我国生物技术领域专利所引用的 SCI 论文的公共科学情况。

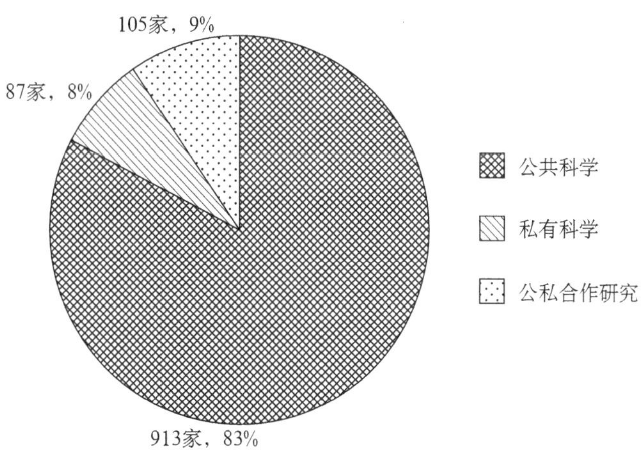

图 5-6 我国生物技术领域 SCI 论文作者机构类别分析

从图中可以看到，我国生物技术领域的技术创新所引用的 SCI 论文主要是公共科学的研究成果，有 83% 的被引论文都是公共科学（大学、医科学校、公立医院、研究所、慈善机构等）的产出；还有 9% 的被引论文是公共科学和企业的私有科学合作的产出；只有 8% 的被引论文是完全来自于企业的科研产出。这一比例要明显高于美国生物技术领域引用论文的公共科学整体产出情况。在 McMillan 等（2000）的研究中，美国生物科技专利所引用的 SCI 论文有 71.6% 来自公共科学，11.9% 来自公共科学和私有科学的合作研究，16.5% 来自企业的私有科学①。这说明，我国生物技术领域的技术创新对公共科学的依赖程度要高于美国。公共科学对我国生物技术领域的技术创新做出了很大贡献，我国生物技术领域的基础研究需要公共科学的大力支持。

5.5.4 主要结论及启示

本研究从专利所引用的非专利引文（NPR）分析的角度来对我国生物技术领域的技术创新的基础研究的关联性进行实证分析，研究结果表明，基础研究是我国生物技术领域的技术创新的重要源泉，主要体现在以下几个方面。

①通过科学关联度分析，发现我国生物技术领域的专利对 SCI 论文的引用频次要明显高于其他技术领域，这说明我国生物技术领域的技术创新对基础研究的需求较高。随着时间的推移，我国生物技术领域的技术创新对基础研究的依赖性呈不断加强的趋势。因此，对于生物技术领域的技术创新，基础研究是必不可少的重要环节。

②从我国生物科技专利所引用的 SCI 论文的期刊来源和作者所属国家来看，我国生物技术领域的技术创新的基础研究主要来源于国际一流学术期刊的论文，包括综合性期刊和专业性期刊，这些期刊在国际上都具有很高的知名度；美国是我国生物技术领域技术创新的最重要的基础知识来源国家，此外英国、日本、德国、法国等发达国家的基础研究也为我国的技术创新做出了重要贡献。无论是从期刊还是从国别来看，我国生物科技的基础研究能力还比较弱，迫切需要加强我国生物科技的基础研究。

③从公共科学的分析来看，我国生物技术领域的技术创新所引用的 SCI 论文主要是公共科学的研究成果，有 83% 的被引论文都是公共科学的产出。这说明，在生物技术领域，公共科学成为技术创新背后的重要驱动力，加大政府科技投入十分必要。

由于中国专利制度不同于美国，如没有像美国专利系统那样明确要求发明专利申请书和许可书列出参考文献，因此我国国家知识产权局所公布的中国专利数据目前还没有专利引文方面的内容。目前，对中国的专利引文分析还是一个空白。我们不知道在生物技术领域，中国的基础研究对技术创新贡献的程度，也无从知道中国专利对基础研究的依赖程度。但是，本节以中国在美国获得授权的专利为研究对象，这些专利严格符合美

① MCMILLAN G,NARIN F,DEEDS D. An analysis of the critical role of public science in innovation:the case of biotechnology [J]. Research policy，2000（29）：1-8.

国专利系统的要求，存在专利引文数据，可以分析基础研究和技术创新之间的关系。因此，本节对于揭示生物技术领域中国在美国申请的专利与基础研究的关联情况，制定合理的科学政策特别是基础研究政策是非常有价值的。

6 专利法律信息深加工研究

随着经济的不断发展，世界各国对知识产权的保护力度也越来越大，不断开展专利法律信息挖掘的研究工作。专利文献就是法律文件，可以看作人类智慧的结晶。专利法律信息是专利信息的重要组成部分，在专利技术保护、专利质量把握、专利价值评估、专利技术成熟度判定、专利侵权纠纷及专利技术研发、专利技术引进、专利产品销售等方面发挥着重要的作用。当今，世界各国不断提倡创新发展，专利申请也越来越多，因此应当做好对专利法律信息的挖掘工作。

自 1780 年美国正式颁布专利法以来，随着各国专利授权与保护制度的逐步建立与完善，专利申请与维权等实践活动日益增多，相关研究成果也日益丰硕。与此同时，专利法律信息挖掘的相关研究成果也广泛分布于专利检索、专利分析、专利地图、专利文本挖掘、专利数据挖掘和专利引文分析等研究中。整体来看，国内外有关专利技术信息挖掘的相关研究成果较多，而有关专利法律信息挖掘的相关研究成果相对较少。

专利具有时间性、地域性、权利独占性等显著特点，构成了专利法律信息的基本内容。专利具有公开（或申请）、授权和失效 3 种基本法律状态。其中，公开（或申请）包括专利申请、驳回、撤回、视为撤回及实质审查、复审、著录项变更等专利法律信息，授权包括专利授权、专利权转让、许可、强制许可、转移、恢复等专利法律信息，失效包括专利权的视为放弃（未及时缴纳年费）、撤销、终止（专利保护期届满）、无效宣告等专利法律信息。这些法律信息体现在专利文献的著录项目及专利审查部门在专利审查过程中产生的各种专利文件中，为专利实施法律保护提供了可靠的法律依据。

专利法律状态信息具有空间和时间特征，本章对不同来源、不同语种的专利法律状态数据进行了深加工，结合地域的独特性和时间序列的合理性，保证法律状态深加工工作的正确性和合理性。

6.1 中国专利法律状态深加工

中国专利法律状态交换数据没有公开渠道的 API 可以自动采集，该部分数据购买自中国专利信息中心。本节对购买得到的这部分法律状态数据进行解读，构建标准化分类体系，并对法律状态数据中的权属转移信息进行深加工，以期为中国专利法律状态数据深加工工作提供指导和借鉴。

6.1.1 中国专利法律状态的相关标准及文档

①中国专利法律状态 XML 文件对应的 DTD 文档（EXCHANGEDATA_AFFAIR.dtd）；

②欧洲专利局法律状态 XML 数据交换用户手册（User Documentation 14.11 Worldwide legal status database（INPADOC）T12 exchange file）；

③ PATSTAT 数据说明文档（DataCatalog_Global_v5.12.pdf）；

④ INPADOC 类别分类文档（inpadoc_classification_scheme_v1.0_en.pdf）；

⑤ INPADOC 法律状态事件代码表（legal_code_descriptions_20190316.xlsx）；

⑥ WIPO 标准（Country codes – ST.3；Kind codes，ST.16，Part 7.3；INID codes – ST.9，ST.60，ST.80；XML – ST.36，ST.66，ST.86，ST.96 等）。

6.1.2 中国专利法律状态交换数据

中国专利法律状态交换数据购买自中国专利信息中心，数据包含两部分内容：DTD 文件（XML 文档规范）、法律状态数据。

6.1.2.1 DTD 文件

文档类型定义（Document Type Definition，DTD）可定义合法的 XML 文档构建模块。它使用一系列合法的元素来定义文档的结构。DTD 可被成行地声明于 XML 文档中，也可作为一个外部引用。交换数据时是作为外部信息进行引用的。

中国法律状态 DTD 文件的示例如图 6-1 所示。

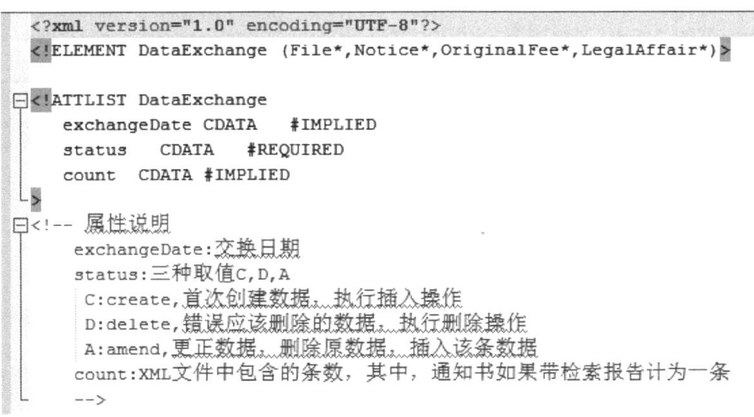

图 6-1 中国法律状态 DTD 文件示例

6.1.2.2 法律状态数据

法律状态数据包含两种类型的文件：TXT 文件和 XML 文件，数据整体状况如图 6-2

所示，这两种类型的文件分别如图 6-3 和图 6-4 所示。

countFM20181002.txt	2018/11/8 16:47	文本文档	1 KB
countWG20181002.txt	2018/11/8 16:47	文本文档	1 KB
countXX20181002.txt	2018/11/8 16:47	文本文档	1 KB
FM20181002.xml	2018/11/8 16:48	XML 文档	2,567 KB
WG20181002.xml	2018/11/8 16:48	XML 文档	1,976 KB
XX20181002.xml	2018/11/8 16:48	XML 文档	4,205 KB

图 6-2　中国专利法律状态具体数据示例

其中，TXT 文件和 XML 文件一一对应。TXT 文件中记录了对应的 XML 文件中所涉及的数据条数，如图 6-3 所示。

countFM20181002.txt - 记事本

文件(F)　编辑(E)　格式(O)　查看(V)　帮助(H)

18185

图 6-3　中国专利法律状态交换数据 TXT 文件内容示例


```
<?xml version="1.0" encoding="utf-8"?>
<DataExchange exchangeDate="20181008" status="C" count="18185">
  <LegalAffair affairType="公布" legalDate="20181002" applicationNumber="201611140774X" />
  <LegalAffair affairType="公布" legalDate="20181002" applicationNumber="201611140809X" />
  <LegalAffair affairType="公布" legalDate="20181002" applicationNumber="2016111408102" />
  <LegalAffair affairType="公布" legalDate="20181002" applicationNumber="2016111408244" />
  <LegalAffair affairType="公布" legalDate="20181002" applicationNumber="201611140830X" />
  <LegalAffair affairType="公布" legalDate="20181002" applicationNumber="201611140848X" />
  <LegalAffair affairType="公布" legalDate="20181002" applicationNumber="201611140894X" />
  <LegalAffair affairType="公布" legalDate="20181002" applicationNumber="201611140911X" />
  <LegalAffair affairType="公布" legalDate="20181002" applicationNumber="2016111409162" />
```


图 6-4　中国专利法律状态交换数据 XML 文件内容示例

6.1.3　中国专利法律状态深加工规范

6.1.3.1　表格规范

（1）专利法律状态文档集合表

该表包含了多个专利法律状态 XML 文档。每一个法律状态文档内包含了在指定交换日期内的一批法律状态事件。

表格构建

需要存储法律状态 XML 文档的基本信息，打开 XML 文档后出现的主要基本信息包括：

<DataExchange exchangeDate="20200103" status="C" count="44427">。

记录这些基本信息有助于追朔原始 XML 数据来源，并进行验证，如表 6–1 所示。

表 6–1　中国专利法律状态文档集合

<table>
<tr><td>数据表名称</td><td>Legal_Documents</td><td>功能描述</td><td colspan="3">专利法律状态文档集合表</td></tr>
<tr><td>备注</td><td colspan="5">包含法律状态文档来源的基本信息</td></tr>
<tr><td>主键</td><td>FileID</td><td>外键</td><td></td><td>索引</td><td></td></tr>
<tr><td colspan="6">数据字段</td></tr>
<tr><td>名称</td><td>意义</td><td colspan="2">数据类型</td><td colspan="2">允许为空</td></tr>
<tr><td>FileID</td><td>法律状态文档序号</td><td colspan="2">INT</td><td colspan="2">NOT Null</td></tr>
<tr><td>File</td><td>法律状态文档名称</td><td colspan="2">VARCHAR</td><td colspan="2">Null</td></tr>
<tr><td>ExchangeDate</td><td>交换日期</td><td colspan="2">DATE</td><td colspan="2">Null</td></tr>
<tr><td>FileStatus</td><td>文档状态</td><td colspan="2">VARCHAR</td><td colspan="2">Null</td></tr>
<tr><td>EventCount</td><td>法律状态事件数量</td><td colspan="2">INT</td><td colspan="2">Null</td></tr>
<tr><td>Check</td><td>事件数量校验</td><td colspan="2">BOOL</td><td colspan="2">Null</td></tr>
<tr><td>EnterDate</td><td>入库日期</td><td colspan="2">DATE</td><td colspan="2">Null</td></tr>
<tr><td>加工规则</td><td colspan="5">status：3 种取值 C、D、A。
C: create，首次创建数据，执行插入操作；
D: delete，错误应该删除的数据，执行删除操作；
A: amend，更正数据，删除原数据，插入该条数据。
count：XML 文件中包含的条数，其中，通知书如果带检索报告计为一条；
check：校验位，把 XML 文档中的 count 的值与 TXT 文件中的值进行比对，如果相同，则为“真”，不同则为“假”</td></tr>
</table>

（2）专利法律状态事件分类规范表

法律状态事件类型及名称分类汇总

在 XML 文档中，专利法律状态事件分别有类型（AffairType）和名称（AffairName）两个属性，如下所示。

<LegalAffair AffairType=" 实质审查的生效 "AffairName=" 实质审查的生效 " legalDate=" 20200103" applicationNumber="2017800799302">

<Detail>

<DetailInfo seq="1" name="IPC（主分类）" value="A61B 17/072" />

```
    <DetailInfo seq="2" name=" 专利申请号 " value="2017800799302" />
    <DetailInfo seq="3" name=" 申请日 " value="20171212" />
  </Detail>
</LegalAffair>
```

①专利法律状态事件类型汇总

在 XML 文档交换数据中，法律状态事件类型对应 AffairType 属性，对其进行分类汇总，结果如表 6-2 所示。

表 6-2　中国专利法律状态事件类型（AffairType）汇总

编号	AffairType
1	文件的公告送达
2	专利实施许可合同备案的生效、变更及注销
3	专利权的终止
4	实用新型专利更正
5	实质审查的生效
6	专利权的主动放弃
7	专利局对专利申请实质审查的决定
8	专利权的保全及其解除
9	专利权的视为放弃
10	专利权的无效宣告
11	避免因重复授权而放弃专利权
12	公布
13	外观设计专利更正
14	专利权质押合同登记的生效、变更及注销
15	发明专利申请公布后的驳回
16	专利申请或者专利权的恢复
17	发明专利申请公布后的撤回
18	著录事项变更
19	发明专利更正
20	专利申请权、专利权的转移
21	专利权的无效、部分无效宣告
22	授权
23	发明专利申请公布后的视为撤回
24	专利权人的姓名或者名称、地址的变更

②专利法律状态事件名称汇总

在 XML 文档交换数据中，法律状态事件名称对应 AffairName 属性，对其进行分类汇总，结果如表 6-3 所示。

表 6-3 中国专利法律状态事件名称（AffairName）汇总

编号	AffairName
1	外观设计专利公报更正
2	未缴年费专利权终止
3	发明专利公报更正
4	专利权质押合同登记的生效
5	专利权的主动放弃
6	专利权质押合同登记的注销
7	—
8	外观设计专利更正
9	避免重复授予专利权
10	专利权质押合同登记的变更
11	发明专利申请公布后的撤回
12	著录事项变更
13	实用新型专利更正
14	实质审查的生效
15	专利权保全的解除
16	专利权的恢复
17	发明专利申请公布后的视为撤回
18	专利权人的姓名或者名称、地址的变更
19	发明专利申请公布后的驳回
20	实用新型专利公报更正
21	专利权的视为放弃
22	专利申请的恢复
23	专利申请权的转移
24	专利权全部无效
25	发明专利申请更正
26	专利局对专利申请实质审查的决定
27	专利权的保全
28	文件的公告送达

续表

编号	AffairName
29	专利权有效期届满
30	发明专利更正
31	专利权部分无效
32	专利实施许可合同备案的生效
33	专利实施许可合同备案的注销
34	专利实施许可合同备案的变更
35	专利权的转移

③专利法律状态事件类型和法律状态事件名称对应关系分析

对专利法律状态事件类型和法律状态事件名称之间的对应关系进行分类汇总，如表 6–4 所示。

表 6–4　中国专利法律状态事件类型及名称对应关系

<table>
<tr><th>编号</th><th>AffairType</th><th>AffairName</th></tr>
<tr><td>1</td><td>文件的公告送达</td><td>文件的公告送达</td></tr>
<tr><td rowspan="3">2</td><td rowspan="3">专利实施许可合同备案的生效、变更及注销</td><td>专利实施许可合同备案的变更</td></tr>
<tr><td>专利实施许可合同备案的生效</td></tr>
<tr><td>专利实施许可合同备案的注销</td></tr>
<tr><td rowspan="2">3</td><td rowspan="2">专利权的终止</td><td>未缴年费专利权终止</td></tr>
<tr><td>专利权有效期届满</td></tr>
<tr><td rowspan="2">4</td><td rowspan="2">实用新型专利更正</td><td>实用新型专利更正</td></tr>
<tr><td>实用新型专利公报更正</td></tr>
<tr><td>5</td><td>实质审查的生效</td><td>实质审查的生效</td></tr>
<tr><td>6</td><td>专利权的主动放弃</td><td>专利权的主动放弃</td></tr>
<tr><td>7</td><td>专利局对专利申请实质审查的决定</td><td>专利局对专利申请实质审查的决定</td></tr>
<tr><td rowspan="2">8</td><td rowspan="2">专利权的保全及其解除</td><td>专利权保全的解除</td></tr>
<tr><td>专利权的保全</td></tr>
<tr><td>9</td><td>专利权的视为放弃</td><td>专利权的视为放弃</td></tr>
<tr><td rowspan="2">10</td><td rowspan="2">专利权的无效宣告</td><td>专利权部分无效</td></tr>
<tr><td>专利权全部无效</td></tr>
<tr><td>11</td><td>避免重复授权放弃专利权</td><td>避免重复授予专利权</td></tr>
</table>

续表

编号	AffairType	AffairName
12	公布	—
13	外观设计专利更正	外观设计专利更正
		外观设计专利公报更正
14	专利权质押合同登记的生效、变更及注销	专利权质押合同登记的变更
		专利权质押合同登记的生效
		专利权质押合同登记的注销
15	发明专利申请公布后的驳回	发明专利申请公布后的驳回
16	专利申请或者专利权的恢复	专利权的恢复
		专利申请的恢复
17	发明专利申请公布后的撤回	发明专利申请公布后的撤回
18	著录事项变更	著录事项变更
19	发明专利更正	发明专利更正
		发明专利公报更正
		发明专利申请更正
20	专利申请权、专利权的转移	专利权的转移
		专利申请权的转移
21	专利权的无效、部分无效宣告	专利权部分无效
		专利权全部无效
22	授权	—
23	发明专利申请公布后的视为撤回	发明专利申请公布后的视为撤回
24	专利权人的姓名或者名称、地址的变更	专利权人的姓名或者名称、地址的变更

④ 中国专利法律状态事件分类规范化

从法律状态事件类型和法律状态事件名称之间的对应关系可以看到，当前的法律状态事件类型和名称并没有完全规范化，例如：“专利权部分无效、专利权全部无效”分别属于“专利权的无效宣告”类别和“专利权的无效、部分无效宣告”类别。对这些类别和名称进行规范化处理，处理后的法律状态事件共包含以下类型（表 6–5）。

表 6–5　中国专利法律状态事件类别

编号	法律状态事件类别代码	专利法律状态事件含义
1	Q5	外观设计专利公报更正
2	H1	未缴年费专利权终止
3	Q1	发明专利公报更正
4	S1	专利权质押合同登记的生效
5	B1	专利权的主动放弃
6	S2	专利权质押合同登记的注销
7	Q6	外观设计专利更正
8	B2	避免重复授予专利权
9	S3	专利权质押合同登记的变更
10	B3	发明专利申请公布后的撤回
11	R1	著录事项变更
12	Q3	实用新型专利更正
13	D1	实质审查的生效
14	S4	专利权保全的解除
15	K1	专利权的恢复
16	B4	发明专利申请公布后的视为撤回
17	R2	专利权人的姓名或者名称、地址的变更
18	B5	发明专利申请公布后的驳回
19	Q4	实用新型专利公报更正
20	H2	专利权的视为放弃
21	C1	专利申请的恢复
22	RA	专利申请权的转移
23	H3	专利权全部无效
24	Q7	发明专利申请更正
25	D2	专利局对专利申请实质审查的决定
26	K1	专利权的保全
27	Q8	文件的公告送达
28	H4	专利权有效期届满
29	Q9	发明专利更正

续表

编号	法律状态事件类别代码	专利法律状态事件含义
30	H5	专利权部分无效
31	SX1	专利实施许可合同备案的生效
32	SX2	专利实施许可合同备案的注销
33	SX3	专利实施许可合同备案的变更
34	RR	专利权的转移
35	B00A	公布
36	F00A	授权

这些专利法律状态事件存储格式如表 6–6 所示。

表 6–6　中国专利法律状态事件分类规范

数据表名称	Legal_Code	功能描述	专利法律状态事件表		
备注	存储规范化的法律状态事件分类				
主键	AffairCode	外键		索引	
数据字段					
名称	意义	数据类型	允许为空		
AffairCode	法律状态事件类别代码	VARCHAR	Not Null		
AffairDescription	法律状态事件描述	VARCHAR	Null		
AffairType	法律状态事件类型	VARCHAR	Null		
AffairName	法律状态事件名称	VARCHAR	Null		
EnterDate	入库日期	DATE	Null		
加工规则	①入库日期就是把规范化法律状态类别存入该表中的时间； ②“公布”和“授权”仅在 AffairType 中存在，其他事件可以在 AffairName 中进行匹配				

（3）专利法律状态事件信息表

从 XML 文档中提取法律状态相关属性信息，把 XML 文档中的 AffairType 属性和 AffairName 属性与专利法律状态事件分类规范表中的法律状态事件类别代码相对应，把所有法律状态数据存储入库（表 6–7）。

表 6-7　中国专利法律状态事件信息

<table>
<tr><td>数据表名称</td><td colspan="2">Legal_Basic</td><td>功能描述</td><td colspan="3">专利法律状态基本数据表</td></tr>
<tr><td>备注</td><td colspan="6">以简单方式存储全部法律状态信息</td></tr>
<tr><td>主键</td><td colspan="2">EventId</td><td>外键</td><td>AppNo</td><td>索引</td><td></td></tr>
<tr><td colspan="7">数据字段</td></tr>
<tr><td>名称</td><td>意义</td><td colspan="2">数据类型</td><td colspan="3">允许为空</td></tr>
<tr><td>EventId</td><td>法律状态事件唯一标识</td><td colspan="2">VARCHAR</td><td colspan="3">Not null</td></tr>
<tr><td>AffairCode</td><td>法律状态事件类别代码</td><td colspan="2">VARCHAR</td><td colspan="3">Null</td></tr>
<tr><td>LegalDate</td><td>法律状态日期</td><td colspan="2">DATE</td><td colspan="3">Null</td></tr>
<tr><td>AppNo</td><td>专利申请号码</td><td colspan="2">VARCHAR</td><td colspan="3">Null</td></tr>
<tr><td>ItemSeq</td><td>法律状态事件数据项编号</td><td colspan="2">VARCHAR</td><td colspan="3">Null</td></tr>
<tr><td>ItemName</td><td>法律状态事件数据项名称</td><td colspan="2">VARCHAR</td><td colspan="3">Null</td></tr>
<tr><td>ItemValue</td><td>法律状态事件数据项值</td><td colspan="2">VARCHAR</td><td colspan="3">Null</td></tr>
<tr><td>ItemCount</td><td>法律状态事件数据项个数</td><td colspan="2">INT</td><td colspan="3">Null</td></tr>
<tr><td>备注</td><td colspan="6">①与中国中文专利主数据库中的 AppNo（专利申请号码）相对应；
② EventId 是主键，按照一定规则设计</td></tr>
</table>

实际数据存储举例

下面举例说明原始数据存储到该表格当中的情况：

XML 原码①：

```
<LegalAffair AffairType="公布" legalDate="20181026" applicationNumber="2018104538717" />
```

XML 原码②：

```
<LegalAffair AffairType="专利权的终止" AffairName="未缴年费专利权终止" legalDate="20190212" applicationNumber="2011100380280">
  <Detail>
    <DetailInfo seq="1" name="IPC（主分类）" value="A23L   1/10" />
    <DetailInfo seq="2" name="专利号" value="ZL2011100380280" />
    <DetailInfo seq="3" name="申请日" value="20110215" />
    <DetailInfo seq="4" name="授权公告日" value="20130102" />
    <DetailInfo seq="5" name="终止日期" value="20180215" />
  </Detail>
</LegalAffair>
```

数据在表格中的存储内容如表 6-8 所示。

表 6-8 中国专利法律状态基本数据表数据存储示例

EventId	AffairCode	LegalDate	AppNo	ItemSeq	ItemName	ItemValue	ItemCount
*	B00A	20181026	2018104538717				0
*	H1	20190212	2011100380280	1，2，3，4，5	IPC（主分类）；专利号；申请日；授权公告日；终止日期	A23L 1/10；ZL2011100380280；20110215；20130102；20180215	5

注：* 表示 EventId 字段所填写的内容请参考专利法律状态事件唯一标识（EventId）中详细描述的字段规范。

（4）专利申请权、专利权转移基本信息表

从 XML 文档中发现，专利申请权、专利权的转移信息可能会包含多项内容。具体分析专利申请权、专利权的转移信息中所包含的属性，发现有一些属性与主表中的内容相同，不再重复存储。专利申请权、专利权的转移信息采用两张表格来存放，即基本信息表和详细信息表。

中国专利申请权、专利权转移基本信息示例如下：

<LegalAffair AffairType=" 专利申请权、专利权的转移 " AffairName=" 专利申请权的转移 " legalDate="20200103" applicationNumber="2019102559253">

<Detail>

<DetailInfo seq="1" name="IPC（主分类）" value="H02K 1/17" />

<DetailInfo seq="2" name=" 专利申请号 " value="2019102559253" />

<DetailInfo seq="3" name=" 登记生效日 " value="20191217" />

<DetailInfo seq="4" name=" 变更事项 " value=" 申请人 " />

<DetailInfo seq="5" name=" 变更前权利人 " value=" 余谦 " />

<DetailInfo seq="6" name=" 变更后权利人 " value=" 余谦 " />

<DetailInfo seq="7" name=" 变更事项 " value=" 地址 " />

<DetailInfo seq="8" name=" 变更前权利人 " value="332000 江西省九江市都昌县都昌镇西河村上舍余家 " />

<DetailInfo seq="9" name=" 变更后权利人 " value="332000 江西省九江市都昌县都昌镇西河村上舍余家 " />

<DetailInfo seq="10" name=" 变更事项 " value=" 申请人 " />

<DetailInfo seq="11" name=" 变更前权利人 " value=" 东莞市翔实信息科技有限公司 " />

<DetailInfo seq="12" name=" 变更后权利人 " value=" 深圳市新智知识产权运营有限公司 " />

</Detail>
</LegalAffair>
基本信息如表 6-9 所示。

表 6-9　中国专利申请权、专利权的转移基本信息

数据表名称	Transfer_Basic	功能描述	存储专利申请权、专利权的转移信息		
备注					
主键	EventId	外键		索引	
数据字段					
名称	意义		数据类型		允许为空
EventId	法律状态事件唯一标识		VARCHAR		Not null
AffairCode	法律状态事件类别代码		VARCHAR		Null
LegalDate	法律状态日期		DATE		Null
AppNo	专利申请号码		VARCHAR		Null
ValidDate	登记生效日		DATE		Null
备注	EventId 作为主键，不是顺序填写的，而是与表 6-8 中的主键 EventId 保持完全一致				

专利申请权、专利权的转移基本信息表中存储了专利权转移的基本信息，权利变更的详细信息存储在详细信息表中（表 6-10）。

表 6-10　中国专利申请权、专利权的转移详细信息

数据表名称	Transfer_Detail	功能描述	存储专利申请权、专利权的转移的详细信息	
备注				
主键		外键	索引	
数据字段				
名称	意义		数据类型	允许为空
EventId	法律状态事件唯一标识		VARCHAR	Not null
DetailItem	变更事项		VARCHAR	Null
PatenteeBefore	变更前权利人		VARCHAR	Null
PatenteeAfter	变更后权利人		VARCHAR	Null
备注	EventId 不是顺序填写的，而是与表 6-8 中的主键 EventId 保持完全一致			

（5）专利实施许可合同备案生效信息表

XML 文档中关于专利实施许可合同备案生效的信息如下所示。具体分析发现，有一些属性与主表中的内容相同，不再重复存储。

中国专利实施许可合同备案生效，信息示例如下。

<LegalAffair AffairType=" 专利实施许可合同备案的生效、变更及注销 " AffairName=" 专利实施许可合同备案的生效 " legalDate="20181002" applicationNumber="2015102951519">
<Detail>
<DetailInfo seq="1" name="IPC（主分类）" value="A01G 31/00" />
<DetailInfo seq="2" name=" 专利申请号 " value="2015102951519" />
<DetailInfo seq="3" name=" 专利号 " value="ZL2015102951519" />
<DetailInfo seq="4" name=" 合同备案号 " value="2018320000160" />
<DetailInfo seq="5" name=" 让与人 " value=" 南京林业大学 " />
<DetailInfo seq="6" name=" 受让人 " value=" 江苏科易达环保科技有限公司 " />
<DetailInfo seq="7" name=" 发明名称 " value=" 一种一串红栽培基质配方及水肥管理方法 " />
<DetailInfo seq="8" name=" 申请日 " value="20150602" />
<DetailInfo seq="9" name=" 申请公布日 " value="20150819" />
<DetailInfo seq="10" name=" 授权公告日 " value="20171114" />
<DetailInfo seq="11" name=" 许可种类 " value=" 普通许可 " />
<DetailInfo seq="12" name=" 备案日期 " value="20180907" />
</Detail>
</LegalAffair>

存储专利实施许可合同备案生效信息内容的表格规范如表 6-11 所示。

表 6-11　中国专利实施许可合同备案的生效信息

<table>
<tr><td>数据表名称</td><td>License_Effective</td><td>功能描述</td><td colspan="3">专利实施许可合同备案的生效信息表</td></tr>
<tr><td>备注</td><td colspan="5"></td></tr>
<tr><td>主键</td><td>EventId</td><td>外键</td><td></td><td>索引</td><td></td></tr>
<tr><td colspan="6">数据字段</td></tr>
<tr><td>名称</td><td>意义</td><td colspan="2">数据类型</td><td colspan="2">允许为空</td></tr>
<tr><td>EventId</td><td>法律状态事件唯一标识</td><td colspan="2">VARCHAR</td><td colspan="2">Not null</td></tr>
<tr><td>AffairCode</td><td>法律状态事件类别代码</td><td colspan="2">VARCHAR</td><td colspan="2">Null</td></tr>
<tr><td>LegalDate</td><td>法律状态日期</td><td colspan="2">DATE</td><td colspan="2">Null</td></tr>
</table>

续表

数据表名称	License_Effective	功能描述	专利实施许可合同备案的生效信息表		
备注					
主键	EventId	外键		索引	
数据字段					
名称	意义	数据类型	允许为空		
AppNo	专利申请号码	VARCHAR	Null		
ContractNo	许可合同备案号	DATE	Null		
Patentee	让与人	VARCHAR	Null		
Patentor	受让人	VARCHAR	Null		
LicenseKind	许可种类	VARCHAR	Null		
FilingDate	备案日期	DATE	Null		
备注	EventId 作为主键，不是顺序填写的，而是与表 6-8 中的主键 EventId 保持完全一致				

（6）专利实施许可合同备案变更信息表

XML 文档中关于专利实施许可合同备案变更的信息如下所示。具体分析发现，有一些属性与主表中的内容相同，不再重复存储。

中国专利实施许可合同备案变更，信息示例如下。

<LegalAffair AffairType=" 专利实施许可合同备案的生效、变更及注销 " AffairName= " 专利实施许可合同备案的变更 " legalDate="20181009" applicationNumber="2014800029671">
<Detail>
<DetailInfo seq="1" name="IPC（主分类）" value="A61N 5/10" />
<DetailInfo seq="2" name=" 专利申请号 " value="2014800029671" />
<DetailInfo seq="3" name=" 专利号 " value="ZL2014800029671" />
<DetailInfo seq="4" name=" 发明名称 " value="" />
<DetailInfo seq="5" name=" 合同备案号 " value="2017610000013" />
<DetailInfo seq="6" name=" 变更日 " value="20180911" />
<DetailInfo seq="7" name=" 变更事项 " value=" 受让人 " />
<DetailInfo seq="8" name=" 变更前 " value=" 西安大医数码科技有限公司 " />
<DetailInfo seq="9" name=" 变更后 " value=" 西安大医集团有限公司 " />
</Detail>
</LegalAffair>

存储专利实施许可合同备案变更信息内容的表格规范如表 6-12 所示。

表 6-12　中国专利实施许可合同备案的变更信息

数据表名称	License_Change	功能描述	专利实施许可合同备案的变更信息表	
备注				
主键	EventId	外键		索引
数据字段				
名称	意义	数据类型	允许为空	
EventId	法律状态事件唯一标识	VARCHAR	Not null	
AffairCode	法律状态事件类别代码	VARCHAR	Null	
LegalDate	法律状态日期	DATE	Null	
AppNo	专利申请号码	VARCHAR	Null	
ContractNo	许可合同备案号	DATE	Null	
ChangeItem	许可变更事项	VARCHAR	Null	
ItemBefore	许可变更前	VARCHAR	Null	
ItemAfter	许可变更后	VARCHAR	Null	
ChangeDate	许可变更日期	DATE	Null	
备注	EventId 作为主键，不是顺序填写的，而是与表 6-8 中的主键 EventId 保持完全一致			

（7）专利实施许可合同备案注销信息表

XML 文档中关于专利实施许可合同备案注销的信息如下所示。具体分析发现，有一些属性与主表中的内容相同，不再重复存储。

中国专利实施许可合同备案注销，信息示例如下。

<LegalAffair AffairType=" 专 利 实 施 许 可 合 同 备 案 的 生 效、 变 更 及 注 销 " AffairName=" 专 利 实 施 许 可 合 同 备 案 的 注 销 " legalDate="20181009" applicationNumber="2014100034417">

<Detail>

<DetailInfo seq="1" name="IPC（主分类）" value="B60G　7/00" />

<DetailInfo seq="2" name=" 专利申请号 " value="2014100034417" />

<DetailInfo seq="3" name=" 专利号 " value="2014100034417" />

<DetailInfo seq="4" name=" 合同备案号 " value="2017990000380" />

```
    <DetailInfo seq="5" name=" 让与人 " value=" 奇瑞汽车股份有限公司 " />
    <DetailInfo seq="6" name=" 受让人 " value=" 观致汽车有限公司 " />
    <DetailInfo seq="7" name=" 发明名称 " value="" />
    <DetailInfo seq="8" name=" 解除日 " value="20180910" />
  </Detail>
</LegalAffair>
```

中国专利实施许可合同备案的注销信息如表 6-13 所示。

表 6-13　中国专利实施许可合同备案的注销信息

<table>
<tr><td>数据表名称</td><td colspan="2">License_Cancel</td><td>功能描述</td><td colspan="2">专利实施许可合同备案的注销信息表</td></tr>
<tr><td>备注</td><td colspan="5"></td></tr>
<tr><td>主键</td><td colspan="2">EventId</td><td>外键</td><td></td><td>索引</td></tr>
<tr><td colspan="6">数据字段</td></tr>
<tr><td>名称</td><td>意义</td><td colspan="2">数据类型</td><td colspan="2">允许为空</td></tr>
<tr><td>EventId</td><td>法律状态事件唯一标识</td><td colspan="2">VARCHAR</td><td colspan="2">Not null</td></tr>
<tr><td>AffairCode</td><td>法律状态事件类别代码</td><td colspan="2">VARCHAR</td><td colspan="2">Null</td></tr>
<tr><td>LegalDate</td><td>法律状态日期</td><td colspan="2">DATE</td><td colspan="2">Null</td></tr>
<tr><td>AppNo</td><td>专利申请号码</td><td colspan="2">VARCHAR</td><td colspan="2">Null</td></tr>
<tr><td>ContractNo</td><td>许可合同备案号</td><td colspan="2">DATE</td><td colspan="2">Null</td></tr>
<tr><td>Patentee</td><td>让与人</td><td colspan="2">VARCHAR</td><td colspan="2">Null</td></tr>
<tr><td>Patentor</td><td>受让人</td><td colspan="2">VARCHAR</td><td colspan="2">Null</td></tr>
<tr><td>ReleaseDate</td><td>许可解除日期</td><td colspan="2">DATE</td><td colspan="2">Null</td></tr>
<tr><td>备注</td><td colspan="5">EventId 作为主键，不是顺序填写的，而是与表 6-8 中的主键 EventId 保持完全一致</td></tr>
</table>

（8）专利当前有效性表

专利当前有效性信息表，仅存储专利最新的法律状态信息。专利的法律状态包括 V（有效专利）、I（失效专利或无效专利申请）及 E（在审中）3 种，并进一步区分了专利法律状态的发生阶段，包括授权前(Before Grant)、授权后(After Grant)和授权(Grant)，如表 6-14 所示。

表 6-14 中国专利当前有效性

<table>
<tr><td>数据表名称</td><td>Current_Legal</td><td>功能描述</td><td colspan="3">存储专利的当前法律状态标识</td></tr>
<tr><td>备注</td><td colspan="5"></td></tr>
<tr><td>主键</td><td>Id</td><td>外键</td><td></td><td>索引</td><td></td></tr>
<tr><td colspan="6">数据字段</td></tr>
<tr><td>名称</td><td>意义</td><td colspan="2">数据类型</td><td colspan="2">允许为空</td></tr>
<tr><td>Id</td><td>顺序号码</td><td colspan="2">INT</td><td colspan="2">Not null</td></tr>
<tr><td>AppNo</td><td>专利申请号码</td><td colspan="2">VARCHAR</td><td colspan="2">Null</td></tr>
<tr><td>AffairCode</td><td>法律状态事件类别代码</td><td colspan="2">VARCHAR</td><td colspan="2">Null</td></tr>
<tr><td>LegalDate</td><td>法律状态日期</td><td colspan="2">DATE</td><td colspan="2">Null</td></tr>
<tr><td>LegalStatus</td><td>当前法律状态分类</td><td colspan="2">VARCHAR</td><td colspan="2">Null</td></tr>
<tr><td>GrantPhase</td><td>授权阶段</td><td colspan="2">VARCHAR</td><td colspan="2">Null</td></tr>
<tr><td>加工规则</td><td colspan="5">①仅取专利最新的法律状态信息；
②对于某些未能被有效性规则覆盖的法律状态记录，或者根据专利的历史法律状态信息无法判定专利当前有效性的记录，其当前法律状态分类暂定为 U</td></tr>
<tr><td>备注</td><td colspan="5">① E（在审中）：专利申请处于申请阶段或审查阶段，尚未授予专利权，受到专利法律的临时保护；
② V（有效专利）：专利申请被授权或者已经获得专利权，并且仍处于有效状态，受到专利法律保护的阶段。一般根据以下 4 个依据判断专利有效：a. 专利申请已经获得授权；b. 专利处于保护期限内（包括法定延长期限，如 SPC）；c. 专利权人按时缴纳了年费；d. 专利未因诉讼、异议、放弃等原因无效。
③ I（失效专利或无效专利申请）：专利或专利申请由于各种原因失去专利权或专利申请权，不再受专利法律保护。导致专利或专利申请得不到专利法律保护的原因很多，如专利申请被撤回、专利申请在审查过程中被审查员驳回、专利授权后未按时缴纳年费、专利有效期届满等。
不同法律状态对应的授权阶段如下图所示：
有效
失效/无效
在审中
授权前
授权
授权后</td></tr>
</table>

6.1.3.2 字段规范

（1）专利申请号码（AppNo）

名称：专利申请号码

描述：对于中国专利申请号码的描述。

取值范围：中国专利不同时间段的专利申请号码的格式不同，位数也不同，总体上是由数字或字母的字符串组成（表 6–15）。

表 6–15　中国专利申请号码格式

时间段	中国专利申请号码格式	示例
1985 年 4 月 1 日至 1988 年 12 月 31 日	申请年号（2 位）+ 专利种类（1 位）+ 申请顺序号（5 位）	如 85109436
1989 年 1 月 1 日至 1992 年 12 月 31 日	申请年号（2 位）+ 专利种类（1 位）+ 申请顺序号（5 位）+ 计算机校验位（1 位）	如 97104712.0 或 971047120
1993 年 1 月 1 日至 2003 年 9 月 30 日	申请年号（2 位）+ 专利种类（1 位）+ 申请顺序号（5 位）+ 计算机校验位（1 位）	如 89200001.5 或 892000015
2003 年 10 月 1 日至今	申请年号（4 位）+ 专利种类（1 位）+ 申请顺序号（7 位）+ 计算机校验位（1 位）	如 200330100001.6 或 2003301000016

专利申请种类：1= 发明专利申请；2= 实用新型专利申请；3= 外观设计专利申请；8= 进入中国国家阶段的 PCT 发明专利申请；9= 进入中国国家阶段的 PCT 实用新型专利申请

默认值：无

数据来源：

来源于 SIPO 中国专利交换数据的 XML 格式，如下。

<LegalAffair AffairType="公布" legalDate="20181012" applicationNumber="2018108790660" />

备注：无

（2）专利法律状态事件唯一标识（EventId）

名称：专利法律状态事件唯一标识

描述：在专利法律状态事件提取入库过程中，针对每一项法律状态事件，赋予的虚拟标识。EventId 号码格式为：法律状态事件文档名称 + 顺序码。例如：FM2018101656745 代表 FM20181016 文档中的第 56745 项法律状态事件。

取值范围：两位字符 +N 位数字。

默认值：无

数据来源：

来源于中国专利法律状态交换数据的文档名称和文档里面的 count 数量（图 6–5）。

名称	修改日期	类型	大小
countFM20181016.txt	2018/11/8 16:50	文本文档	1 KB
countWG20181016.txt	2018/11/8 16:50	文本文档	1 KB
countXX20181016.txt	2018/11/8 16:50	文本文档	1 KB
FM20181016.xml	2018/11/8 16:52	XML 文档	17,456 KB
WG20181016.xml	2018/11/8 16:50	XML 文档	3,038 KB
XX20181016.xml	2018/11/8 16:51	XML 文档	9,086 KB

图 6-5　中国专利法律状态交换数据文档示例

备注：无

（3）法律状态文档序号（FileID）

名称：法律状态文档序号

描述：在专利法律状态文档自身信息提取入库过程中，针对每一篇法律状态文档，赋予的虚拟标识，自动增加。

取值范围：从 1 开始自动增加。

默认值：无

数据来源：

每一篇法律状态文档入库时自动添加。

备注：无

（4）法律状态文档名称（File）

名称：法律状态文档名称

描述：存储每篇法律状态交换文档的名称。

取值范围：文档名称，格式是专利类别 + 日期，其中专利类别取值范围为 FM、WG、XX；日期格式如 YYYYMMDD，年份为 4 位数字，月份为 2 位数字，日期为 2 位数字。

默认值：无

数据来源：

来自中国专利法律状态交换数据文档（.xml），如图 6-5 所示。

备注：无

（5）交换日期（ExchangeDate）

名称：交换日期

描述：存储每一篇法律状态文档中的交换日期。

取值范围：格式如 YYYYMMDD。

默认值：无

数据来源：来源于 SIPO 中国专利法律状态交换数据的 XML 格式，如下。

<DataExchange exchangeDate="20180831" status="C" count="56745">

备注：无

（6）文档状态（FileStatus）

名称：文档状态

描述：存储每一篇法律状态文档中的状态位，从而判断将要对数据库执行什么操作。

取值范围：一个字符。Status 有 3 种取值 C、D、A。其中，C:create，首次创建数据，执行插入操作；D:delete，错误应该删除的数据，执行删除操作；A:amend，更正数据，删除原数据，插入该条数据。

默认值：无

数据来源：来源于 SIPO 中国专利法律状态交换数据的 XML 格式，如下。

<DataExchange exchangeDate="20180831" status="C" count="56745">

备注：无

（7）法律状态事件数量（EventCount）

名称：法律状态事件数量

描述：存储每一篇法律状态文档中的事件数量。

取值范围：整数。

默认值：无

数据来源：来源于 SIPO 中国专利法律状态交换数据的 XML 格式，如下。

<DataExchange exchangeDate="20180831" status="C" count="56745">

备注：无

（8）事件数量校验（Check）

名称：事件数量校验

描述：把 XML 文档中的 count 的值与对应 TXT 文件中的值进行比对，如果相同，则为“真”，不同则为“假”。

取值范围：真（True）、假（False）。

默认值：无

数据来源：来自 SIPO 中国专利法律状态交换数据的 TXT 文档和 XML 文档，如图 6-6 至图 6-8 所示。

名称	修改日期	类型	大小
countFM20181016.txt	2018/11/8 16:50	文本文档	1 KB
countWG20181016.txt	2018/11/8 16:50	文本文档	1 KB
countXX20181016.txt	2018/11/8 16:50	文本文档	1 KB
FM20181016.xml	2018/11/8 16:52	XML 文档	17,456 KB
WG20181016.xml	2018/11/8 16:50	XML 文档	3,038 KB
XX20181016.xml	2018/11/8 16:51	XML 文档	9,086 KB

图 6-6　法律状态事件数量检验来源文档示例

图 6-7　法律状态事件数量 TXT 文档示例

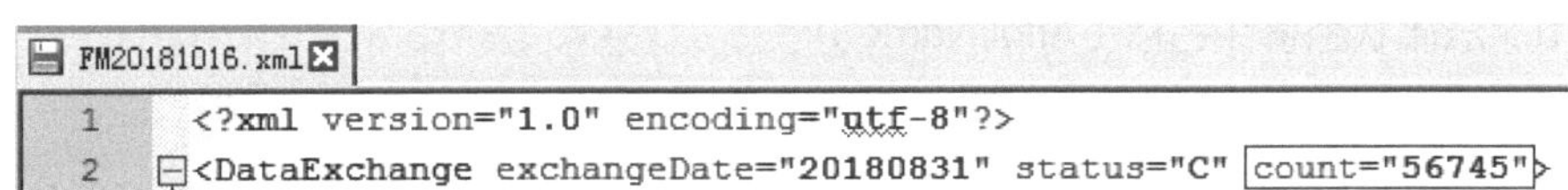

图 6-8　法律状态事件数量 XML 文档示例

备注：无

（9）入库日期（EnterDate）

名称：入库日期

描述：数据（如法律状态文档基本信息、法律状态事件类别代码）入库的日期。

取值范围：格式如 YYYYMMDD。

默认值：无

数据来源：执行入库操作时的系统日期。

备注：无

（10）法律状态事件类型（AffairType）

名称：法律状态事件类型

描述：存储法律状态事件类型信息。

取值范围：字符串格式。

默认值：无

数据来源：来自 SIPO 中国专利法律状态 XML 交换文档中的法律状态事件类型（AffairType），如下所示。

示例一：

<LegalAffair AffairType=" 实 质 审 查 的 生 效 " AffairName=" 实 质 审 查 的 生 效 " legalDate="20181012" applicationNumber="2016108115888">

<Detail>

<DetailInfo seq="1" name="IPC（主分类）" value="A01G 3/08" />

<DetailInfo seq="2" name=" 专利申请号 " value="2016108115888" />

<DetailInfo seq="3" name=" 申请日 " value="20160908" />

</Detail>

</LegalAffair>

示例二：

<LegalAffair AffairType=" 公布 " legalDate="20181012" applicationNumber= "2018108446019" />

备注：无

（11）法律状态事件名称（AffairName）

名称：法律状态事件名称

描述：存储法律状态事件名称信息。

取值范围：字符串格式。

默认值：无

数据来源：

来自 SIPO 中国专利法律状态 XML 交换文档中的法律状态事件类型（AffairName），如下所示。

示例一：

<LegalAffair AffairType=" 实质审查的生效 " AffairName=" 实质审查的生效 " legalDate= "20181012" applicationNumber="2016108115888">

<Detail>

<DetailInfo seq="1" name="IPC（主分类）" value="A01G 3/08" />

<DetailInfo seq="2" name=" 专利申请号 " value="2016108115888" />

<DetailInfo seq="3" name=" 申请日 " value="20160908" />

</Detail>

</LegalAffair>

示例二：

LegalAffair AffairType=" 专利权的无效宣告 " AffairName=" 专利权全部无效 " legalDate= "20181030" applicationNumber="2006101697757">

<Detail>

<DetailInfo seq="1" name="IPC（主分类）" value="D21H 27/26" />
<DetailInfo seq="2" name=" 专利号 " value="ZL2006101697757" />
<DetailInfo seq="3" name=" 授权公告日 " value="20110928" />
<DetailInfo seq="4" name=" 无效宣告决定日 " value="20180213" />
<DetailInfo seq="5" name=" 无效宣告决定号 " value="34939" />
</Detail>
</LegalAffair>

备注：无

（12）法律状态事件类别代码（AffairCode）

名称：法律状态事件类别代码

描述：存储规范化后的法律状态类别代码。

取值范围：字符串格式。

默认值：无

数据来源：基于 SIPO 中国专利法律状态 XML 交换文档中的法律状态事件类型（AffairType）和法律状态事件名称（AffairName），进行加工后的规范化法律状态类别代码。

备注：无

（13）法律状态事件描述（AffairDescription）

名称：法律状态事件描述

描述：存储规范化后的法律状态类别代码的描述。

取值范围：字符串格式。

默认值：无

数据来源：基于 SIPO 中国专利法律状态 XML 交换文档中的法律状态事件类型（AffairType）和法律状态事件名称（AffairName），进行加工后的规范化法律状态类别代码的对应描述。

备注：无

（14）法律状态日期（LegalDate）

名称：法律状态日期

描述：发生该项法律状态的日期。

取值范围：格式如 YYYYMMDD。

默认值：无

数据来源：来自 SIPO 中国专利法律状态 XML 交换文档中的法律状态事件中的日期（legalDate），如下所示。

<LegalAffair AffairType=" 授权 " legalDate="20181030" applicationNumber="201710174622X" />

备注：无

（15）法律状态事件数据项编号（ItemSeq）

名称：法律状态事件数据项编号

描述：该数据项在法律状态事件信息中的顺序号。

取值范围：整数。

默认值：无

数据来源：来自 SIPO 中国专利法律状态 XML 交换文档中的法律状态事件中的详细数据项顺序号码（seq），该顺序号码会有多个，如下所示。

```
<LegalAffair AffairType=" 实质审查的生效 " AffairName=" 实质审查的生效 " legalDate=
"20181012" applicationNumber="2016108115888">
  <Detail>
   <DetailInfo seq="1" name="IPC（主分类）" value="A01G   3/08" />
   <DetailInfo seq="2" name=" 专利申请号 " value="2016108115888" />
   <DetailInfo seq="3" name=" 申请日 " value="20160908" />
  </Detail>
 </LegalAffair>
```

备注：无

（16）法律状态事件数据项名称（ItemName）

名称：法律状态事件数据项名称

描述：该数据项在法律状态事件信息中的名称。

取值范围：字符串。

默认值：无

数据来源：来自 SIPO 中国专利法律状态 XML 交换文档中的法律状态事件中的详细数据项名称（name），该名称可能会有多个，每个顺序号对应一个名称，如下所示。

```
<LegalAffair AffairType=" 实质审查的生效 " AffairName=" 实质审查的生效 " legalDate=
"20181012" applicationNumber="2016108115888">
  <Detail>
   <DetailInfo seq="1" name="IPC（主分类）" value="A01G   3/08" />
   <DetailInfo seq="2" name=" 专利申请号 " value="2016108115888" />
   <DetailInfo seq="3" name=" 申请日 " value="20160908" />
  </Detail>
 </LegalAffair>
```

备注：无

（17）法律状态事件数据项值（ItemValue）

名称：法律状态事件数据项值

描述：该数据项在法律状态事件信息中的值。

取值范围：字符串。

默认值：无

数据来源：

来自 SIPO 中国专利法律状态 XML 交换文档中的法律状态事件中的详细数据项值（value），每个数据项名称对应一个数据项值，如下所示。

```
<LegalAffair AffairType=" 实质审查的生效 " AffairName=" 实质审查的生效 " legalDate=
"20181012" applicationNumber="2016108115888">
    <Detail>
      <DetailInfo seq="1" name="IPC（主分类）" value="A01G  3/08" />
      <DetailInfo seq="2" name=" 专利申请号 " value="2016108115888" />
      <DetailInfo seq="3" name=" 申请日 " value="20160908" />
    </Detail>
  </LegalAffair>
```

备注：无

（18）法律状态事件数据项个数（ItemCount）

名称：法律状态事件数据项个数

描述：法律状态事件数据项的个数。

取值范围：整数。

默认值：无

数据来源：来自 SIPO 中国专利法律状态 XML 交换文档中的法律状态事件中的详细数据项值，数据项的个数对应最后一位顺序号码（seq）的值，如下所示。

```
<LegalAffair AffairType=" 实质审查的生效 " AffairName=" 实质审查的生效 " legalDate=
"20181012" applicationNumber="2016108115888">
    <Detail>
      <DetailInfo seq="1" name="IPC（主分类）" value="A01G  3/08" />
      <DetailInfo seq="2" name=" 专利申请号 " value="2016108115888" />
      <DetailInfo seq="3" name=" 申请日 " value="20160908" />
    </Detail>
  </LegalAffair>
```

备注：无

（19）登记生效日（ValidDate）

名称：登记生效日

描述：专利申请权、专利权转移的登记生效日期。

取值范围：格式如 YYYYMMDD。

默认值：无

数据来源：来自 SIPO 中国专利法律状态 XML 交换文档中的 AffairType 的值为“专利申请权、专利权的转移”中的“登记生效日”。

示例一：

<LegalAffair AffairType=" 专利申请权、专利权的转移 " AffairName=" 专利申请权的转移 " legalDate="20181009" applicationNumber="2017100996001">

<Detail>

<DetailInfo seq="1" name="IPC（主分类）" value="A01B 49/06" />

<DetailInfo seq="2" name=" 专利申请号 " value="2017100996001" />

<DetailInfo seq="3" name=" 登记生效日 " value="20180914" />

<DetailInfo seq="4" name=" 变更事项 " value=" 申请人 " />

<DetailInfo seq="5" name=" 变更前权利人 " value=" 王艳丽 " />

<DetailInfo seq="6" name=" 变更后权利人 " value=" 河北永发鸿田农机制造有限公司 " />

<DetailInfo seq="7" name=" 变更事项 " value=" 地址 " />

<DetailInfo seq="8" name=" 变更前权利人 " value="341000 江西省赣州市经济技术开发区高校园区赣州师范 811 号信箱 " />

<DetailInfo seq="9" name=" 变更后权利人 " value="063000 河北省唐山市滦南县城兆才大街西段路北 " />

</Detail>

</LegalAffair>

示例二：

<LegalAffair AffairType=" 专利申请权、专利权的转移 " AffairName=" 专利权的转移 " legalDate="20181009" applicationNumber="2014107972540">

<Detail>

<DetailInfo seq="1" name="IPC（主分类）" value="B23Q 5/40" />

<DetailInfo seq="2" name=" 专利号 " value="ZL2014107972540" />

<DetailInfo seq="3" name=" 登记生效日 " value="20180917" />

<DetailInfo seq="4" name=" 变更事项 " value=" 专利权人 " />

<DetailInfo seq="5" name=" 变更前权利人 " value=" 山东永华机械有限公司 " />

<DetailInfo seq="6" name=" 变更后权利人 " value=" 山东蒂德精密机床有限公司 " />

<DetailInfo seq="7" name=" 变更事项 " value=" 地址 " />

<DetailInfo seq="8" name=" 变更前权利人 " value="272100 山东省济宁市兖州经济开发区永安路北 " />

<DetailInfo seq="9" name=" 变更后权利人 " value="272100 山东省济宁市兖州区工业园区永安路北 " />

</Detail>

</LegalAffair>

备注：无

（20）变更事项（DetailItem）

名称：变更事项

描述：专利申请权、专利权转移的变更事项。

取值范围：字符串。

默认值：无

数据来源：来自 SIPO 中国专利法律状态 XML 交换文档中的 AffairType 的值为“专利申请权、专利权的转移”中的“变更事项”。该事件中可包含多个“变更事项”。

<LegalAffair AffairType=" 专利申请权、专利权的转移 " AffairName=" 专利申请权的转移 " legalDate="20181009" applicationNumber="2017100996001">

<Detail>

<DetailInfo seq="1" name="IPC（主分类）" value="A01B 49/06" />

<DetailInfo seq="2" name=" 专利申请号 " value="2017100996001" />

<DetailInfo seq="3" name=" 登记生效日 " value="20180914" />

<DetailInfo seq="4" name=" 变更事项 " value=" 申请人 " />

<DetailInfo seq="5" name=" 变更前权利人 " value=" 王艳丽 " />

<DetailInfo seq="6" name=" 变更后权利人 " value=" 河北永发鸿田农机制造有限公司 " />

<DetailInfo seq="7" name=" 变更事项 " value=" 地址 " />

<DetailInfo seq="8" name=" 变更前权利人 " value="341000 江西省赣州市经济技术开发区高校园区赣州师范 811 号信箱 " />

<DetailInfo seq="9" name=" 变更后权利人 " value="063000 河北省唐山市滦南县城兆才大街西段路北 " />

</Detail>

</LegalAffair>

备注：无

（21）变更前权利人（PatenteeBefore）

名称：变更前权利人

描述：专利申请权、专利权转移的变更前权利人。

取值范围：字符串。

默认值：无

数据来源：

来自 SIPO 中国专利法律状态 XML 交换文档中的 AffairType 的值为“专利申请权、专利权的转移”中的“变更前权利人”。该事项中可包含多个“变更前权利人”。


```
<LegalAffair AffairType=" 专利申请权、专利权的转移 " AffairName=" 专利申请权的转移 " legalDate="20181009" applicationNumber="2017100996001">
  <Detail>
    <DetailInfo seq="1" name="IPC（主分类）" value="A01B 49/06" />
    <DetailInfo seq="2" name=" 专利申请号 " value="2017100996001" />
    <DetailInfo seq="3" name=" 登记生效日 " value="20180914" />
    <DetailInfo seq="4" name=" 变更事项 " value=" 申请人 " />
    <DetailInfo seq="5" name=" 变更前权利人 " value=" 王艳丽 " />
    <DetailInfo seq="6" name=" 变更后权利人 " value=" 河北永发鸿田农机制造有限公司 " />
    <DetailInfo seq="7" name=" 变更事项 " value=" 地址 " />
    <DetailInfo seq="8" name=" 变更前权利人 " value="341000 江西省赣州市经济技术开发区高校园区赣州师范 811 号信箱 " />
    <DetailInfo seq="9" name=" 变更后权利人 " value="063000 河北省唐山市滦南县城兆才大街西段路北 " />
  </Detail>
</LegalAffair>
```


备注：无

（22）变更后权利人（PatenteeAfter）

名称：变更后权利人

描述：专利申请权、专利权转移的变更后权利人。

取值范围：字符串。

默认值：无

数据来源：

来自 SIPO 中国专利法律状态 XML 交换文档中的 AffairType 的值为“专利申请权、专利权的转移”中的“变更后权利人”。该事项中可包含多个“变更后权利人”。

<LegalAffair AffairType=" 专利申请权、专利权的转移 " AffairName=" 专利申请权的转移 " legalDate="20181009" applicationNumber="2017100996001">

<Detail>

<DetailInfo seq="1" name="IPC（主分类）" value="A01B 49/06" />

<DetailInfo seq="2" name=" 专利申请号 " value="2017100996001" />

<DetailInfo seq="3" name=" 登记生效日 " value="20180914" />

<DetailInfo seq="4" name=" 变更事项 " value=" 申请人 " />

<DetailInfo seq="5" name=" 变更前权利人 " value=" 王艳丽 " />

<DetailInfo seq="6" name=" 变更后权利人 " value=" 河北永发鸿田农机制造有限公司 " />

<DetailInfo seq="7" name=" 变更事项 " value=" 地址 " />

<DetailInfo seq="8" name=" 变更前权利人 " value="341000 江西省赣州市经济技术开发区高校园区赣州师范 811 号信箱 " />

<DetailInfo seq="9" name=" 变更后权利人 " value="063000 河北省唐山市滦南县城兆才大街西段路北 " />

</Detail>

</LegalAffair>

备注：无

（23）许可合同备案号（ContractNo）

名称：许可合同备案号

描述：许可合同备案号码。

取值范围：字符串。

默认值：无

数据来源：来自 SIPO 中国专利法律状态 XML 交换文档中的 AffairType 的值为“专利实施许可合同备案的生效、变更及注销”中的“合同备案号”，如下所示。

<LegalAffair AffairType=" 专利实施许可合同备案的生效、变更及注销 " AffairName= " 专利实施许可合同备案的生效 " legalDate="20181009" applicationNumber="201810101150X">

<Detail>

<DetailInfo seq="1" name="IPC（主分类）" value="A61B 1/04" />

<DetailInfo seq="2" name=" 专利申请号 " value="201810101150X" />

<DetailInfo seq="3" name=" 专利号 " value="" />

<DetailInfo seq="4" name=" 合同备案号 " value="2018440020075" />

<DetailInfo seq="5" name=" 让与人 " value=" 艾瑞迈迪医疗科技（北京）有限公司 " />

<DetailInfo seq="6" name=" 受让人 " value=" 艾瑞迈迪科技石家庄有限公司 " />
<DetailInfo seq="7" name=" 发明名称 " value=" 硬管内窥镜旋转角度测量方法和装置 " />
<DetailInfo seq="8" name=" 申请日 " value="20180201" />
<DetailInfo seq="9" name=" 申请公布日 " value="20180605" />
<DetailInfo seq="10" name=" 授权公告日 " value="" />
<DetailInfo seq="11" name=" 许可种类 " value=" 普通许可 " />
<DetailInfo seq="12" name=" 备案日期 " value="20180911" />
</Detail>
</LegalAffair>

备注：无

（24）让与人（Patentee）

名称：让与人

描述：许可合同中的让与人。

取值范围：字符串。

默认值：无

数据来源：来自 SIPO 中国专利法律状态 XML 交换文档中的 AffairName 的值为“专利实施许可合同备案的生效”中的“让与人”，如下所示。

<LegalAffair AffairType=" 专利实施许可合同备案的生效、变更及注销 " AffairName=" 专利实施许可合同备案的生效 " legalDate="20181009" applicationNumber="201810101150X">
<Detail>
<DetailInfo seq="1" name="IPC（主分类）" value="A61B 1/04" />
<DetailInfo seq="2" name=" 专利申请号 " value="201810101150X" />
<DetailInfo seq="3" name=" 专利号 " value="" />
<DetailInfo seq="4" name=" 合同备案号 " value="2018440020075" />
<DetailInfo seq="5" name=" 让与人 " value=" 艾瑞迈迪医疗科技（北京）有限公司 " />
<DetailInfo seq="6" name=" 受让人 " value=" 艾瑞迈迪科技石家庄有限公司 " />
<DetailInfo seq="7" name=" 发明名称 " value=" 硬管内窥镜旋转角度测量方法和装置 " />
<DetailInfo seq="8" name=" 申请日 " value="20180201" />
<DetailInfo seq="9" name=" 申请公布日 " value="20180605" />
<DetailInfo seq="10" name=" 授权公告日 " value="" />

<DetailInfo seq="11" name=" 许可种类 " value=" 普通许可 " />
<DetailInfo seq="12" name=" 备案日期 " value="20180911" />
</Detail>
</LegalAffair>

备注：无

（25）受让人（Patentor）

名称：受让人

描述：许可合同中的受让人。

取值范围：字符串。

默认值：无

数据来源：来自 SIPO 中国专利法律状态 XML 交换文档中的 AffairName 的值为“专利实施许可合同备案的生效”中的“受让人”，如下所示。

<LegalAffair AffairType=" 专利实施许可合同备案的生效、变更及注销 " AffairName=" 专利实施许可合同备案的生效 " legalDate="20181009" applicationNumber="201810101150X">
<Detail>
<DetailInfo seq="1" name="IPC（主分类）" value="A61B 1/04" />
<DetailInfo seq="2" name=" 专利申请号 " value="201810101150X" />
<DetailInfo seq="3" name=" 专利号 " value="" />
<DetailInfo seq="4" name=" 合同备案号 " value="2018440020075" />
<DetailInfo seq="5" name=" 让与人 " value=" 艾瑞迈迪医疗科技（北京）有限公司 " />
<DetailInfo seq="6" name=" 受让人 " value=" 艾瑞迈迪科技石家庄有限公司 " />
<DetailInfo seq="7" name=" 发明名称 " value=" 硬管内窥镜旋转角度测量方法和装置 " />
<DetailInfo seq="8" name=" 申请日 " value="20180201" />
<DetailInfo seq="9" name=" 申请公布日 " value="20180605" />
<DetailInfo seq="10" name=" 授权公告日 " value="" />
<DetailInfo seq="11" name=" 许可种类 " value=" 普通许可 " />
<DetailInfo seq="12" name=" 备案日期 " value="20180911" />
</Detail>
</LegalAffair>

备注：无

(26)许可种类(LicenseKind)

名称:许可种类

描述:许可合同中的许可种类。

取值范围:字符串。

默认值:无

数据来源:来自 SIPO 中国专利法律状态 XML 交换文档中的 AffairName 的值为“专利实施许可合同备案的生效”中的“许可种类”,如下所示。

<LegalAffair AffairType=" 专利实施许可合同备案的生效、变更及注销 " AffairName=" 专利实施许可合同备案的生效 " legalDate="20181009" applicationNumber="201810101150X">
<Detail>
<DetailInfo seq="1" name="IPC(主分类)" value="A61B 1/04" />
<DetailInfo seq="2" name=" 专利申请号 " value="201810101150X" />
<DetailInfo seq="3" name=" 专利号 " value="" />
<DetailInfo seq="4" name=" 合同备案号 " value="2018440020075" />
<DetailInfo seq="5" name=" 让与人 " value=" 艾瑞迈迪医疗科技(北京)有限公司 " />
<DetailInfo seq="6" name=" 受让人 " value=" 艾瑞迈迪科技石家庄有限公司 " />
<DetailInfo seq="7" name=" 发明名称 " value=" 硬管内窥镜旋转角度测量方法和装置 " />
<DetailInfo seq="8" name=" 申请日 " value="20180201" />
<DetailInfo seq="9" name=" 申请公布日 " value="20180605" />
<DetailInfo seq="10" name=" 授权公告日 " value="" />
<DetailInfo seq="11" name=" 许可种类 " value=" 普通许可 " />
<DetailInfo seq="12" name=" 备案日期 " value="20180911" />
</Detail>
</LegalAffair>

备注:无

(27)备案日期(FilingDate)

名称:备案日期

描述:许可合同中的备案日期。

取值范围:格式如 YYYYMMDD。

默认值:无

数据来源:来自 SIPO 中国专利法律状态 XML 交换文档中的 AffairName 的值为“专

利实施许可合同备案的生效”中的“备案日期”，如下所示。

<LegalAffair AffairType="专利实施许可合同备案的生效、变更及注销" AffairName="专利实施许可合同备案的生效" legalDate="20181009" applicationNumber="201810101150X">

<Detail>

<DetailInfo seq="1" name="IPC（主分类）" value="A61B 1/04" />

<DetailInfo seq="2" name="专利申请号" value="201810101150X" />

<DetailInfo seq="3" name="专利号" value="" />

<DetailInfo seq="4" name="合同备案号" value="2018440020075" />

<DetailInfo seq="5" name="让与人" value="艾瑞迈迪医疗科技（北京）有限公司" />

<DetailInfo seq="6" name="受让人" value="艾瑞迈迪科技石家庄有限公司" />

<DetailInfo seq="7" name="发明名称" value="硬管内窥镜旋转角度测量方法和装置" />

<DetailInfo seq="8" name="申请日" value="20180201" />

<DetailInfo seq="9" name="申请公布日" value="20180605" />

<DetailInfo seq="10" name="授权公告日" value="" />

<DetailInfo seq="11" name="许可种类" value="普通许可" />

<DetailInfo seq="12" name="备案日期" value="20180911" />

</Detail>

</LegalAffair>

备注：无

（28）许可变更事项（ChangeItem）

名称：许可变更事项

描述：专利实施许可合同备案的变更中的变更事项。

取值范围：字符串。

默认值：无

数据来源：来自 SIPO 中国专利法律状态 XML 交换文档中的 AffairName 的值为“专利实施许可合同备案的变更”中的“变更事项”，如下所示。

<LegalAffair AffairType="专利实施许可合同备案的生效、变更及注销" AffairName="专利实施许可合同备案的变更" legalDate="" ApplicationNumber="2008100654984">

<Detail>

<DetailInfo seq="1" name="IPC（主分类）" value="H04L 29/08" />

<DetailInfo seq="2" name="专利申请号" value="2008100654984" />

<DetailInfo seq="3" name=" 专利号 " value="ZL2008100654984" />
<DetailInfo seq="4" name=" 发明名称 " value="" />
<DetailInfo seq="5" name=" 合同备案号 " value="2017440020001" />
<DetailInfo seq="6" name=" 变更日 " value="20180514" />
<DetailInfo seq="7" name=" 变更事项 " value=" 受让人 " />
<DetailInfo seq="8" name=" 变更前 " value=" 凡方数码设备有限公司 " />
<DetailInfo seq="9" name=" 变更后 " value=" 凡方数码技术有限公司 " />
</Detail>
</LegalAffair>

备注：无

（29）许可变更前（ItemBefore）

名称：许可变更前

描述：专利实施许可合同备案的变更中的变更前信息。

取值范围：字符串。

默认值：无

数据来源：来自 SIPO 中国专利法律状态 XML 交换文档中的 AffairName 的值为“专利实施许可合同备案的变更”中的“变更前”，如下所示。

<LegalAffair AffairType=" 专利实施许可合同备案的生效、变更及注销 " AffairName=" 专利实施许可合同备案的变更 " legalDate="" applicationNumber="2008100654984">
<Detail>
<DetailInfo seq="1" name="IPC（主分类）" value="H04L 29/08" />
<DetailInfo seq="2" name=" 专利申请号 " value="2008100654984" />
<DetailInfo seq="3" name=" 专利号 " value="ZL2008100654984" />
<DetailInfo seq="4" name=" 发明名称 " value="" />
<DetailInfo seq="5" name=" 合同备案号 " value="2017440020001" />
<DetailInfo seq="6" name=" 变更日 " value="20180514" />
<DetailInfo seq="7" name=" 变更事项 " value=" 受让人 " />
<DetailInfo seq="8" name=" 变更前 " value=" 凡方数码设备有限公司 " />
<DetailInfo seq="9" name=" 变更后 " value=" 凡方数码技术有限公司 " />
</Detail>
</LegalAffair>

备注：无

（30）许可变更后（ItemAfter）

名称：许可变更后

描述：专利实施许可合同备案的变更中的变更后信息。

取值范围：字符串。

默认值：无

数据来源：来自 SIPO 中国专利法律状态 XML 交换文档中的 AffairName 的值为“专利实施许可合同备案的变更”中的“变更后”，如下所示。

<LegalAffair AffairType=" 专利实施许可合同备案的生效、变更及注销 " AffairName=" 专利实施许可合同备案的变更 " legalDate="" applicationNumber="2008100654984">
<Detail>
<DetailInfo seq="1" name="IPC（主分类）" value="H04L 29/08" />
<DetailInfo seq="2" name=" 专利申请号 " value="2008100654984" />
<DetailInfo seq="3" name=" 专利号 " value="ZL2008100654984" />
<DetailInfo seq="4" name=" 发明名称 " value="" />
<DetailInfo seq="5" name=" 合同备案号 " value="2017440020001" />
<DetailInfo seq="6" name=" 变更日 " value="20180514" />
<DetailInfo seq="7" name=" 变更事项 " value=" 受让人 " />
<DetailInfo seq="8" name=" 变更前 " value=" 凡方数码设备有限公司 " />
<DetailInfo seq="9" name=" 变更后 " value=" 凡方数码技术有限公司 " />
</Detail>
</LegalAffair>

备注：无

（31）许可变更日期（ChangeDate）

名称：许可变更日期

描述：专利实施许可合同备案的变更中的变更日期。

取值范围：格式如 YYYYMMDD。

默认值：无

数据来源：

来自 SIPO 中国专利法律状态 XML 交换文档中的 AffairName 的值为“专利实施许可合同备案的变更”中的“变更日”，如下所示。

<LegalAffair AffairType=" 专利实施许可合同备案的生效、变更及注销 " AffairName=" 专利实施许可合同备案的变更 " legalDate="" applicationNumber="2008100654984">
<Detail>
<DetailInfo seq="1" name="IPC（主分类）" value="H04L 29/08" />
<DetailInfo seq="2" name=" 专利申请号 " value="2008100654984" />
<DetailInfo seq="3" name=" 专利号 " value="ZL2008100654984" />

<DetailInfo seq="4" name=" 发明名称 " value="" />
<DetailInfo seq="5" name=" 合同备案号 " value="2017440020001" />
<DetailInfo seq="6" name=" 变更日 " value="20180514" />
<DetailInfo seq="7" name=" 变更事项 " value=" 受让人 " />
<DetailInfo seq="8" name=" 变更前 " value=" 凡方数码设备有限公司 " />
<DetailInfo seq="9" name=" 变更后 " value=" 凡方数码技术有限公司 " />
</Detail>
</LegalAffair>

备注：无

（32）许可解除日期（ReleaseDate）

名称：许可解除日期

描述：专利实施许可合同备案的注销中的解除日期。

取值范围：格式如 YYYYMMDD。

默认值：无

数据来源：来自 SIPO 中国专利法律状态 XML 交换文档中的 AffairName 的值为“专利实施许可合同备案的变更”中的“解除日”，如下所示。

<LegalAffair AffairType=" 专利实施许可合同备案的生效、变更及注销 " AffairName=" 专利实施许可合同备案的注销 " legalDate="" applicationNumber="2016106657389">
<Detail>
<DetailInfo seq="1" name="IPC（主分类）" value="A44C 5/20" />
<DetailInfo seq="2" name=" 专利申请号 " value="2016106657389" />
<DetailInfo seq="3" name=" 专利号 " value="2016106657389" />
<DetailInfo seq="4" name=" 合同备案号 " value="2017440020073" />
<DetailInfo seq="5" name=" 让与人 " value=" 王金 " />
<DetailInfo seq="6" name=" 受让人 " value=" 广州崇壹梵钟表有限公司 " />
<DetailInfo seq="7" name=" 发明名称 " value="" />
<DetailInfo seq="8" name=" 解除日 " value="20180516" />
</Detail>
</LegalAffair>

备注：无

（33）当前法律状态分类（LegalStatus）

名称：当前法律状态分类

描述：对于当前法律状态分类的描述。

取值范围：1 位 ASC Ⅱ字符（V、I、E、U），包括以下 4 种。V：有效（Validation）；

I：失效或无效（Invalidation）；E：在审中（Examination）；U：不确定（Uncertain）。

默认值：无

数据来源：根据法律状态代码及对应的法律状态规则，判断当前的法律状态。

备注：

①对于某些未能被有效性规则覆盖的法律状态记录，或者根据专利的历史法律状态信息无法判定专利当前有效性的记录，其 LS_VALID_CATEG 的值暂定为 U；

② AffairType=“公布”时状态为 E；AffairName=“专利申请的恢复”时状态为 E；

③ AffairType=“授权”时状态为 V；AffairName=“专利权的恢复”时状态为 V；

④ AffairType=“专利权的终止”时状态为 I；AffairType=“专利权的视为放弃”时状态为 I；AffairName=“专利权全部无效”时状态为 I；AffairType=“避免重复授权放弃专利权”时状态为 I；AffairType=“发明专利申请公布后的撤回”时状态为 I；AffairType=“发明专利申请公布后的视为撤回”时状态为 I 。

（34）授权阶段（GrantPhase）

名称：授权阶段

描述：对于授权阶段的描述。

取值范围：最多 12 位 ASCⅡ 字符，用英文字符串表示，包括以下 3 种。Before Grant：授权前；Grant：授权；After Grant：授权后。

默认值：无

数据来源：根据法律状态代码及对应的法律状态规则确定。以“授权”状态为分界点。分为授权前、授权、授权后 3 个阶段。

备注：无

6.2 全球英文专利法律状态深加工

欧洲专利局（EPO）提供了开放专利服务（Open Patent Services ，OPS）。开放专利服务（OPS）是一种 WEB 服务，使用 RESTful 体系结构，可通过标准化 XML 接口提供对 EPO 数据的访问。OPS 数据是从 EPO 的题录、全球法律状态事件、全文和图像数据库中提取的，因此与 Espacenet 和欧洲专利注册数据（European Patent Register Data）相同。

本节对从 EPO 的 OPS 中所得到的法律状态数据进行解读，构建标准化分类体系，并对法律状态数据中的权属转移信息进行深加工，以期为全球专利法律状态数据深加工工作提供指导和借鉴。

6.2.1 全球专利法律状态的相关标准及文档

①欧洲专利局 OPS 提供的法律状态 XML 数据对应的 XSD 文档（ops_legal.xsd）；

②欧洲专利局法律状态 XML 数据交换用户手册[（User Documentation 14.11 Worldwide legal status database（INPADOC）T12 exchange file）]；

③ PASTATE 数据说明文档（DataCatalog_Global_v5.12.pdf）；

④ INPADOC 类别分类文档（inpadoc_classification_scheme_v1.0_en.pdf）；

⑤ INPADOC 法律状态事件代码表（legal_code_descriptions_20190316.xlsx）；

⑥ WIPO 标准（Country codes－ST.3；Kind codes,ST.16，Part 7.3；INID codes－ST.9，ST.60，ST.80；XML－ST.36，ST.66，ST.86，ST.96 等）。

6.2.2 全球专利法律状态交换数据

全球专利法律状态交换数据来自 EPO 提供的 OPS，交换数据以 XML 文件的格式提供给用户。EPO 专利法律状态交换数据 XML 文件的逻辑模型如图 6–9 所示。

下面对定义 XML 文档规范的 XSD 文件及 XML 交换数据状况进行初步解读。

6.2.2.1 XSD 文件

XSD 是指 XML 结构定义（XML Schemas Definition），是 DTD 的替代品。XML Schema 语言就是 XSD。XML Schema 描述了 XML 文档的结构。可以用一个指定的 XML Schema 来验证某个 XML 文档，以检查该 XML 文档是否符合其要求。一个 XML Schema 会定义：文档中出现的元素、文档中出现的属性、子元素、子元素的数量、子元素的顺序、元素是否为空、元素和属性的数据类型、元素或属性的默认和固定值。

全球法律状态交换数据的 XSD 文件的设计如图 6–10 所示。

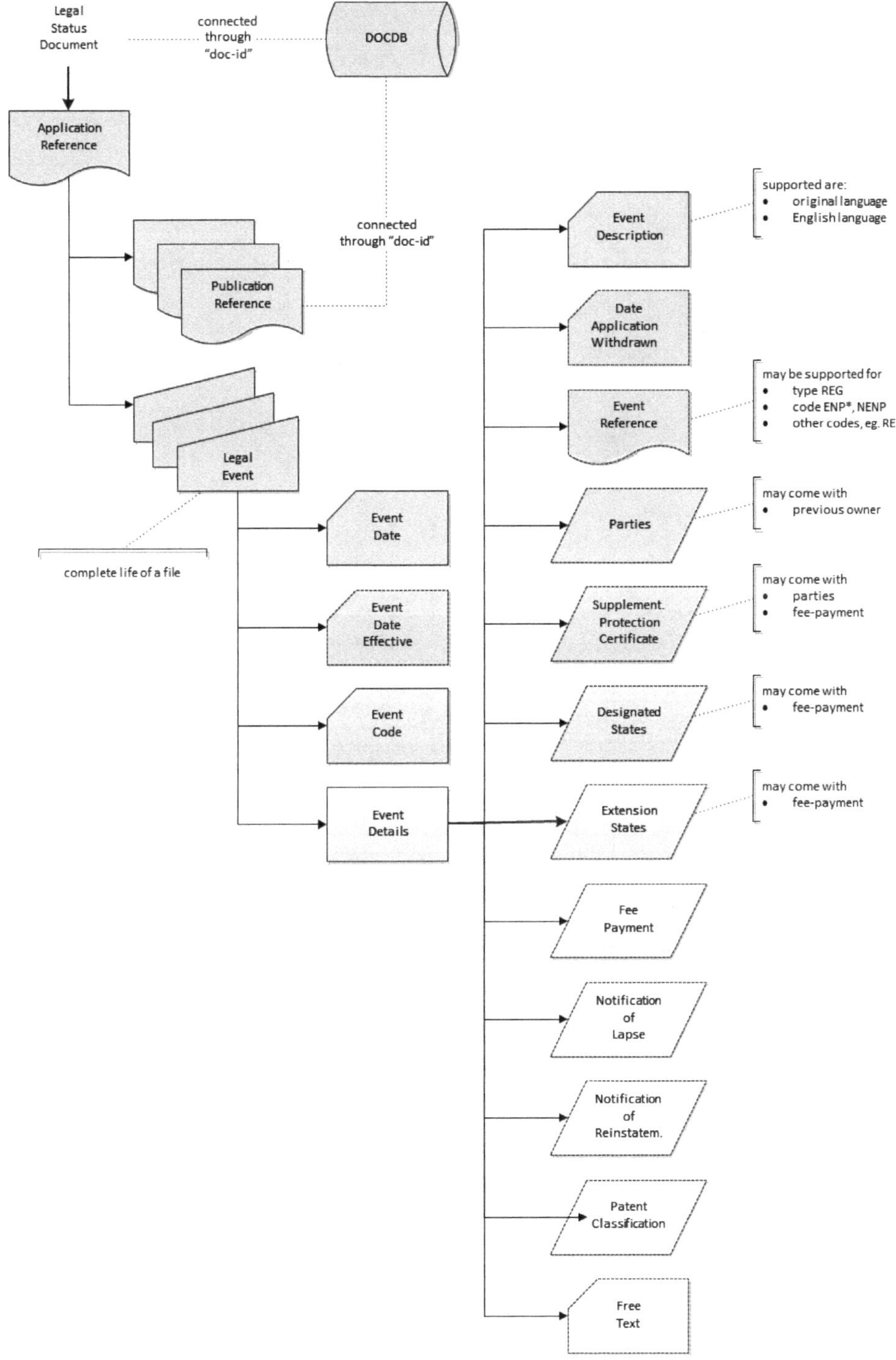

图 6-9　EPO 专利法律状态交换数据 XML 文件逻辑模型①

① EPO. Exchange format EPO-worldwide legal status [EB/OL]. [2021-03-24]. https://www.epo.org/.

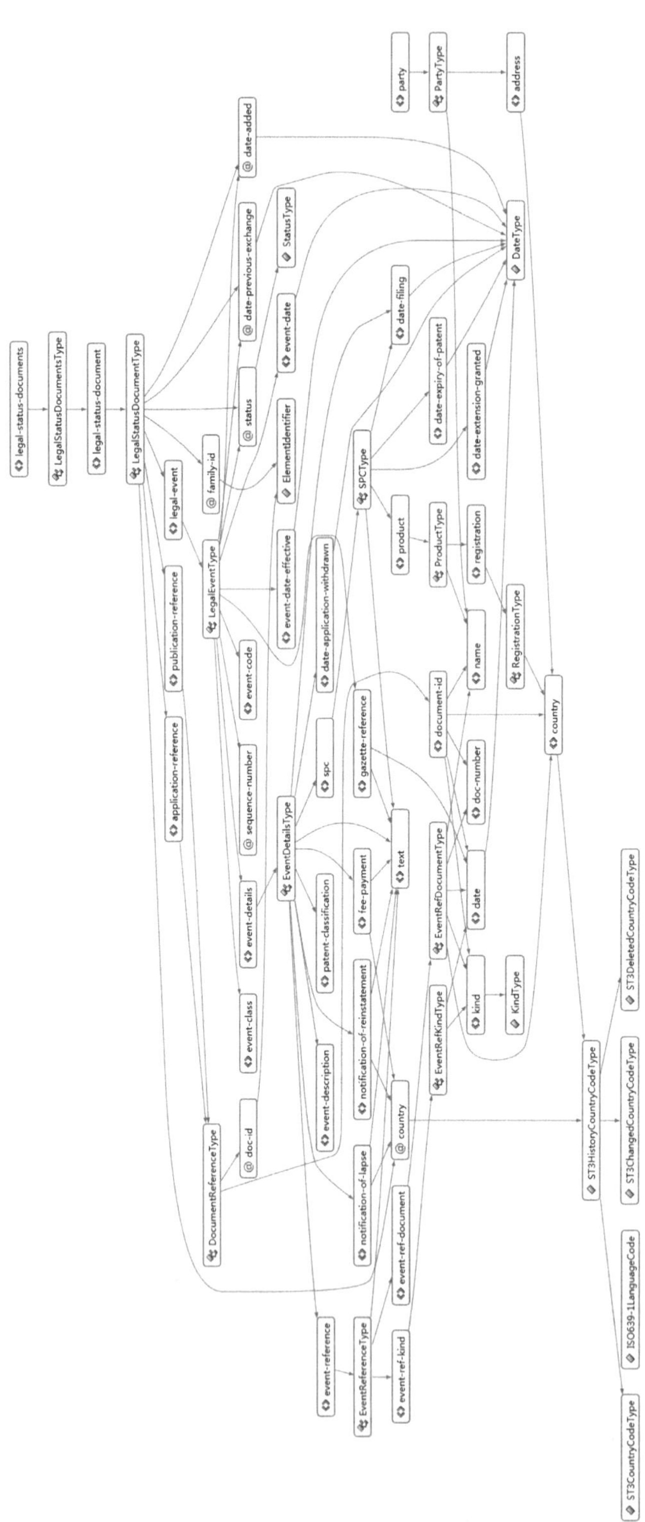

图 6-10　EPO 专利法律状态交换数据 XSD 文件设计①

① EPO. User documentation legstat XML schema [EB/OL].[2021-03-25]. https://www.epo.org/.

从图中可以看到法律状态交换数据的基本结构，文档根节点下包含了 <legal-event>、<publication-reference>、< application-reference >、family-id 等子节点和元素信息。

其中，<legal-event> 的每个实例代表申请生命周期中的一个合法事件。<legal-event> 的实例将 <event-date> 和 <event-code> 的组合值按升序排序。<legal-event> 节点的结构如图 6-11 所示。

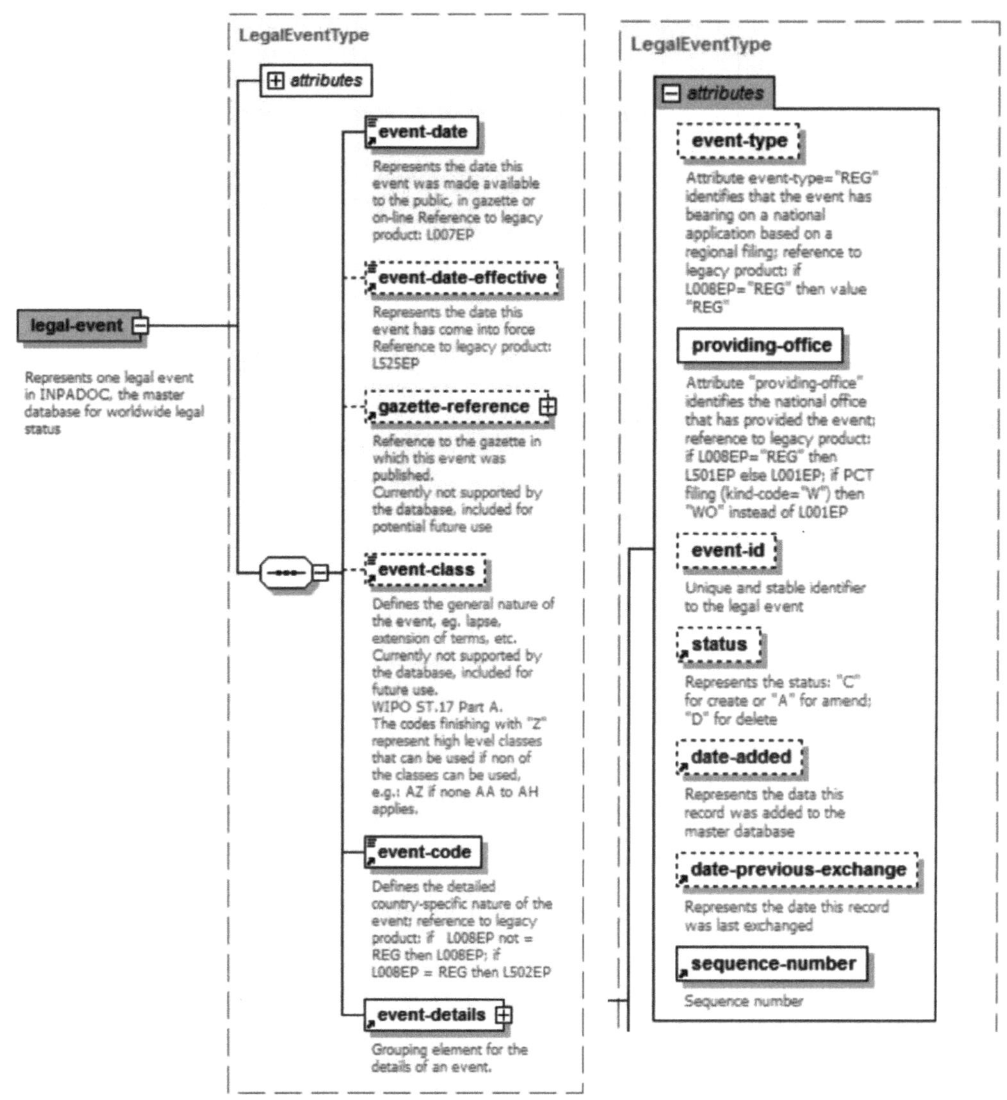

图 6-11 <legal-event> 节点结构[①]

① EPO. Exchange format EPO-worldwide legal status [EB/OL] .[2021-03-25]. https://www.epo.org/.

其中,<event-details>中包含了专利法律状态的详细信息,其节点结构如图6–12所示。

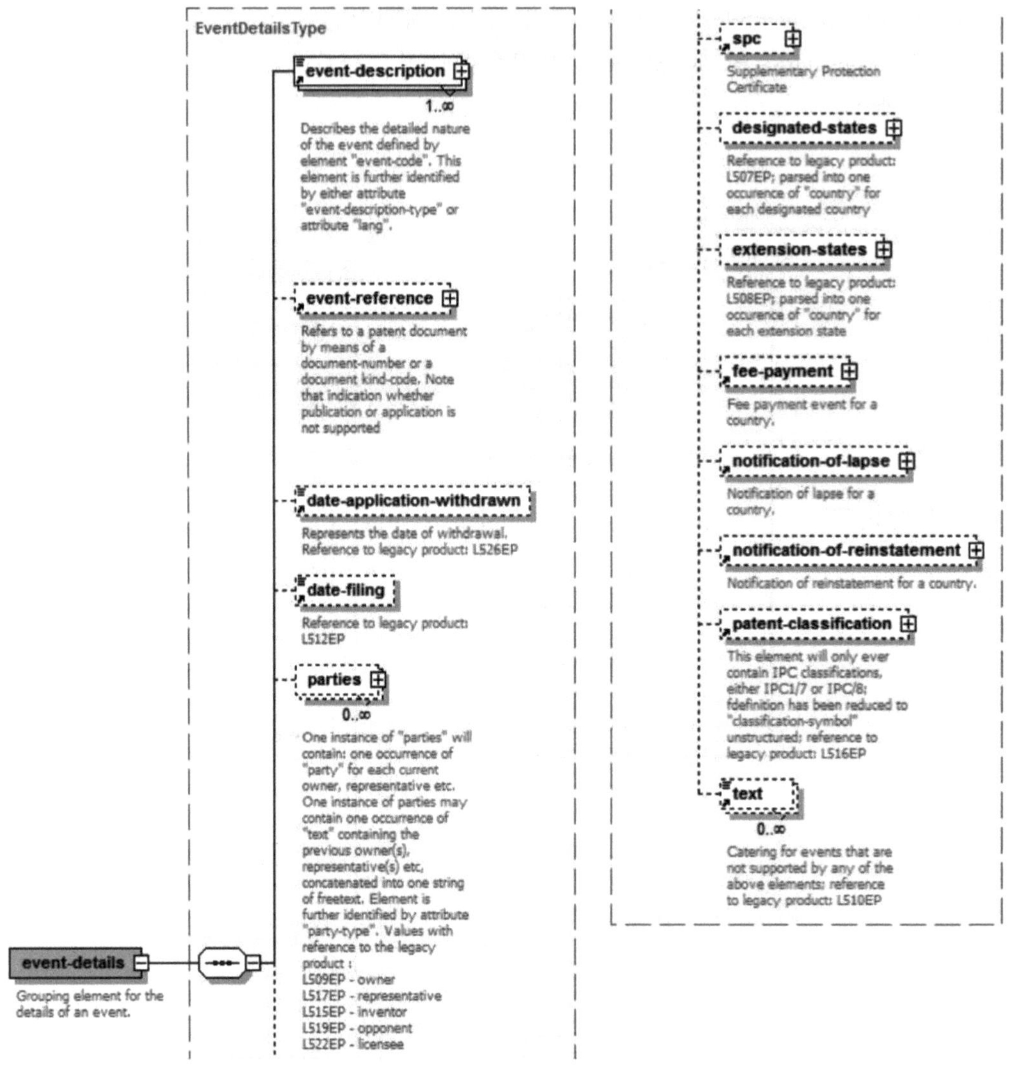

图6–12 <event-details>节点结构[①]

在该节点结构中，<parties>中包括了法律状态事件标签，法律状态事件标签的文档结构如图6–13所示。

① EPO. Exchange format EPO-worldwide legal status [EB/OL].[2021–03–26]. https://www.epo.org/.

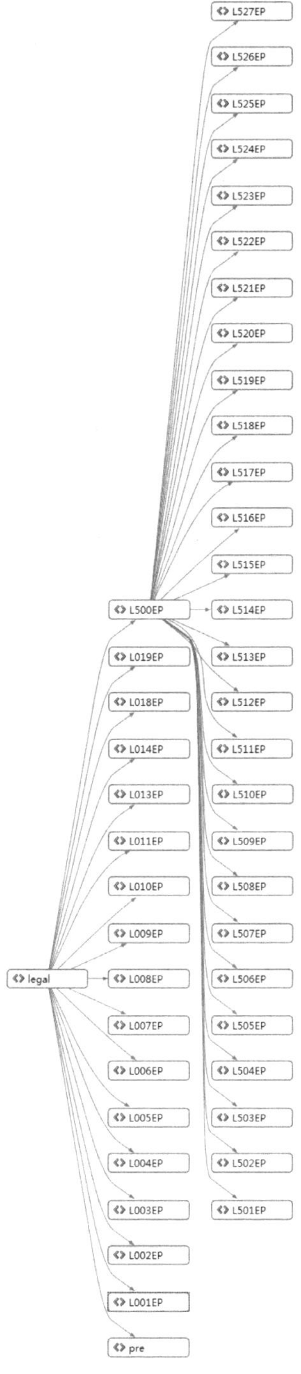

图 6-13　EPO 专利法律状态事件标签 XSD 文件设计[①]

① EPO . Open patent services XML schema for legal status data [EB/OL] . [2021-03-28]. https://www.epo.org/.

法律状态事件由标签描述。所有标签均以“L”开头以表示其“法律身份”性质，后跟 3 位数字以表示唯一性，以及字母“EP”。根据法律状态事件代码和国家 / 地区，可能会有与法律状态事件相关的其他信息。这些属性标签（或事件详细信息）在标签 <L500EP> 和 </L500EP> 中提供。

表 6–16 是标签及其说明。M/O 列显示将标记包含在数据元素中是强制还是可选。

表 6–16　EPO 专利法律状态交换数据元素标签

标签	M/O	标签含义	标签最大长度
L001EP	M	国家代码（WIPO ST3 国家代码）“ CC”	2
L002EP	M	遵循申请“ F”或出版物“ P”规则的文件编号格式指示符	1
L003EP	M	文件编号	20
L004EP	O	文件编号的类别代码	2
L005EP	M	IPR 类型，如发明专利为“ PI”、实用新型为 UM	2
L007EP	M	法律状态事件的日期，这是法律状态事件的发布日期	8
L008EP	M	法律状态事件代码	4
L013EP	M	DATA 元素的状态（新建，已删除，可选删除，后文件为“ C”）：“ N”，“ D”，“ O”或“ C”	1
L014EP	O	DOCDB 文档在标签 L001EP, L003EP, L004EP 中的发布或提交日期（如果提供）	8
L017EP	O	DOCDB 公告号	17
L018EP	O	最后一次与订阅者交换此事件的日期（仅在备用文件中交换）	8
L019EP	O	在 EPO 的数据库中首次创建此事件的日期（仅在每周的 T12 文件中进行了交换）	8
L020EP	M	DOCDB 整数，用于归档申请身份	9
L500EP	O	事件详细信息列表（包含标签 L501EP-L526EP）	
L501EP	O	法律状态事件代码“ REG”或“ PG—”的相应国家	2
L502EP	O	REG 的相应法律状态国家 / 地区代码	4
L503EP	O	相关专利文档	20
L504EP	O	相关专利文档的国家	2
L505EP	O	相应专利文件的公告日期	8
L506EP	O	相应专利文件的类别	2
L507EP	O	指定国家列表，按字母升序	300
L508EP	O	扩展状态（扩展国家）	2

续表

标签	M/O	标签含义	标签最大长度
L509EP	O	新所有者名称	50
L510EP	O	自由格式文本	700
L511EP	O	SPC 号	20
L512EP	O	SPC / 异议或类似文件的提交日期	8
L513EP	O	专利到期日	8
L514EP	O	公告语言	2
L515EP	O	发明人姓名	50
L516EP	O	IPC 号	20
L517EP	O	代表姓名	50
L518EP	O	缴费日期	8
L519EP	O	对手名 Opponent name	50
L520EP	O	缴费年份	10
L522EP	O	要求者姓名	50
L523EP	O	专利授权（SPC）延期	8
L524EP	O	扩展国家列表，按字母升序	100
L525EP	O	生效日期	8
L526EP	O	撤回日期	8

标记 <L008EP> 中的法律状态事件代码的描述未包含在交换文件中，但可以从 EPO 网站上每周发布的法律状态代码中获取。网址为：http://www.epo.org/searching/data/data/tables.html。代码通常在星期四上午发布。EPO 以原始语言和英语发布代码（图 6–14）。

Legal status codes in original language	TXT	244 KB	W 15/2013	download
Legal status codes in English	TXT	247 KB	W 15/2013	download
Changes in legal status codes in English	TXT	186 KB	W 15/2013	download

图 6–14　EPO 专利法律状态事件代码文件获取

6.2.2.2　法律状态交换数据

法律状态交换数据以 XML 文档的方式提供。从 EPO OPEN API 中获取的单个专利的法律状态交换数据如图 6-15 所示。


```xml
<?xml version="1.0" encoding="UTF-8"?>
<?xml-stylesheet type="text/xsl" href="/3.2/style/legal.xsl"?>
<ops:world-patent-data xmlns="http://www.epo.org/exchange" xmlns:ops="http://ops.epo.org" xmlns:xlink="http://www.w3.org/1999/xlink">
    <ops:patent-family legal="true" total-result-count="9">
        <ops:publication-reference>
            <document-id document-id-type="docdb">
                <country>US</country>
                <doc-number>6310123</doc-number>
                <kind>%%</kind>
            </document-id>
        </ops:publication-reference>
        <ops:family-member family-id="7858296">
            <publication-reference>
                <document-id document-id-type="docdb">
                    <country>US</country>
                    <doc-number>6310123</doc-number>
                    <kind>B1</kind>
                    <date>20011030</date>
                </document-id>
                <document-id document-id-type="epodoc">
                    <doc-number>US6310123</doc-number>
                    <date>20011030</date>
                </document-id>
            </publication-reference>
            <application-reference doc-id="49022605">
                <document-id document-id-type="docdb">
                    <country>US</country>
                    <doc-number>25196699</doc-number>
                    <kind>A</kind>
                    <date>19990217</date>
                </document-id>
            </application-reference>
            <priority-claim sequence="1" kind="national">
                <document-id document-id-type="docdb">
                    <country>DE</country>
                    <doc-number>19806964</doc-number>
                    <kind>A</kind>
                    <date>19980219</date>
                </document-id>
                <priority-active-indicator>YES</priority-active-indicator>
            </priority-claim>
            <ops:legal code="AS  " desc="ASSIGNMENT" infl=" " dateMigr="00010101">
                <ops:pre line="00001">US    25196699A 1999-02-17AS   ASSIGNMENT OWNER TH. GOLDSCHMIDT AG, GERMANY</ops:pre>
                <ops:pre line="00002">US    25196699A 1999-02-17AS   ASSIGNMENT Free Format Text ASSIGNMENT OF ASSIGNORS INTEREST;ASSI
                <ops:L001EP desc="Country Code">US</ops:L001EP>
                <ops:L002EP desc="Filing / Published Document">F</ops:L002EP>
                <ops:L003EP desc="Document Number">    25196699</ops:L003EP>
                <ops:L004EP desc="Kind Code">A</ops:L004EP>
                <ops:L005EP desc="IPR Type">PI</ops:L005EP>
                <ops:L006EP desc="PRS DOCUMENT TYPE">P</ops:L006EP>
```


图 6-15　EPO 专利法律状态交换数据 XML 文件内容示例

6.2.3　全球专利法律状态深加工规范

6.2.3.1　表格规范

（1）全球专利法律状态文档综合表

该表包含了多个专利法律状态 XML 文档的综合信息。每一行数据代表一个专利法律状态文档的综合信息（图 6-16）。

```
<?xml version="1.0" encoding="UTF-8"?>
<?xml-stylesheet type="text/xsl" href="/3.2/style/legal.xsl"?>
<ops:world-patent-data xmlns="http://www.epo.org/exchange" xmlns:ops="http://ops.epo.org" xmlns:xlink="http://www.w3.org/1999/xlink">
    <ops:patent-family legal="true" total-result-count="9">
        <ops:publication-reference>
            <document-id document-id-type="docdb">
                <country>US</country>
                <doc-number>6310123</doc-number>
                <kind>%%</kind>
            </document-id>
        </ops:publication-reference>
        <ops:family-member family-id="7858296">
            <publication-reference>
                <document-id document-id-type="docdb">
                    <country>US</country>
                    <doc-number>6310123</doc-number>
                    <kind>B1</kind>
                    <date>20011030</date>
                </document-id>
                <document-id document-id-type="epodoc">
                    <doc-number>US6310123</doc-number>
                    <date>20011030</date>
                </document-id>
            </publication-reference>
            <application-reference doc-id="49022605">
                <document-id document-id-type="docdb">
                    <country>US</country>
                    <doc-number>25196699</doc-number>
                    <kind>A</kind>
                    <date>19990217</date>
                </document-id>
            </application-reference>
            <priority-claim sequence="1" kind="national">
                <document-id document-id-type="docdb">
                    <country>DE</country>
                    <doc-number>19806964</doc-number>
                    <kind>A</kind>
                    <date>19980219</date>
                </document-id>
                <priority-active-indicator>YES</priority-active-indicator>
            </priority-claim>
```


图 6-16　专利法律状态交换数据 XML 文件综合信息

记录这些综合信息有助于进行数据关联和验证，如表 6-17 所示。

表 6-17　全球专利法律状态文档综合

数据表名称	En_Legal_Documents	功能描述	全球专利法律状态文档综合表		
备注	每个专利法律状态文档的综合信息				
主键	Doc_ID	外键		索引	
数据字段					
名称	意义	数据类型	允许为空		
FileID	法律状态文档序号	VARCHAR	NOT Null		
File	法律状态文档名称	VARCHAR	Null		
PubNo	专利公开公告号	VARCHAR	NOT Null		
AppNo	专利申请号码	VARCHAR	NOT Null		
Doc_ID	DOCDB 专利唯一标识	VARCHAR	NOT Null		
DownLoadDate	下载日期	DATE	Null		
FileStatus	文档状态	VARCHAR	Null		
Total-Result-Count	结果数量	INT	Null		

续表

数据表名称	En_Legal_Documents	功能描述	全球专利法律状态文档综合表		
备注	每个专利法律状态文档的综合信息				
主键	Doc_ID	外键		索引	
数据字段					
名称	意义	数据类型	允许为空		
EnterDate	入库日期	DATE	Null		
备注	专利家族号码信息在主表中已经存储，法律状态数据则不再重复存储，通过 DOCDB 专利唯一标识可以与主表相连接；专利申请号码、专利公开公告号则是为了方便查询；Total-Result-Count 并非是法律状态事件的数量，具体含义不明，先行记录				

（2）全球专利法律状态基本信息表

从 XML 文档中提取专利法律状态相关基本信息，把文档中的所有专利法律状态事件按照顺序存储入库。基本信息表中只存储法律状态事件类别代码及含义等（表 6–18），具体法律状态信息则在全球专利法律状态前行详细信息表和全球法律状态事件详细信息表中存储。

表 6–18　全球专利法律状态基本信息

数据表名称	En_Legal_Basic	功能描述	全球专利法律状态基本信息表		
备注	存储专利全部法律状态基本信息				
主键	Affair_ID	外键	AppNo	索引	
数据字段					
名称	意义	数据类型	允许为空		
Doc_ID	DOCDB 专利唯一标识	VARCHAR	NOT Null		
Affair_ID	法律状态事件编号	VARCHAR	NOT Null		
AffairCode	法律状态事件类别代码	VARCHAR	Null		
AffairDesc	法律状态事件含义	VARCHAR	Null		
备注	Affair_ID 的编码规则中包含 Doc_ID				

下面举例说明原始数据存储到该表格当中的情况。图 6–17 显示了上述专利的两条法律状态信息。

```
<ops:legal code="STCF" desc="INFORMATION ON STATUS: PATENT GRANT" infl=" " dateMigr="00010101">
    <ops:pre line="00001">US201414259882A 2018-05-30STCF INFORMATION ON STATUS: PATENT GRANT Free Format Text PATENTED CASE</ops:pre>
    <ops:L001EP desc="Country Code">US</ops:L001EP>
    <ops:L002EP desc="Filing / Published Document">F</ops:L002EP>
    <ops:L003EP desc="Document Number">201414259882</ops:L003EP>
    <ops:L004EP desc="Kind Code">A</ops:L004EP>
    <ops:L005EP desc="IPR Type">PI</ops:L005EP>
    <ops:L007EP desc="Gazette DATE">2018-05-30</ops:L007EP>
    <ops:L008EP desc="Legal Event Code 1">STCF</ops:L008EP>
    <ops:L018EP desc="DATE last exchanged">2019-05-18</ops:L018EP>
    <ops:L019EP desc="DATE first created">2019-05-16</ops:L019EP>
    <ops:L500EP>
        <ops:L510EP desc="Free Format Text">PATENTED CASE</ops:L510EP>
    </ops:L500EP>
</ops:legal>
<ops:legal code="AS  " desc="ASSIGNMENT" infl=" " dateMigr="00010101">
    <ops:pre line="00001">US201414259882A 2018-12-07AS   ASSIGNMENT OWNER ATHYRIUM OPPORTUNITIES III ACQUISITION LP, NEW YOR</ops:pre>
    <ops:pre line="00002">US201414259882A 2018-12-07AS   ASSIGNMENT Free Format Text SECURITY INTEREST;ASSIGNOR:DERMIRA, INC.;REEL/FRAME:047701/0465</ops:pre>
    <ops:pre line="00003">US201414259882A 2018-12-07AS   ASSIGNMENT Effective DATE 20181203</ops:pre>
    <ops:L001EP desc="Country Code">US</ops:L001EP>
    <ops:L002EP desc="Filing / Published Document">F</ops:L002EP>
    <ops:L003EP desc="Document Number">201414259882</ops:L003EP>
    <ops:L004EP desc="Kind Code">A</ops:L004EP>
    <ops:L005EP desc="IPR Type">PI</ops:L005EP>
    <ops:L007EP desc="Gazette DATE">2018-12-07</ops:L007EP>
    <ops:L008EP desc="Legal Event Code 1">AS</ops:L008EP>
    <ops:L018EP desc="DATE last exchanged">2018-12-22</ops:L018EP>
    <ops:L019EP desc="DATE first created">2018-12-21</ops:L019EP>
    <ops:L500EP>
        <ops:L509EP desc="OWNER">ATHYRIUM OPPORTUNITIES III ACQUISITION LP, NEW YOR</ops:L509EP>
        <ops:L510EP desc="Free Format Text">SECURITY INTEREST;ASSIGNOR:DERMIRA, INC.;REEL/FRAME:047701/0465</ops:L510EP>
        <ops:L525EP desc="Effective DATE">20181203</ops:L525EP>
    </ops:L500EP>
</ops:legal>
```


图 6-17 全球专利法律状态数据示例

上面两条法律状态数据在全球专利法律状态基本信息表中的存储方式如表 6-19 所示。

表 6-19 全球专利法律状态基本信息表存储示例

Doc_ID	Affair_ID	AffairCode	AffairDesc
424027230	4240272300001	STCF	INFORMATION ON STATUS:PATENT GRANT
424027230	4240272300002	AS	ASSIGNMENT

（3）全球专利法律状态前行详细信息表

专利法律状态的基本信息存储在基本信息表中，其中包含的详细信息则存储在专利法律状态详细信息表中（表 6-20）。

表 6-20 全球专利法律状态前行详细信息

数据表名称	En_Legal_Pre _Detail	功能描述		全球专利法律状态前行详细信息表	
备注	存储专利法律状态前行详细信息				
主键	Affair_ID	外键		索引	
数据字段					
名称	意义	数据类型		允许为空	
Affair_ID	法律状态事件编号	INT		Not null	
PrelineSeq	法律状态事件前行序号	VARCHAR		Null	
PrelineSeqValue	法律状态事件前行内容	VARCHAR		Null	
备注	无				

专利法律状态前行详细数据在表格中的存储内容如表 6–21 所示。

表 6–21　全球专利法律状态前行详细信息表存储示例

Affair_ID	PrelineSeq	PrelineSeqValue
4240272300001	00001	US201414259882A 2018–05–30STCF INFORMATION ON STATUS:PATENT GRANT Free Format Text PATENTED CASE
4240272300002	00001	US201414259882A 2018–12–07AS　ASSIGNMENT OWNER ATHYRIUM OPPORTUNITIES III ACQUISITION LP, NEW YOR
4240272300002	00002	US201414259882A 2018–12–07AS　ASSIGNMENT Free Format Text SECURITY INTEREST;ASSIGNOR:DERMIRA, INC.;REEL/FRAME:047701/0465
4240272300002	00003	US201414259882A 2018–12–07AS　ASSIGNMENT Effective DATE 20181203

（4）全球专利法律状态事件详细信息表

法律状态事件的详细信息，存储在全球专利法律状态事件详细信息表中。这些详细信息以属性标签的方式进行提供（表 6–22）。

表 6–22　全球专利法律状态事件详细信息

数据表名称	En_Legal_Detail	功能描述	全球专利法律状态事件详细信息表		
备注	存储专利法律状态事件详细信息				
主键	Affair_ID	外键		索引	
数据字段					
名称	意义	数据类型	允许为空		
Affair_ID	法律状态事件编号	INT	Not null		
ItemSeq	法律状态事件数据项编号	VARCHAR	Null		
ItemLabel	法律状态事件数据项标签	VARCHAR	Null		
ItemDesc	法律状态事件数据项含义	VARCHAR	Null		
ItemValue	法律状态事件数据项值	VARCHAR	Null		
备注	当 ItemSeq 的标签是 L500EP 时，如果该层内容为空，在下层出现相关数据内容，则直接存储下层数据				

对于图 6–10 的数据示例，专利法律状态详细数据在表格中的存储内容如表 6–23 所示。

表 6–23 全球专利法律状态事件详细信息表存储示例

Affair_ID	ItemSeq	ItemLabel	ItemDesc	ItemValue
424027230001	1	L001EP	Country Code	US
424027230001	2	L002EP	Filing / Published Document	F
424027230001	3	L003EP	Document Number	201414259882
424027230001	4	L004EP	Kind Code	A
424027230001	5	L005EP	IPR Type	PI
424027230001	6	L007EP	Gazette DATE	2018–05–30
424027230001	7	L008EP	Legal Event Code 1	STCF
424027230001	8	L018EP	DATE last exchanged	2019–05–18
424027230001	9	L019EP	DATE first created	2019–05–16
424027230001	10	L510EP	Free Format Text	PATENTED CASE
424027230002	1	L001EP	Country Code	US
424027230002	2	L002EP	Filing / Published Document	F
424027230002	3	L003EP	Document Number	201414259882
424027230002	4	L004EP	Kind Code	A
424027230002	5	L005EP	IPR Type	PI
424027230002	6	L007EP	Gazette DATE	2018–12–07
424027230002	7	L008EP	Legal Event Code 1	AS
424027230002	8	L018EP	DATE last exchanged	2018–12–22
424027230002	9	L019EP	DATE first created	2018–12–21
424027230002	10	L509EP	OWNER	ATHYRIUM OPPORTUNITIES III ACQUISITION LP, NEW YOR
424027230002	11	L510EP	Free Format Text	SECURITY INTEREST;ASSIGNOR:DERMIRA, INC.；REEL/FRAME：047701/0465
424027230002	12	L525EP	Effective DATE	20181203

一个 EPO 专利的所有法律状态信息可以分别存储到表 6–18、表 6–20 和表 6–22 这 3 个表格中。

（5）全球专利申请权、专利权变更代码表

欧洲专利局对专利法律状态代码进行了详细分类，目前已经公布的有将近 4000 种。

同一种法律状态事件，在不同国家 / 地区 / 组织所申请的专利，被赋予了不同的法律状态代码。若要了解专利申请权、专利权变更的状况，则需要依据不同国家 / 地区 / 组织记录专利申请权、专利权变更的不同法律状态代码来进行提取。经过整理，与专利申请权、专利权变更相关的法律状态代码及其含义如表 6–24 所示。

表 6–24　全球专利申请权、专利权变更代码

国家 / 地区 / 组织	法律状态代码	描述	转移
AT	PD9K	Change of owner of utility model	√
AU	PC	Assignment registered	√
AU	PC1	Assignment before grant（sect. 113）	√
AU	HC1	Change of applicant’s name（sect. 215），death of applicant	√
AU	TC	Change of applicant’s name（sec. 104）	√
BE	CCCH	Change of ownership of the supplementary protection certificate	√
BE	PD	Change of ownership	√
BE	SPCT	Supplementary protection certificate change of ownership	√
CH	PUE	Assignment	√
CH	PUEA	Assignment of the share	
CH	SPCM	Certificates-modification of assignment	√
CN	ASS	Succession or assignment of patent right	√
CN	C44	Succession or assignment of patent right	√
CN	C45	Assignment of patent right	√
CN	C47	Succession or assignment of patent right（succession of patent right）	√
CN	CB02	Change of applicant information	
CN	TA01	Transfer of patent application right	√
CN	TR01	Transfer of patent right	√
DD	ASS	Change of applicant or owner	√
DE	R081	Change of applicant/patentee	√
EA	PC1A	Registration of transfer to a eurasian application by force of assignment	*
EA	PC4A	Registration of transfer of a eurasian patent by assignment	*
EE	HC1A	Change of owner name	√
EE	PC1K	Change of ownership（of utility model）	√
EE	SPCT	Change of ownership of an spc	√

续表

国家 / 地区 / 组织	法律状态代码	描述	转移
EP	NLS	Nl:assignments of ep-patents	√
FI	PC	Transfer of assignment of patent	√
FR	SPCC	Change of owner's name or address for a supplementary protection certificate	*
GB	694C	Case decided by the comptroller ** amendment for patent, adding full assignment details（rule 94（3）/1968）	*
GB	PLE	Entries relating assignments, transmissions, licences in the register of patents	*
GB	S30Z	Assignments for licence or security reasons	*
HK	AS	Change of ownership	√
HK	ASPC	Change of ownership, patent ceased in meantime	√
HK	ASPE	Change of ownership, patent expired in meantime	√
HK	ASPF	Change of ownership, patent still in force	√
JP	S111	Request for change of ownership or part of ownership	√
KR	N231	Notification of change of applicant	√
KR	N232	Change of applicant [utility model]: notification of change of applicant and registration of full transfer of right	√
KR	N233	Change of applicant [utility model]: notification of change of applicant and registration of partial transfer of right	√
KR	N234	Change of applicant [patent]: notification of change of applicant and registration of full transfer of right	√
KR	N235	Change of applicant [patent]: notification of change of applicant and registration of full transfer of share of right	√
KR	N236	Change of applicant [patent]: notification of change of applicant and registration of partial transfer of right	√
KR	N237	Change of applicant [patent]: notification of change of applicant and registration of partial transfer of share of right	√
LT	SPCT	Change of ownership of an spc	√
LT	SPCA	Assignment of spc	√
LU	PD	Change of ownership	√
LU	SPCT	Supplementary protection certificate（spc）: change of ownership	√
MD	PC3A	Transfer or assignment（patent for invention）	√

续表

国家 / 地区 / 组织	法律状态代码	描述	转移
MD	PC4A	Transfer or assignment（utility model）	√
MD	GB9A	Change of applicant（patent for invention）	√
MX	GB	Transfer or assignment	√
NL	PD	Change of ownership	√
NL	SPCT	Change of ownership or change of name of the owner of a supplementary protection certificate	√
NL	R1VO	Opposition and request for assignment of right of property or a part of it to the opponent during period of laying open	—
NL	SC	Communications of assignments concerning granted supplementary protection certificates	—
NL	SD	Assignments of patents	√
NL	SNR	Assignments of patents or rights arising from examined patent applications	√
NZ	ASS	Change of ownership	√
PT	PC1A	Transfer or assignment	√
PT	PC3A	Transfer or assignment	√
PT	PC4A	Transfer of assignment	√
PT	PC4K	Transfer of assignment（utility model）	√
RU	PC1K	Assignment of utility model	√
RU	PC4A	Invention patent assignment	√
RU	PK1K	Cancelling an assignment agreement on a utility patent	—
RU	QZ46	Withdrawal of statement about obligation of concluding the contract of assignment of patents acc. point 3 par 1366 civil code of russia	—
SK	TC4A	Change of owner's name	√
SK	TE4A	Change of owner's address	—
SK	PC4A	Assignment and transfer of rights	√
US	AS	Assignment	√
US	XAS	Not any more in us assignment database	—

注：表格中的“√”代表其对应的法律状态代码与专利申请人 / 专利权人转移相关；“*”代表其对应的法律状态代码包含但不限于专利申请人 / 专利权人转移；“—”代表其对应的法律状态代码与专利申请人 / 专利权人转移无关，是其他的专利申请权、专利权变更信息。

基于表 6-24 中的国家 / 地区 / 组织代码和法律状态代码，从全球专利法律状态基本信息表、全球专利法律状态前行详细信息表和全球专利法律状态事件详细信息表中可以提取出对应的专利申请权、专利权变更的所有信息。

（6）全球专利许可备案信息代码表

专利实施许可合同备案包括生效、变更、注销等内容。在不同国家 / 地区 / 组织所申请的专利，专利许可备案信息的法律状态代码也各不相同。经过整理，与专利许可备案相关的法律状态代码及其含义如表 6–25 所示。

表 6–25　全球专利许可备案信息代码表

国家 / 地区 / 组织	法律状态代码	描述
CH	PLI	License
CH	PLIA	Cancellation of license
CN	LIC	Patent license contract for exploitation submitted for record
CN	LICC	Enforcement, change and cancellation of record of contracts on the license for exploitation of a patent
DE	8120	Willingness to grant licenses paragraph 23
DE	8121	Willingness to grant licenses paragraph 23 withdrawn
DE	8122	Nonbinding interest in granting licenses declared
DE	8123	Nonbinding interest in granting licenses withdrawn
DE	8220	Willingness to grant licenses（paragraph 23）
DE	8221	Willingness to grant licenses paragraph 23 withdrawn
DE	8222	Nonbinding interest in granting licenses declared
DE	8223	Nonbinding interest in granting licenses withdrawn
DE	8320	Willingness to grant licenses declared（paragraph 23）
DE	8321	Willingness to grant licenses paragraph 23 withdrawn
DE	8322	Nonbinding interest in granting licenses declared
DE	8323	Nonbinding interest in granting licenses withdrawn
DE	BF	Willingness to grant licenses
DE	E77	Valid patent as to the heymanns-index 1977
DE	E771	Valid patent as to the heymanns-index 1977，willingness to grant licenses
DE	EF	Willingness to grant licenses
DE	OF	Willingness to grant licenses before publication of examined application
DE	R084	Declaration of willingness to license

续表

国家 / 地区 / 组织	法律状态代码	描述
DE	R085	Willingness to license withdrawn
DE	R086	Non-binding declaration of licensing interest
DE	R087	Non-binding licensing interest withdrawn
DE	R088	Exclusive licence registered
EP	111L	Licenses
EP	111Z	Registering of licences or other rights
EP	34G	Grant of licenses
EP	34TL	Transfer of licenses
EP	NLR5	NL:patents in respect of which a request to provide a certificate of prior use has been filed
EP	NLR6	NL:patents in respect of which a decision has been taken on a request concerning prior use
EP	NLUE	NL:licence registered with regard to european patents
EP	R11L	Granting of a license（correction）
FR	CL	Concession to grant licenses
FR	D6	Patent endorsed licences of rights
FR	D9	Licence
FR	DL	Decision of the director general to leave to make available licences of right
FR	LD	Licences of right
FR	LR	Cancellation of leave to make available licences of right
FR	LT	Cancellation of entry of licences of right
FR	RB	Decision of the director general to revoke the decision to leave to make available licences of right
FR	RL	Notice of termination of a license
JP	S201	Request for registration of exclusive licence
JP	S202	Request for registration of non-exclusive licence
JP	S211	Written request for registration of transfer of exclusive license
JP	S212	Written request for registration of transfer of non-exclusive license
JP	S221	Written request for registration of change of exclusive license
JP	S222	Written request for registration of change of non-exclusive license
JP	S804	Written request for registration of cancellation of exclusive license

续表

国家 / 地区 / 组织	法律状态代码	描述
JP	S805	Written request for registration of cancellation of non-exclusive license
RU	QA1K	Utility model open for licensing
RU	QA4A	Patent open for licensing
RU	QB1K	Licence on use of utility model
RU	QB4A	License on use of patent
RU	QC11	Official registration of the termination of the licence agreement or other agreements on the disposal of an exclusive right
RU	QC41	Official registration of the termination of the licence agreement or other agreements on the disposal of an exclusive right
RU	QZ11	Official registration of changes to a registered agreement（utility model）
RU	QZ1K	Changes in the licence of utility model
RU	QZ41	Official registration of changes to a registered agreement（patent）
RU	QZ42	Withdrawal of an open user permit licence
RU	QZ4A	Changes of the licence on patent
US	AS04	License
US	AS31	Confirmatory license
US	AS33	Exclusive license
US	PA	Patent available for license or sale
RU	QZ42	Withdrawal of an open user permit licence
RU	QZ4A	Changes of the licence on patent
US	AS04	License
US	AS31	Confirmatory license
US	AS33	Exclusive license
US	PA	Patent available for license or sale

基于表 6-25 中的国家 / 地区 / 组织代码和法律状态代码，从全球专利法律状态基本信息表、全球专利法律状态前行详细信息表和全球专利法律状态事件详细信息表中可以提取出对应的专利许可备案的所有信息。

6.2.3.2 字段规范

（1）法律状态文档序号（FileID）

名称：法律状态文档序号

描述：对每一篇法律状态文档赋予的虚拟标识，自动增加。

取值范围：从 1 开始自动增加。

默认值：无

数据来源：每一篇法律状态文档入库时自动添加。

备注：无

（2）法律状态文档名称（File）

名称：法律状态文档名称

描述：通过 API 下载的每一篇法律状态文档的名称。

取值范围：文档名称，是下载文档时默认的名称，一般与专利公开公告号相同，位数不固定，总体上是由字母和数字的字符串组成，如图 6–18 所示。

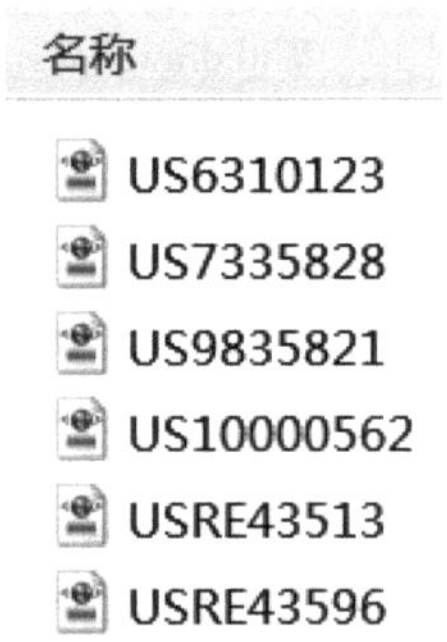

名称

US6310123
US7335828
US9835821
US10000562
USRE43513
USRE43596

图 6–18　文档名称

默认值：无

数据来源：

每一篇法律状态文档下载时的默认名称。

备注：无

（3）专利公开公告号（PubNo）

名称：专利公开公告号

描述：对于全球专利公开公告号码的描述。

取值范围：不同国家 / 地区 / 组织的专利公开公告号的格式有所不同，位数也不同，总体上是由数字或字母的字符串组成。

默认值：无

数据来源：来源于欧洲专利局全球专利交换数据 XML 文档中有关专利公开公告号的描述如下。

<ops:publication-reference>
<document-id document-id-type="docdb">
<country>US</country>
<doc-number>10000562</doc-number>
<kind>%%</kind>
</document-id>
</ops:publication-reference>

该示例中的专利公开公告号为 US10000562。

备注：无

（4）专利申请号码（AppNo）

名称：专利申请号码

描述：对于全球专利申请号码的描述。

取值范围：不同国家 / 地区 / 组织的专利申请号码的格式有所不同，位数也不同，总体上是由数字或字母的字符串组成。

默认值：无

数据来源：来自欧洲专利局全球专利交换数据 XML 文档中有关专利申请号的描述如下。

<application-reference doc-id="424027230">
<document-id document-id-type="docdb">
<country>US</country>
<doc-number>201414259882</doc-number>
<kind>A</kind>
<date>20140423</date>
</document-id>
</application-reference>

该示例中的专利申请号为 US201414259882。

备注：无

（5）DOCDB 专利唯一标识（Doc_ID）

名称：DOCDB 专利唯一标识

别名：无

描述：在专利整合过程中，针对不同来源的相同专利，或者同一件专利的多次公开 / 公布记录，赋予的虚拟标识，一般为不超过 10 位的数字。

取值范围： 1 ～ 900 000 000。

默认值： 无

数据来源： 来源于 DOCDB 数据的 XML 格式。

```
<application-reference doc-id="424027230">
    <document-id document-id-type="docdb">
        <country>US</country>
        <doc-number>201414259882</doc-number>
        <kind>A</kind>
        <date>20140423</date>
    </document-id>
</application-reference>
```

该示例中的专利唯一标识为 424027230。

备注： 为保证数据更新的稳定性，沿用了 DOCDB 提供的专利标识，但是在数据整合过程中，由于不同来源数据的数据范围差异等原因，少量专利无此标识，因此为该部分专利赋予临时标识。

（6）下载日期（DownLoadDate）

名称： 下载日期

描述： 每一篇法律状态文档的下载日期。

取值范围： 格式如 YYYYMMDD。

默认值： 无

数据来源： 执行下载操作时的日期。

备注： 无

（7）文档状态（FileStatus）

名称： 文档状态

描述： 存储每一篇法律状态文档时的状态位。

取值范围： true、false。

默认值： 无

数据来源： 来源于 DOCDB 全球专利法律状态交换数据的 XML 格式，如下。

```
<ops:patent-family legal="true" total-result-count="9">
```

该示例中的文档状态为 true。

备注： 无

（8）结果数量（Total-Result-Count）

名称： 结果数量

描述： 存储每一篇法律状态文档开头时所提到的数量。

取值范围：整数。

默认值：无

数据来源：来源于 DOCDB 全球专利法律状态交换数据的 XML 格式，如下。

<ops:patent-family legal="true" total-result-count="37">

该示例中的结果数量为 37。

备注：无

（9）入库日期（EnterDate）

名称：入库日期

描述：将数据（如法律状态文档基本信息、法律状态事件详细信息等）提取入库的日期。

取值范围：格式如 YYYYMMDD。

默认值：无

数据来源：执行入库操作时的系统日期。

备注：无

（10）法律状态事件编号（Affair_ID）

名称：法律状态事件编号

描述：在专利法律状态事件提取入库过程中，针对专利的每一项法律状态事件，赋予的唯一号码。Affair_ID 号码格式为：专利 Doc_ID + 顺序码（4 位数），如 4240272300001 代表 Doc_ID 为 424027230 的专利的第 1 项法律状态事件。

取值范围：N 位数字。

默认值：无

数据来源：来源于欧洲专利局专利法律状态交换数据 XML 文档中的专利 Doc_ID 及法律状态事件的排序。

备注：无

（11）法律状态事件类别代码（AffairCode）

名称：法律状态事件类别代码

描述：存储专利法律状态事件类别代码。

取值范围：字符串格式。

默认值：无

数据来源：来源于欧洲专利局专利法律状态交换数据 XML 文档中的 legal code。例如：

<ops:legal code= "STCF" desc= "INFORMATION ON STATUS:PATENT GRANT" infl=" " dateMigr= "00010101">

<ops:pre line= "00001" >US 25196699A 2001-10-11STCF INFORMATION ON

STATUS:PATENT GRANT Free Format Text PATENTED CASE</ops:pre>
<ops:L001EP desc= "Country Code" >US</ops:L00lEP>
<ops:L002EP desc= "Filing / Published Document" >F</ops:L002EP>
<ops:L003EP desc= "Document Number" >   25196699</ops:L003EP>
<ops:L004EP desc= "Kind Code" >A</ops:L004EP>
<ops:L005EP desc= "IPR Type" >PI</ops:L005EP>
<ops:L007EP desc= "Gazette DATE" >2001-10-11</ops:L007EP>
<ops:L008EP desc= "Legal Event Code 1" >STCF</ops:L008EP>
<ops:L018EP desc= "DATE last exchanged" >2019-05-11</ops:L018EP>
<ops:L019EP desc= "DATE first created" >2019-05-10</ops:L019EP>
<ops:L500EP>
<ops:L510EP desc= "Free Format Text" >PATENTED CASE</ops:L510EP>
</ops:L500EP>
</ops:legal>

该示例中的法律状态事件代码为 STCF。

备注：无

(12) 法律状态事件含义 (AffairDesc)

名称：法律状态事件含义

描述：存储专利法律状态事件代码所对应的含义。

取值范围：字符串格式。

默认值：无

数据来源：来源于欧洲专利局专利法律状态交换数据 XML 文档中的 legal code 所对应的 Desc。例如：

<ops:legal code= "STCF" desc= "INFORMATION ON STATUS:PATENT GRANT" infl= " " dateMigr= "00010101" >
<ops:pre line= "00001" >US   25196699A 2001-10-11STCF INFORMATION ON STATUS:PATENT GRANT Free Format Text PATENTED CASE</ops:pre>
<ops:L001EP desc= "Country Code" >US</ops:L00lEP>
<ops:L002EP desc= "Filing / Published Document" >F</ops:L002EP>
<ops:L003EP desc= "Document Number" >   25196699</ops:L003EP>
<ops:L004EP desc= "Kind Code" >A</ops:L004EP>
<ops:L005EP desc= "IPR Type" >PI</ops:L005EP>
<ops:L007EP desc= "Gazette DATE" >2001-10-11</ops:L007EP>
<ops:L008EP desc= "Legal Event Code 1" >STCF</ops:L008EP>
<ops:L018EP desc= "DATE last exchanged" >2019-05-11</ops:L018EP>

<ops:L019EP desc= "DATE first created" >2019-05-10</ops:L019EP>
<ops:L500EP>
<ops:L510EP desc= "Free Format Text" >PATENTED CASE</ops:L510EP>
</ops:L500EP>
</ops:legal>

该示例中的法律状态事件代码含义为：INFORMATION ON STATUS:PATENT GRANT。

备注： 无

（13）法律状态事件前行序号（PrelineSeq）

名称： 法律状态事件前行序号

描述： 存储专利法律状态事件中前行信息的序号。

取值范围： 字符串格式。

默认值： 无

数据来源：

来源于欧洲专利局专利法律状态交换数据 XML 文档中的法律状态事件中的前行信息。例如：

<ops:legal code= "AS " desc= "ASSIGNMENT" infl= " " dateMigr= "00010101" >
<ops:pre line= "0000l" >US 25196699A 2005-03-31AS ASSIGNMENT OWNER GOLDSCHMIDT GMBH,GERMANY</ops:pre>
<ops:pre line= "00002" >US 25196699A 2005-03-31AS ASSIGNMENT Free Format Text CHANGE OF NAME;ASSIGNOR:GOLDSCHMIDT AG;REEL/FRAME：016397/0947</ops:pre>
<ops:pre line= "00003" >US 25196699A 2005-03-31AS ASSIGNMENT Effective DATE 20050110</ops:pre>
<ops:L001EP desc= "Country Code" >US</ops:L00lEP>
<ops:L002EP desc= "Filing / Published Document" >F</ops:L002EP>
<ops:L003EP desc= "Document Number" > 25196699</ops:L003EP>
<ops:L004EP desc= "Kind Code" >A<lops:L004EP>
<ops:L005EP desc= "IPR Type" >PI</ops:L005EP>
<ops:L006EP desc= "PRS DOCUMENT TYPE" >P</ops:L006EP>
<ops:L007EP desc= "Gazette DATE" >2005-03-31</ops:L007EP>
<ops:L008EP desc= "Legal Event Code 1" >AS</ops:L008EP>
<ops:L018EP desc= "DATE last exchanged" >2009-03-08</ops:L018EP>
<ops:L019EP desc= "DATE first created" >2009-03-03</ops:L019EP>
<ops:L500EP>
<ops:L509EP desc= "OWNER" >GOLDSCHMIDT GMBH,GERMANY</

ops:L509EP>

<ops:L510EP desc= "Free Format Text" >CHANGE OF NAME;ASSIGNOR: GOLDSCHMID AG;REEL/FRAME：016397/0947</ops:L510EP>

<ops:L525EP desc= "Effective DATE" >20050110</ops:L525EP>

</ops:L500EP>

</ops:legal>

该法律状态事件中的前行信息为：

<ops:pre line= "00001" >US 25196699A 2005-03-31AS ASSIGNMENT OWNER GOLDSCHMIDT GMBH,GERMANY</ops:pre>

<ops:pre line= "00002" >US 25196699A 2005-03-31AS ASSIGNMENT Free Format Text CHANGE OF NAME;ASSIGNOR:GOLDSCHMIDT AG;REEL/FRAME：016397/0947</ops:pre>

<ops:pre line= "00003" >US 25196699A 2005-03-31AS ASSIGNMENT Effective DATE 20050110</ops:pre>

其中，前行序号为 pre line 对应的序号部分，从示例中可以看到有 3 条前行信息，分别对应 3 个前行序号（0001、0002、0003）。

备注：无

（14）法律状态事件前行内容（PrelineSeqValue）

名称：法律状态事件前行内容

描述：存储专利法律状态事件中前行信息的内容。

取值范围：字符串。

默认值：无

数据来源：来源于欧洲专利局专利法律状态交换数据 XML 文档中的法律状态事件中的前行信息。例如：

<ops:legal code= "STCF" desc= "INFORMATION ON STATUS:PATENT GRANT" infl= " " dateMigr= "00010101" >

<ops:pre line= "00001" >US 25196699A 2001-10-11STCF INFORMATION ON STATUS:PATENT GRANT Free Format Text PATENTED CASE</ops:pre>

<ops:L001EP desc= "Country Code" >US</ops:L001EP>

<ops:L002EP desc= "Filing / Published Document" >F</ops:L002EP>

<ops:L003EP desc= "Document Number" > 25196699</ops:L003EP>

<ops:L004EP desc= "Kind Code" >A</ops:L004EP>

<ops:L005EP desc= "IPR Type" >PI</ops:L005EP>

<ops:L007EP desc= "Gazette DATE" >2001-10-11</ops:L007EP>

<ops:L008EP desc= "Legal Event Code 1" >STCF</ops:L008EP>

<ops:L018EP desc= "DATE last exchanged" >2019-05-11</ops:L018EP>

<ops:L019EP desc= "DATE first created" >2019-05-10</ops:L019EP>

<ops:L500EP>

<ops:L510EP desc= "Free Format Text" >PATENTED CASE</ops:L510EP>

</ops:L500EP>

</ops:legal>

该法律状态事件中的前行信息为：

<ops:pre line= "00001" >US 25196699A 2001-10-11STCF INFORMATION ON STATUS:PATENT GRANT Free Format Text PATENTED CASE</ops:pre>

其前行信息内容为前行序号后面的内容部分，该示例中为：US 25196699A 2001-10-11STCF INFORMATION ON STATUS:PATENT GRANT Free Format Text PATENTED CASE。

备注：无

（15）法律状态事件数据项编号（ItemSeq）

名称：法律状态事件数据项编号

描述：该数据项在法律状态事件详细信息中的顺序号。

取值范围：整数。

默认值：无

数据来源：来源于欧洲专利局专利法律状态交换数据 XML 文档中的法律状态事件中的详细信息。例如：

<ops:legal code="FPAY" desc="FEE PAYMENT" infl="+" dateMigr="00010101">

<ops:pre line="00001">US 25196699A 2005-04-25FPAY+FEE PAYMENT Year of Fee Payment 4</ops:pre>

<ops:L001EP desc="Country Code">US</ops:L001EP>

<ops：1002EP desc="Filing / Published Docunent">F</ops:L002EP>

<ops：1003EP desc="Document Number"> 25196699</ops:L003EP>

<ops:L004EP desc="Kind Code">A</ops:L004EP>

<Gps:L005EP desc="IPR Type">PI</ops:L005EP>

<ops:L006EP desc="PRS DOCUMENT TYPE">P</ops:L006EP>

<ops:L007EP desc="Gazette DATE">2005-04-25</ops:L007EP>

<ops:L008EP desc="Legal Event Code 1">FPAY</ops:L008FP>

<ops:L018EP desc="DATE last exchanged">2011-04-14</ops:L018EP>

<ops:L019EP desc="DATE first created">2011-04-14</ops:L019EP>

<ops:L500EP>

<ops:L520EP desc="Year of Fee Paynent">4</ops:L520EP>

</ops:L500EP>
</ops:legal>

该法律状态事件中的详细信息为：

<ops:L001EP desc="Country Code">US</ops:L001EP>
<ops：1002EP desc="Filing / Published Docunent">F</ops:L002EP>
<ops：1003EP desc="Document Number"> 25196699</ops:L003EP>
<ops:L004EP desc="Kind Code">A</ops:L004EP>
<Gps:L005EP desc="IPR Type">PI</ops:L005EP>
<ops:L006EP desc="PRS DOCUMENT TYPE">P</ops:L006EP>
<ops:L007EP desc="Gazette DATE">2005-04-25</ops:L007EP>
<ops:L008EP desc="Legal Event Code 1">FPAY</ops:L008FP>
<ops:L018EP desc="DATE last exchanged">2011-04-14</ops:L018EP>
<ops:L019EP desc="DATE first created">2011-04-14</ops:L019EP>
<ops:L500EP>
<ops:L520EP desc="Year of Fee Paynent">4</ops:L520EP>
</ops:L500EP>

在该示例中，法律状态事件数据项编号为按照详细信息数据项从 1 开始进行自动递增编号。该示例中有 11 个数据项，则编号从 1 递增到 11。

备注：当ItemSeq的标签是L500EP时，如果该层内容为空，在下层出现相关数据内容，则直接存储下层数据。

（16）法律状态事件数据项标签（ItemLabel）

名称：法律状态事件数据项标签

描述：法律状态事件详细信息中的数据项标签。

取值范围：字符串格式。

默认值：无

数据来源：来源于欧洲专利局专利法律状态交换数据 XML 文档中的法律状态事件中的详细信息。例如：

<ops:L001EP desc="Country Code">US</ops:L001EP>
<ops：1002EP desc="Filing / Published Docunent">F</ops:L002EP>
<ops：1003EP desc="Document Number"> 25196699</ops:L003EP>
<ops:L004EP desc="Kind Code">A</ops:L004EP>
<Gps:L005EP desc="IPR Type">PI</ops:L005EP>
<ops:L006EP desc="PRS DOCUMENT TYPE">P</ops:L006EP>
<ops:L007EP desc="Gazette DATE">2005-04-25</ops:L007EP>
<ops:L008EP desc="Legal Event Code 1">FPAY</ops:L008FP>

<ops:L018EP desc="DATE last exchanged">2011-04-14</ops:L018EP>

<ops:L019EP desc="DATE first created">2011-04-14</ops:L019EP>

<ops:L500EP>

<ops:L520EP desc="Year of Fee Paynent">4</ops:L520EP>

</ops:L500EP>

该详细信息中，法律状态事件数据项有 11 个，其标签分别为：L001EP、L002EP、…、L019EP、L520EP。

备注：当 ItemSeq 的标签是 L500EP 时，如果该层内容为空，在下层出现相关数据内容，则直接存储下层数据。

（17）法律状态事件数据项含义（ItemDesc）

名称：法律状态事件数据项含义

描述：法律状态事件详细信息中的数据项标签所对应的含义。

取值范围：字符串格式。

默认值：无

数据来源：来源于欧洲专利局专利法律状态交换数据 XML 文档中的法律状态事件中的详细信息。例如：

<ops:L001EP desc="Country Code">US</ops:L001EP>

<ops：1002EP desc="Filing / Published Docunent">F</ops:L002EP>

<ops：1003EP desc="Document Number">25196699</ops:L003EP>

<ops:L004EP desc="Kind Code">A</ops:L004EP>

<Gps:L005EP desc="IPR Type">PI</ops:L005EP>

<ops:L006EP desc="PRS DOCUMENT TYPE">P</ops:L006EP>

<ops:L007EP desc="Gazette DATE">2005-04-25</ops:L007EP>

<ops:L008EP desc="Legal Event Code 1">FPAY</ops:L008FP>

<ops:L018EP desc="DATE last exchanged">2011-04-14</ops:L018EP>

<ops:L019EP desc="DATE first created">2011-04-14</ops:L019EP>

<ops:L500EP>

<ops:L520EP desc="Year of Fee Paynent">4</ops:L520EP>

</ops:L500EP>

该详细信息中，法律状态事件数据项有 11 个，其标签分别为：L001EP、L002EP、…、L019EP、L520EP，所对应的含义为 desc 中的描述“Country Code”“Filing / Published Document”等。

备注：当 ItemSeq 的标签是 L500EP 时，如果该层内容为空，在下层出现相关数据内容，则直接存储下层数据。

（18）法律状态事件数据项值（ItemValue）

名称：法律状态事件数据项值

描述：该数据项在法律状态事件信息中的值。

取值范围：字符串。

默认值：无

数据来源：来源于欧洲专利局专利法律状态交换数据 XML 文档中的法律状态事件中的详细信息。例如：

<ops:L001EP desc="Country Code">US</ops:L001EP>

<ops:1002EP desc="Filing / Published Docunent">F</ops:L002EP>

<ops:1003EP desc="Document Number">25196699</ops:L003EP>

<ops:L004EP desc="Kind Code">A</ops:L004EP>

<Gps:L005EP desc="IPR Type">PI</ops:L005EP>

<ops:L006EP desc="PRS DOCUMENT TYPE">P</ops:L006EP>

<ops:L007EP desc="Gazette DATE">2005-04-25</ops:L007EP>

<ops:L008EP desc="Legal Event Code 1">FPAY</ops:L008FP>

<ops:L018EP desc="DATE last exchanged">2011-04-14</ops:L018EP>

<ops:L019EP desc="DATE first created">2011-04-14</ops:L019EP>

<ops:L500EP>

<ops:L520EP desc="Year of Fee Paynent">4</ops:L520EP>

</ops:L500EP>

该详细信息中，法律状态事件数据项有 11 个，其数值分别为“US”“F”“25196699”等。

备注：当 ItemSeq 的标签是 L500EP 时，如果该层内容为空，在下层出现相关数据内容，则直接存储下层数据。

6.3 案例：我国生物医药专利许可分析

生物医药技术是生物技术的前沿、研究开发的热点，也是整个医药产业发展最重要的技术推动力。2016 年国家颁布的《国家创新驱动发展战略纲要》和《“十三五”国家科技创新规划》都强调，要发展先进有效、安全便捷的健康技术，以应对重大疾病和人口老龄化挑战；要发展先进高效生物技术，以生物技术创新带动生命健康、生物制造等创新发展[①]。对于生物医药领域而言，拥有一种新药专利往往就垄断一个市场，专利的开发和有效利用成为产业良性发展的重要内容[②]。专利是技术创新产出的重要内容，

① 科学技术部 . 2017 中国生命科学与生物技术发展报告 [M]. 北京：科学出版社，2017.

② 朱修篁，易香华，薛芳芳，等 . 生物医药专利分布及趋势研究 [J]. 中国新药杂志，2015，24（15）：1686-1693.

凝聚了大量的知识和技术，已成为世界各国和各地区应对激烈竞争的重要资源。目前，我国专利申请数量增长迅速，但是专利技术转化率却很低。截至 2013 年，我国的专利技术转化率仅为 10%甚至更低[①]。造成这种状况的原因有很多方面，其中一个重要原因是产学研结合不够紧密，企业及科研院所对相关技术领域的专利技术转移状况不了解，供需双方无法有效对接。

查看生物医药领域相关专利计量分析方面的文献表明，有学者对生物医药领域的专利状况进行了分析，并得到了一些有意义的研究结论。学者们的研究指出，美国等发达国家在我国申请了大量生物医药技术的专利，占领中国生物医药市场的意图很明显[②]；全国大学和科研院所的生物医药技术研发能力较好，然而除了个别龙头企业外，大多数企业的研发能力不足，申请专利较少，产学研之间的合作也很少，尚未形成稳定的专利技术合作和共享网络[③]。

专利许可是技术转移的重要形式之一。专利许可是以订立专利实施许可合同的方式许可被许可方在一定范围内使用其专利，并支付使用费的一种许可贸易。当前，学者们在生物医药领域的专利分析大多是基于专利文献本身所包含的内容进行的分析，没有考虑专利申请后所发生的状态变化，从而忽视了技术发明的产业化实施状况。本研究则拟从专利许可数据对我国生物医药领域的技术转移状况进行分析。

6.3.1 数据来源

我国《专利实施许可合同备案办法》规定，专利权人与他人签订实施许可合同，应当自专利实施许可合同生效之日起 3 个月内办理备案手续。许可合同相关题录信息体现在专利数据的法律状态中，但是目前国家知识产权局的网站只能查询单个专利的许可信息，并没有提供对专利许可数据进行批量查询和下载的接口。本书所采用的专利许可数据来自中国科学技术信息研究所自建的《中国专利许可数据库》，该数据库包含了专利许可的相关信息，可以进行检索和导出。

为了获取生物医药专利许可数据，首先需要构建生物医药领域的专利检索规则。生物医药技术属于跨学科、跨领域的技术，目前对于生物医药技术所涉及的专利范围及检索规则尚没有完全达成共识。“经济合作与发展组织（OECD）”于 2008 年发布了生物技术的 IPC 分类对照表，可以在其中挑选涉及生物医药的 IPC 分类号码。另外，发展改革委和中国生物工程学会联合编写的《中国生物产业发展报告》中也提及了生物医药相

① 发改委：中国科技成果转化率 10% 远低于发达国家 [EB/OL].（2013-12-23）[2018-03-13]. http://money.163.com/13/1223/10/9GPA4MTM00253B0H.html.

② 傅俊英，赵蕴华 . 中国生物医药专利的分布及趋势分析 [J]. 现代生物医学进展，2012，12（1）：142-150.

③ 高子涵，乔婧，黄裕荣，等 . 北京市生物医药技术专利分析 [J]. 天津科技，2016，43（2）：1-3，6.

关 IPC 分类号[①]。湖南省知识产权局于 2012 年出版的《战略性新兴产业专利检索手册》中给出了生物产业对应的 IPC 分类号及相关关键词，其中包含生物产业多个子类别[②]。从上述资料的整理归纳得到生物医药技术对应的专利 IPC 分类号，如表 6–26 所示。

表 6–26　生物医药专利 IPC 分类号

技术领域	国际专利分类号（IPC）
生物医药	A01H1/ 00，A01H4/ 00，A61K38/ 00，A61K39/ 00，A61K48/ 00，C07G11/ 00，C07G13/ 00，C07G15/ 00，C07K4/ 00，C07K14/ 00，C07K16/ 00，C07K17/ 00，C07K19/ 00，C12M, C12N, C12P, C12Q, C12R1/ 00，G01N27/ 327，G01N33/ 00，（（C12N OR C07K）AND A61P），G01N 33/15 or G01N 33/48 or G01N 33/49 or G01N 33/5 or G01N 33/6 or G01N 33/7 or G01N 33/8 or G01N 33/9

基于生物医药技术的 IPC 分类号，得到 2008 年之前的我国生物医药专利许可数据非常少，因此可以忽略不计，将检索的时间范围限定为 2008—2017 年，以专利许可登记日期作为时间范围的依据。同时，也发现里面包含少量不属于生物医药技术的专利，将这些噪声数据进行人工排除。排除后得到 2008—2017 年我国生物医药技术专利许可数据 1788 条。其中，专利实施许可合同备案类型分为“生效”“变更”“注销”3 种，本研究对“生效”的专利实施许可合同备案进行分析，共得到 1608 条分析数据，从如下 3 个方面进行分析。

6.3.2　研究方法

6.3.2.1　技术产业化速度

专利申请和授权不一定直接进入实施阶段，技术创新与实际应用之间存在着一定的时间间隔，这种时间间隔代表了技术产业化的速度。专利技术的实施需要相关技术、设备、资金、人员等各方面的条件配合，因此专利技术的创造者和拥有者未必是技术的产业化实施者。专利自申请后便可以被许可，只有专利技术的预期收益大于专利许可费用时，专利许可才可能发生[③]。因此，专利从申请到许可之间的时间间隔，是专利技术所包含的价值被识别和挖掘的过程。相应的，技术产业化速度既反映了产业界对新技术的反应速度，也反映了专利技术的潜在市场价值的高低。

① 国家发展和改革委员会高技术产业司，中国生物工程学会 . 中国生物产业发展报告 2008[M]. 北京：化学工业出版社生物医药出版分社，2009：207.

② 湖南省知识产权局 . 战略性新兴产业专利检索手册 [M]. 北京：知识产权出版社，2012：246–291.

③ 温芳芳 . 我国专利技术转移的时间与空间分布规律研究：基于 SIPO 专利许可信息的计量分析 [J]. 情报理论与实践，2014，37（4）：32–36.

需要注意的是，同一件专利可以被许可多次，技术产业化速度应该是该专利从申请到第一次被许可之间的时间间隔。因此在进行计算时，应该以专利首次许可登记的时间为准，而不能将同一专利的多次许可重复统计计算。在本研究中，技术产业化速度以年为单位，用公式表示为：

技术产业化速度 =（专利首次许可登记时间—专利申请时间）/ 365。（6-1）

对技术产业化速度可以进行数据分组。数据分组是根据分析目的将数值型数据进行等距或非等距分组，这个过程也称为数据离散化，其可以反映数据的分布状况。如果把自变量和目标变量联系起来考察，切分点若是导致目标变量出现明显变化的折点，则是最优离散化。

6.3.2.2 专利许可类型

我国《专利法》及《专利法实施细则》中并没有规定专利许可实施的具体类型，但是在《专利审查指南》中提到专利实施许可合同备案生效公布的项目包许可种类（独占实施许可、排他实施许可、普通实施许可），并且最高人民法院在技术合同司法解释中也列举了这 3 种许可类型。因此，虽然从学术理论上来说专利许可除了这 3 种类型之外，还有交叉实施许可、分许可等其他许可类型，但是目前检索得到的专利许可数据中仅包含这 3 种类型。本部分对这 3 种专利许可实施类型进行分析。

（1）独占实施许可

独占实施许可指在许可规定的范围内，只有被许可人有权实施专利，专利权人和其他人均不能实施该专利。

（2）排他实施许可

排他实施许可指在许可规定的范围内，只有被许可人和专利权人有权实施专利，其他人均不能实施该专利，专利权人也不得再许可其他人在该范围内实施该专利。

（3）普通实施许可

普通实施许可指在许可规定的范围内，只有被许可人和专利权人有权实施专利，其他未经许可的人均不能实施该专利，但专利权人还可以再许可其他人在该范围内实施该专利。

这 3 种专利实施许可类型是法律所认可的类型，并且其各自的权利有很大的区别。因此，在对专利许可状况进行分析时，需要对专利实施许可类型进行分析。

6.3.2.3 专利许可主体的地理位置

专利许可涉及技术许可方和被许可方，二者通过技术交易关系实现技术知识的转移。其中，技术许可方为让与人，被许可方则为受让人。让与人与受让人成为专利许可的主体。技术创新能力不仅包含了技术产出能力，也包含了将科技成果进行转化实施的技术转移能力，而且技术转移往往比技术产出更加令人瞩目，因为专利许可代表了技术创新的商业化实现，也代表了技术真正的产业化应用[①]。因此，研究专利许可受让双方的地理位置的分布规律，有助于更好地认识我国技术创新的现状，把握区域间专利技术实施转化的动向。

专利许可让与人的地理位置一般代表了技术创新的产出位置或者新技术当前所在的位置，而专利许可受让人的地理位置则代表了将该技术进行产业化实施的位置。专利许可让与人是发生技术许可关系时的专利所有者，可能是专利申请人，也可能是当前专利权人，这与专利是否发生过权属转移相关。如果让与人是专利申请人，则在专利申请文献中有申请人地址信息，可以从中进行提取。如果让与人不是专利申请人，说明专利权曾发生过转让，可以在专利法律状态中获取变更后的专利权人地址。专利许可受让人如果是学研机构、企业和医疗机构，可以利用专利搜索引擎、公司主页、工商注册信息等确定其地理位置。专利许可受让人如果是个人，可以根据相关专利中的合作关系、权属转移关系及个人与公司之间的隶属关系等来综合判定其地理位置。本部分从让与人与受让人的地理位置确定其所属国家，中国的则细分到省份。通过研究许可主体的地理位置，可以发现科技成果转化及知识流动的空间转移状况。

6.3.3 分析结果

6.3.3.1 生物医药专利许可发展趋势

按照专利许可备案登记的日期，对生物医药专利每年的许可频次进行统计分析，如图 6-19 所示。从图中可以看到，我国生物医药专利许可年度发展趋势为先升后降，2008—2014 年整体呈现上升趋势，虽然其中偶尔有个别年份专利许可数量有些下降，但总趋势是上升的，在 2014 年达到顶峰，2014 年有 261 件专利许可，但是从 2015 年开始，专利许可数量大幅下降，而且呈逐年下降趋势，2017 年只有 57 件专利许可。从专利许可的类型来看，许可的专利中发明专利最多，实用新型专利其次，PCT 发明专利最少，不同类型的专利许可频次变化与总趋势基本一致。其中，PCT 发明专利是一种国际专利申请，是发明专利中的一种特殊类型，往往代表了更高的专利质量和更强的市场应用能力，因此在研究中将其进行单独统计。需要注意的是，最近几年实用新型专利的数量明显减少，2017 年的许可专利类型只有一般发明专利和 PCT 发明专利，没有实用新型专利。通常认为，发明专利比实用新型专利的质量更高。该现象说明，我国生物医药专利许可的质量在逐步提升。

---

① 波特，坎宁安 . 技术挖掘与专利分析 [M]. 陈燕，译 . 北京：清华大学出版社，2012.

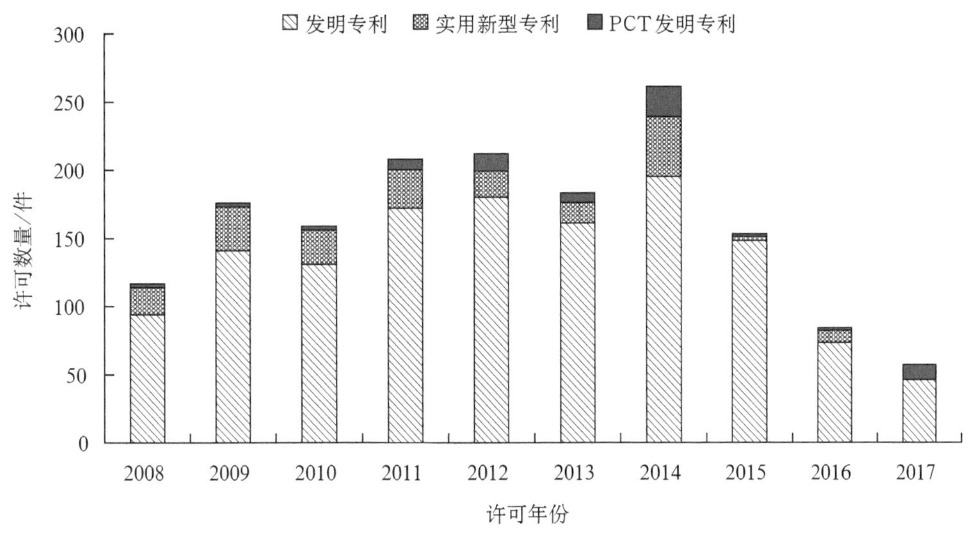

图 6-19　我国生物医药专利许可发展趋势分析

为了了解生物医药专利许可发展趋势是否具有领域本身的不同之处，我们将各年度生物医药专利许可数据与数据库中所有发明专利和实用新型专利总体数据进行了对比分析，如图 6-20 所示。从分析结果可以看到，生物医药的专利许可发展趋势与总体专利许可发展趋势是相同的，都为先升后降。这说明最近几年生物医药专利许可数量的迅速下降与该技术领域无关，与整体环境的影响因素相关。

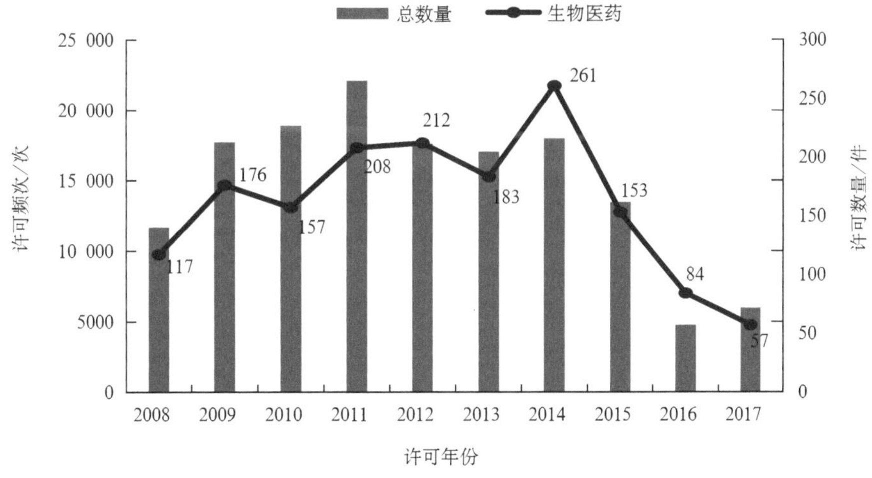

图 6-20　我国生物医药专利许可与总体专利许可对比分析

6.3.3.2　生物医药专利许可的类型

对生物医药的专利许可类型进行分析，结果如图 6-21 所示。从图中可以看到，我国生物医药领域的专利许可以独占实施许可为主，有78%的专利许可都是独占实施许可，然后是普通许可，有16%的专利许可是普通许可，剩下6%的专利许可是排他许可。

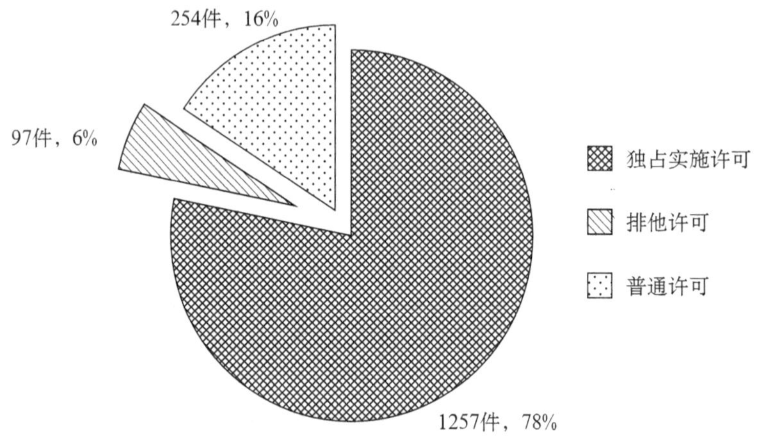

图 6-21 我国生物医药专利许可类型分析（见书末彩图）

为了了解专利许可类型发展变化的趋势，将专利许可类型按照专利许可备案登记的年份进行逐年统计分析，结果如图 6-22 所示。从图中可以看到，2014 年之前均是以独占实施许可为主，远远超过了其他两种类型。但是从 2015 年开始，独占实施许可频次迅速下降。从 2016 年开始，独占实施许可的频次已经低于普通许可。

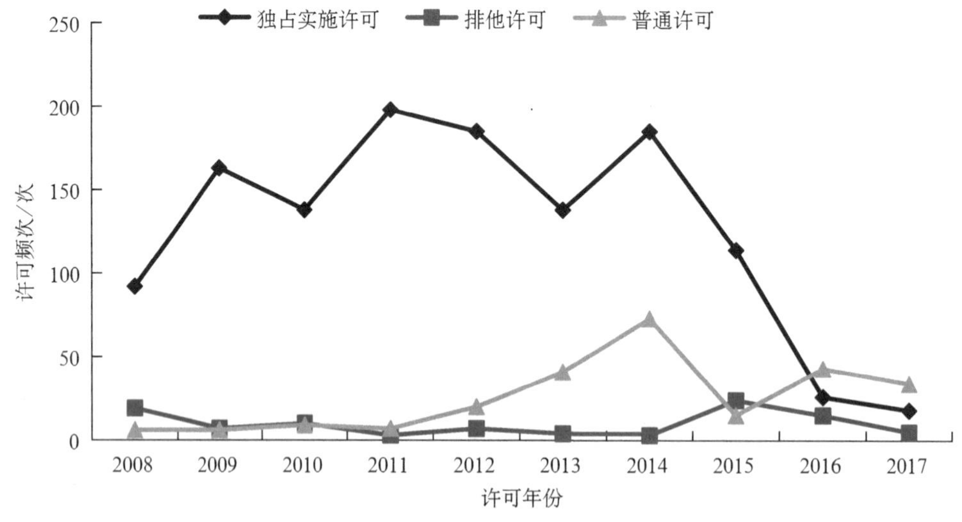

图 6-22 我国生物医药专利许可类型年度变化趋势分析（见书末彩图）

在前面的分析中我们可以看到，最近两年我国专利许可总数及生物医药专利许可数量在迅速下降（图 6-21），那么在整体下降的前提下，为什么 3 种类型不是都下降，而是独占实施许可迅速下跌，另外两种则没有明显变化呢？经过查找相关资料，我们发现这或许与高新技术企业认定的相关政策变化有关。2008 年《高新技术企业认定管理办法》“第十条高新技术企业认定须同时满足以下条件：（一）在中国境内（不含港、澳、台地区）注册的企业，近三年内通过自主研发、受让、受赠、并购等方式，或通过 5 年以上的独占实施许可方式，对其主要产品（服务）的核心技术拥有自主知识产权；......”。该政策解读为“拥有 5 年以上的专利独占实施许可权，视为拥有自主知识产权，当事人可以专利实施许可合同备案证明作为该自主知识产权的凭证，将其作为参评高新技术企业的条件之一”。因此，企业愿意以独占实施许可的方式获得许可专利，并去专利局进行专利实施许可合同备案。2016 年对《高新技术企业认定管理办法》进行了修订。修订后的管理办法中关于认定条件中的知识产权部分进行了修改，第十一条第二款规定“企业通过自主研发、受让、受赠、并购等方式，获得对其主要产品（服务）在技术上发挥核心支持作用的知识产权的所有权”。由此可见，独占实施许可不再作为认为拥有自主知识产权的条件。这或许是导致专利许可数量及独占实施许可数量断崖式下跌的重要原因。

6.3.4 生物医药领域技术产业化速度

在计算技术产业化速度之前，首先对数据进行处理。如果一件专利被许可多次，仅保留其第一次被许可的相关信息，处理后的数据为 1509 条。根据技术产业化速度的计算公式，得到我国生物医药专利的技术产业化速度。其中，技术产业化速度最高为 18 年，最低为 1 个多月，平均值为 4.6 年。对其进行数据分组，结果如表 6-27 所示。从表中可以看到，生物医药领域的专利许可有一半都是在提交申请后 3 ～ 6 年发生的，3 年之内发生许可的频次达到了 27.5%，也就是说我国生物医药专利许可有将近 80% 都是在申请后 6 年内发生的。另外，还有 17.4% 的专利许可是在申请后 6 ～ 10 年发生。10 年后才发生许可的专利数量很少，仅占 4.9%。

表 6-27 我国生物医药技术产业化速度分布状况

技术产业化速度（S）/ 年	专利许可频次 / 次	所占比例
$S \leqslant 3$	415	27.5%
$3 < S \leqslant 6$	758	50.2%
$6 < S \leqslant 10$	262	17.4%
$10 \leqslant S$	74	4.9%

为了了解我国生物医药技术不同类型专利的产业化速度分布的差异，采用最优离散

化算法，将技术产业化速度划分成了 3 个区间，如表 6–28 所示。从表中可以看到，在生物医药领域，发明专利的技术产业化速度通常为专利申请后 6 年之内，以 4 年内最多；实用新型专利的技术产业化速度通常为专利申请后 4 年之内；PCT 发明专利则与前面两种类型不同，其技术产业化速度以 6 年后最多。由此可见，PCT 发明专利的技术产业化速度明显要比一般发明专利的速度更慢一些。

表 6–28　我国生物医药不同类型专利的技术产业化速度分布差异

单位：件

技术产业化速度（S）/ 年	发明专利	实用新型专利	PCT 发明专利	总和
$S \leqslant 3.934$	528	150	10	688
$3.934 < S \leqslant 5.923$	441	22	13	476
$5.923 < S$	290	7	48	345
总和	1259	179	71	1509

6.3.5　生物医药专利许可的主体

专利许可主体包括让与人及受让人，对生物医药领域的专利许可主体进行分析，发现该领域的专利让与人共有 847 个，专利受让人共有 1037 个。将各年度专利让与人及受让人的数量进行统计对比分析，可以了解两者的年度趋势变化情况，如图 6–23 所示。从图中可以看到，各年度让与人数量与受让人数量相差不多，基本处于持平状态，其年度发展趋势也是相同的。这说明我国生物医药领域的技术转移的供需双方一直比较均衡。

一件专利许可可以有多个让与人和多个受让人。对于多个让与人或受让人的专利许可行为，对许可主体进行拆分，按照专利许可频次进行统计，共有 1789 次专利许可。对让与人和受让人按照专利许可频次的大小进行排序，得到我国生物医药领域的主要让与人及受让人，如表 6–29 所示。从表中可以看到，主要的专利让与人为江南大学、南京农业大学及浙江大学等；主要的专利受让人为北京大北农科技集团股份有限公司、北京牛牛基因技术有限公司和上海裕隆生物科技有限公司等。从受让主体的类型来看，排名前十的专利让与人主要是大学及研究所，而排名前十的专利受让人全部都是企业。这说明我国生物医药技术转移的供应方主要是高校及科研院所，而需求方则主要是企业。从专利许可频次来看，排名前十的让与人共许可专利 260 次，排名前十的受让人共接受许可 171 次。由此可见，生物医药领域技术转移的供应方比需求方相对更集中一些。

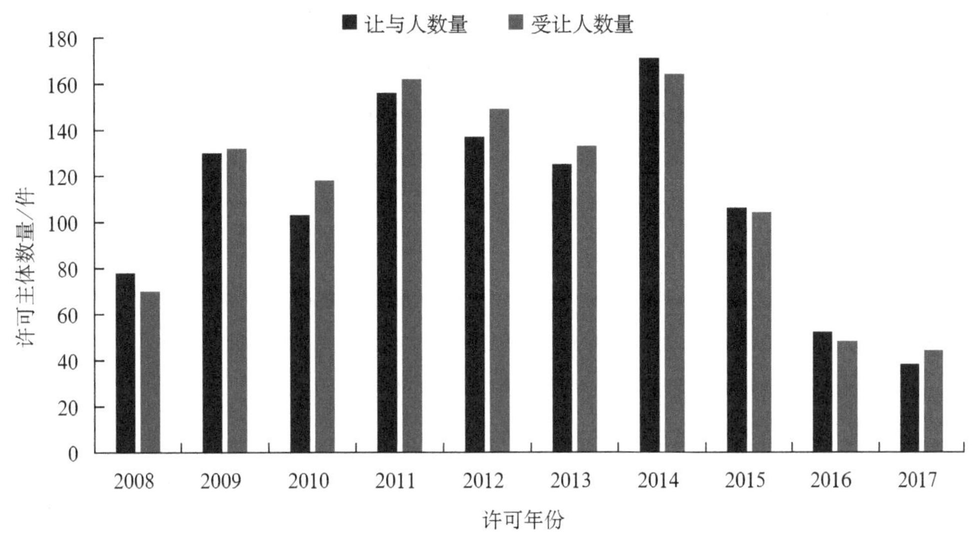

图 6-23 我国生物医药专利许可主体年度变化趋势分析

表 6-29 我国生物医药领域主要专利让与人和受让人

排名	让与人	专利许可频次 / 次	受让人	专利许可频次 / 次
1	江南大学	65	北京大北农科技集团股份有限公司	26
2	南京农业大学	36	北京牛牛基因技术有限公司	19
3	浙江大学	24	上海裕隆生物科技有限公司	18
4	华东理工大学	21	德勒尼克斯治疗股份公司	17
5	穆海东	18	大连汇新钛设备开发有限公司	16
6	艾斯巴技术 – 诺华有限责任公司	17	军事医学科学院华南干细胞与再生医学研究中心	14
7	华南理工大学	17	深圳华因康基因科技有限公司	13
8	河南农业大学禽病研究所	16	兰州民海生物工程有限公司	12
9	天津科技大学	16	深圳博大博聚科技有限公司	12
10	上海裕隆生物科技有限公司	15	四川迈克生物医疗电子有限公司	12
11	中国人民解放军军事医学科学院野战输血研究所	15	盐城拜明生物技术有限公司	12

为了了解专利许可主体的地理分布状况，对让与人和受让人的国家及省份进行分析。让与人分析结果显示，有 1710 次专利许可来自中国让与人，有 79 次专利许可来自国外让与人。国外让与人主要有美国（20 次）、瑞士（19 次）、日本（7 次）等国家。对中国让与人进行深入分析，得到专利让与人在国内的地理分布状况，排名前十的省市如

图 6-24 所示。从图中可以看到，我国生物医药专利许可行为的让与人主要来自东部地区，排名前五的让与人省市为江苏、北京、上海、广东和浙江，共有 1031 次专利许可行为，占国内专利许可让与频次（1710 次）的 60%。其余专利许可频次较高的还有山东、河南、福建、湖北、天津等地区，中西部地区的专利许可频次较少，可见专利许可让与人的分布比较集中。

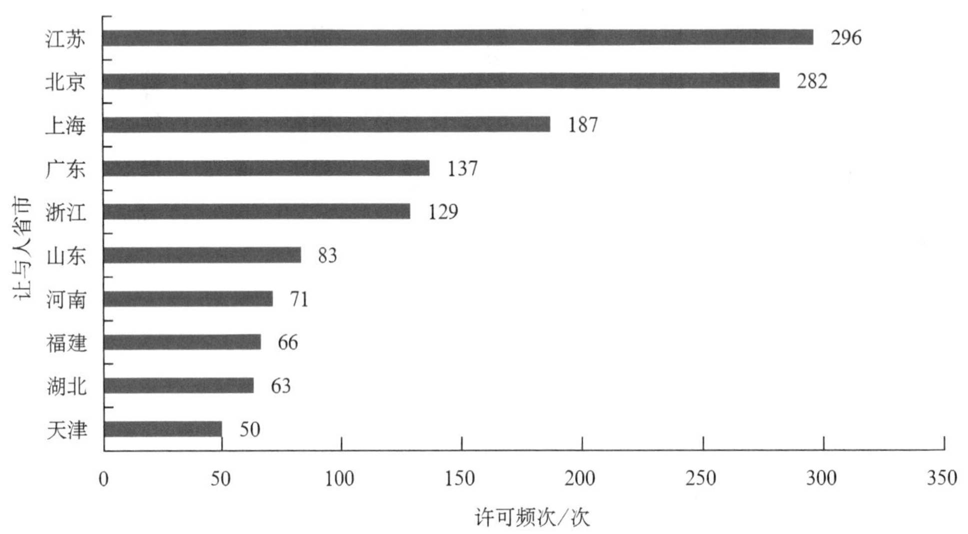

图 6-24　我国生物医药专利许可让与人地理分布

为了了解专利许可受让人的地理分布状况，对受让人的国家及省份进行分析。分析结果显示，有 1749 次专利许可来自中国受让人，有 40 次专利许可来自国外受让人。国外受让人主要有瑞士（26 次）、美国（4 次）、英国（4 次）等。对中国受让人进行深入分析，得到专利受让人在国内的地理分布状况，排名前十的省市如图 6-25 所示。从图中可以看到，我国生物医药专利许可行为的受让人也主要来自东部地区，排名前五的受让人省市为江苏、广东、北京、上海和浙江，共有 994 次专利许可行为，占国内专利许可受让频次（1749 次）的 56.8%。其余专利许可频次较高的还有山东、福建、湖北、河南、安徽等地区，中西部地区的专利许可受让频次较少，可见专利许可受让人分布和让与人分布类似，都是集中在东部地区。

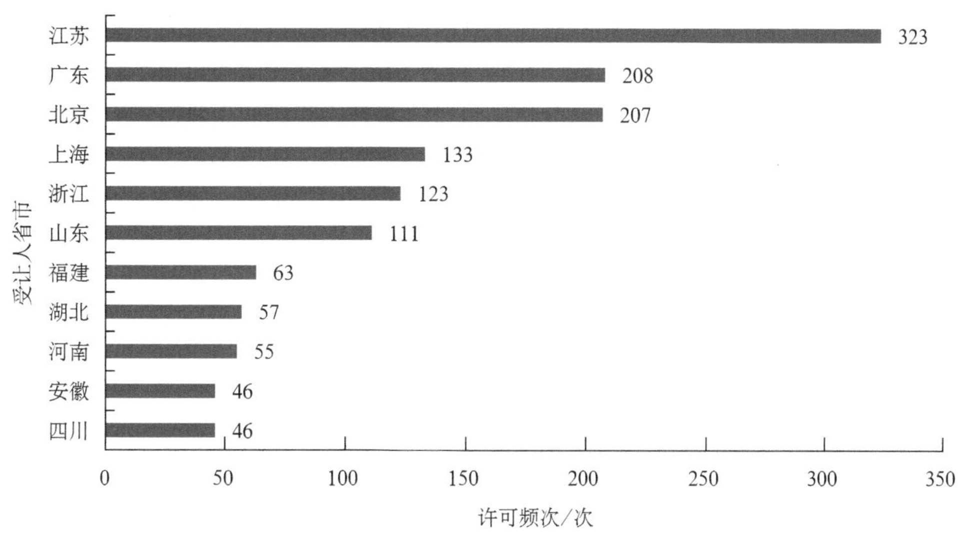

图 6-25 我国生物医药专利许可受让人地理分布

6.3.6 结论

专利许可是技术转移的一种重要方式，根据专利许可数据，从总体趋势、技术产业化速度、专利许可受让主体、许可主体的年度变化状况及地理分布等，对我国生物医药领域的技术转移状况进行了分析，主要得到以下结论。

①生物医药领域专利许可呈现出先升后降的趋势，这与总体专利许可发展趋势是相同的。从专利类型来看，生物医药领域发生许可的专利主要是发明专利。从许可类型来看，生物医药领域的专利许可以独占实施许可为主，但是最近两年在许可数量迅速下降的前提下，普通许可的数量却在上升。这或许与高新技术企业认定的相关政策变化有关。当政策带来的影响因素消失后，完全基于市场行为所体现出来的许可行为或许才更加真实地反映了技术转移的状况。

②从技术产业化速度来看，我国生物医药领域的技术产业化速度平均值为 4.6 年。有 50% 的专利是在申请后 3 ～ 6 年发生许可，接近 30% 的专利是在申请后 3 年内发生许可。从专利类型来看，实用新型专利的技术产业化速度比发明专利快，PCT 发明专利的技术产业化速度比一般发明专利慢。

③从专利许可主体（让与人及受让人）各年度的数量来看，我国生物医药领域的技术转移的供需双方一直比较均衡。从许可主体的类型来看，技术转移的供应方主要是高校及科研院所，而需求方则主要是企业。从许可主体的地理分布来看，技术转移的供应方和需求方都集中在东部地区，中西部地区很少。这个结论也与我国专利许可的整体地理位置分布状况[9]相符合，说明技术转移存在着一定的地域倾向。

专利文献的非专利引文表明，生物医药的技术研发对基础研究的依赖性比较强，而且呈不断加强的趋势[①]。因此，提升我国生物医药企业的技术研发能力在短期内难以实现，但企业又迫切需要占据国内市场，在这种情形下，可以考虑通过技术转移的形式将大学和科研院所的专利推向企业。从分析结果可以看到，我国的生物医药专利许可数量还比较少，而且技术产业化时间也比较长，地域倾向明显，还需要相关的政策或者管理制度来进行引导。从技术转移的供应方，即科研院所和高校来看，需要制定相关创新激励政策，完善科技成果转化所得收益分配激励机制。从技术转移的需求方，即企业来看，需要加强产学研合作，以企业的实际需求来引导高校和科研院所的技术研发方向，提升专利质量。另外，政府在科技成果转化中存在不可替代的地位与作用，例如：在科研项目的申请上，实行科研项目分类管理和差别化支持，对产业技术研发突出企业主体和市场评价导向；在引导企业研发方面，可以运用一些财政补助机制，引导企业建立研发准备金制度，从而使企业有计划、持续地增加研发投入；在地域交流方面，可以跨区域举办技术市场交易会、科技成果推广对接会等，促进科技成果从东部地区向中西部地区转化实施。除此之外，还需要提升我国技术市场中介服务机构的能力，使其真正成为科技成果转化的有效中介，从而推动专利许可的转化实施。

① 赵志耘，雷孝平．我国生物技术领域技术创新与基础研究关联分析：从专利引文分析的角度[J]. 情报学报，2012，31（12）：1283–1289.

7 专利标引

7.1 前期研究基础

专利作为技术信息的有效载体，涵盖了全球90%以上的最新技术情报信息。专利信息属于科学技术信息，泛指一切专利活动所产生的相关信息的总和。专利信息的内容涵盖了技术信息、法律信息和经济信息。专利信息具有更新及时、领域广泛、描述详细、内容可靠、分类系统、格式统一、规范、便于查阅等特点，优于一般意义上的科技情报。

自动标引包括关键词自动提取（又称自动抽词标引）与自动赋词标引两种类型。自动抽词标引是一种识别有意义且具有代表性的片段或词汇的自动化技术，在文本挖掘领域被称为关键词抽取，在计算语言学领域通常着眼于术语自动识别。目前针对自动标引的对象，主要有通用语料文本自动标引、科学文献自动标引、新媒体语料自动标引。

但是，专利作为一种复杂的信息资源，仅通过题录、文摘等外部信息，难以清晰、准确地表达专利涉及的技术创新、要解决的关键问题等信息，这些关键信息的呈现需要对专利内容信息的深度标引。不同于专利著录项的外部特征标引，专利全文信息的内部特征标引涉及专利语义信息处理问题，如何对专利内部特征进行描述、组织，以及如何建立专利内部特征深度标引规范，以确保深度标引的一致性、完备性、可扩展性，提高专利信息的附加值。

制定专利信息标引规范的意义在于该规范针对专利标引信息的表述、组织方式形成统一的标准，为后期专利信息标引加工提供规范依据，为后期加工建成规范化基础数据库、专利衍生信息数据库和专利深度标引数据库提供标准规范。

本研究主要针对专利基础信息、专利衍生信息和专利深度信息进行描述和组织，建立专利内容特征标引规范。本研究还将根据专利权信息、法律状态信息、优先权信息及更深入权利要求书与说明书的文本内容，研究专利权转移脉络、专利法律状态变化脉络、专利家族、先前专利申请脉络、权利要求脉络、专利技术特征脉络等方面，进行专利信息的描述规范和组织规范。

7.2 研究思路

本研究首先将不同种类的专利信息资源的内容、格式、组织方式进行详细分析，同时调研科技创新主体对专利信息资源的具体需求，在此基础上研究制定专利信息质量评价体系，并建立面向科技创新的专利信息资源准入规范，以确保专利信息资源的准确性和权威性。同时，依据专利信息质量评价所涉及的各个因素，建立专利信息资源加工集成规范。更进一步，调研对专利有深度分析需求的创新主体在使用专利信息过程中对信息处理的特点及共性，建立专利信息深度标引规范及衍生信息加工规范。

具体来说，针对专利信息标引规范，首先，选定特定技术领域，构建特定技术领域专利技术分类体系和专利技术主题词表；其次，针对专利信息的著录项、摘要、权利要求书和说明书等不同部分，标引专利基础信息、专利衍生信息和专利深度内容信息；最后，针对专利信息标引的结果，进行专利信息深度分析。

7.2.1 专利技术分类方法

行业专利技术分类是结合专利的特点对所分析的技术领域作进一步的细化和分类。行业专利技术分类是围绕研究的技术领域进行的，既要方便研究分析人员进行专利数据检索，还要得到行业领域从业人员的认可。因此，行业专利技术分类既不等同于专利分类，也和行业技术分类有一定的区别。其结构形式可以和国际专利分类 IPC 中所采用的大类、小类、大组和小组等划分方式类似，通常采用一级、二级、三级和四级技术分支的划分结构。

根据专利分析的实际需求和行业的具体特点，将所分析的技术主题细分出不同层级的技术分支。其内容，在一级、二级技术分支上应当涵盖该技术领域的主要技术，在三级、四级技术分支上应当突出关键技术。一般情况下，按照技术特征、工艺流程、产品或使用用途等进行技术分解。

一个准确的技术分类对了解行业领域状况、检索专利信息及检索结果处理等都具有非常重要的意义，通过它不仅能够了解产业发展和行业技术发展状况，还能准确了解行业各技术分支的情况。行业专利技术分类主要有以下几个目的。

①了解行业领域整体情况，通过专利技术分类可以了解该行业的主要技术构成、产业结构情况等。②便于专利检索，行业专利技术分类是对整个行业领域进一步细化的过程。针对更细化的技术分类进行检索，能够更有效且全面地检索到相关专利。③便于数据处理，类似于国际专利分类 IPC 的分级结构，细化的技术分类应该包含相应的检索结果。因此，在对检索结果进行数据处理时，可以针对某一特定的技术分支进行批量标引，提高标引效率。④便于选取研究重点。企业的经营范围通常只涉及某一行业中具体的一个或几个分支技术。因此，它们也会关注这些具体技术的发展趋势、研究主体等信息。

行业专利技术分类一般应根据行业内技术分类的惯例进行，同时参考文献等方面的内容。此外，还应参考专利的相关分类体系（如 IPC、EC、F-Term 等分类体系）。常见的专利技术分类方法有以下几种。

（1）专利分类标准

在进行技术分类时，通常按照各种专利分类体系对行业技术进行分类。一般专利分类的标准包括国际专利分类（IPC）、美国专利分类（UC）、欧洲专利分类（EC）及日本专利分类（FI/F-Term）等。

（2）行业分类标准

在进行技术分类时，参考行业分类标准可以加深了解技术的本质和演变，并且根据行业分类标准确定的技术分类更能契合行业发展态势及现状，分类结果更易于被企业所认可和接受。

（3）学科分类标准

在进行技术分类时，也可以参考教科书中已经给出的分类原则。教科书作为一门课程的核心教学材料，其对学科现有知识和成果进行了综合归纳和系统阐述，特别是在某一个技术主题的专利分类和行业分类尚不明确的情况下，学科分类也具有一定的借鉴意义和参考意义。

（4）综合分类标准

通常情况下，行业专利技术分类应当首先考虑行业分类标准，其次考虑专利分类标准和学科分类标准，并且要综合上述几种分类标准。

制定行业专利技术分类的原则为：尊重行业习惯，方便专利检索，专利文献量适中。行业专利技术分类的思路主要包括：由上及下、由下及上与上下结合 3 种模式。总体来讲，行业专利技术分类主要受技术成熟度、技术与产品的交叉关系、产业链各环节的关键节点等因素的影响。一般来讲，一级和二级分类主要受产业习惯、行业习惯影响；三级以下的技术分支与关键技术非常相关。行业专利技术分类的原则和操作流程如图 7-1 所示。

（1）了解技术概况和发展动向

在对某一行业进行专利技术分类时，首先要了解该技术的概况，了解该技术在整个行业内的具体位置（产业中的上中下游）及该技术所包括的主要内容和所要解决的技术问题等。一般情况下，技术的概况可以通过图示的方式来表现。

（2）逐级分解技术

在进行行业专利技术分类时，可以参考技术的概况和发展路线。从最上位的技术分支依次进行分解，将最上位的技术分支分解为较下位的技术分支，然后再对较下位的技术分支做进一步分解，将其分解为更为详细、具体的下位技术分支，直到分解到需要的重要技术分支。

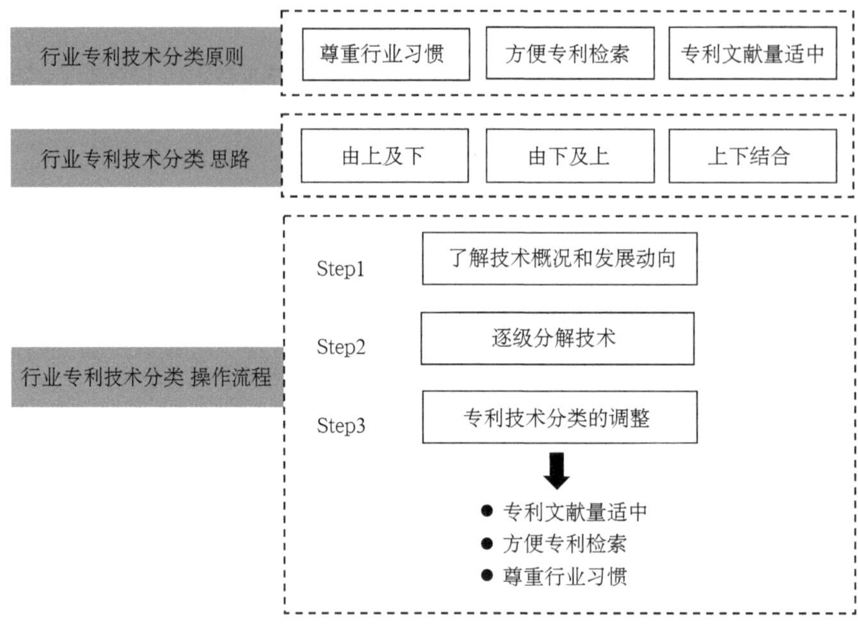

图 7-1　行业专利技术分类的原则和操作流程

（3）专利技术分类的调整

在行业技术分类的基础上，可以对初步的技术分类进行调整，使之符合行业技术分类习惯和便于检索及处理的需要。一般采用的集中调整方法为：

①根据行业调查反馈和创新主体所关注的热点进行调整；

②根据检索文献量及其分布进行调整；

③根据数据清理的难易度和标引过程反馈情况进行调整。

7.2.2　专利技术分类表的结构

专利技术分类表结合专利的特点对所分析的技术领域作进一步的细化和分类。专利技术分类有别于专利分类和行业技术分类，其结构形式通常采用四级技术分支的树状划分结构，其结构及编码形式如表 7-1 所示。

表 7-1　专利技术分类表结构形式及编码

一级分类	二级分类	三级分类	四级分类
技术名称（T1）	技术名称（T1.1）	技术名称（T1.1.1）	技术名称（T1.1.1.1）
			技术名称（T1.1.1.2）
		技术名称（T1.1.2）	技术名称（T1.1.2.1）
			技术名称（T1.1.2.2）

7.2.3 专利技术关键词表的结构

关键词表，是文献与情报检索中用以标引主题的一种检索工具。它是一些规范化的、有组织的、体现主题内容的、已定义的名词术语的集合体，其结构形式如表 7-2 所示。

表 7-2 专利技术关键词表结构形式

分类名称及编码	主题词	关键词
技术分类名称（TX.X.X.X）	主题词	关键词 1、关键词 2……

7.3 专利信息标引

专利数据标引是指根据不同的分析目标，对原始数据的记录加入相应的标识，从而增加额外的数据项来进行特定分析的过程。通常数据标引是数据处理的最后一步，根据不同的分析目的和分析项目，形成规范的标引数据服务于统计分析。因此，标引的准确性与规范性，对于后续分析结论的获得及准确性起着至关重要的作用。同时，数据标引过程与修订技术分类表、调整检索策略、修正检索结果都有着密切的联系。由于标引过程中，对于各技术分支的相关技术将会有更深的体会，因此标引过程中适时对技术分类表进行修正是十分必要的。

7.3.1 专利信息标引分类

在标引过程中，根据标引的信息来源不同，可以分为两类：常规标引字段和自定义标引字段。

7.3.1.1 常规标引字段的标引

常规标引字段主要包括：号码信息、时间信息、权利信息和国别信息等，如申请日、公开日、申请人、申请人国籍、申请人类型、发明人、公开号中地区分布和地区数量、五局（USPTO、EPO、SIPO、KIPO、JPO）分布和数量。常规标引字段的标引和清理比较方便，并且速度较快。

7.3.1.2 自定义标引字段的标引

自定义标引字段不局限于题录、文摘等外部信息，更会涉及专利全文信息的内容特征深度标引，涉及专利语义信息处理。通过对专利摘要的深度标引，标引出专利所涉及的解决方案、技术问题、技术功效、应用领域等。通过对专利权利要求书的标引，获得权利项数、独立权利要求项和从属权利要求项之间的关系、权利要求项所表述的主要含义。

7.3.2 专利信息标引方法

7.3.2.1 人工阅读标引

在专利信息标引中，人工阅读标引最为常用。该方式是在文献量可阅读范围内，通过人工阅读的方法，对技术分类、技术功效进行标引，其标引精度高、效果好。人工标引方法具有一定的适用范围，通常适用于微观分析。主要适用场合为以下内容。

①中文数据库检索结果：中国专利申请情况通常是分析的重点之一，而中文库的检索结果文献量一般比较适中，因此，对于中文专利一般采用人工阅读标引的方法，以提高标引的准确性。

②外文数据库检索结果的部分技术分类：主要涉及存在技术交叉、难于检索的技术分类，会涉及较多技术细节，且文献量适中的部分技术分支。

7.3.2.2 检索批量标引

检索批量标引主要适用于文献量较大的标引。一般情况下，外文数据库文献量较大，同时考虑到语言因素的影响，通常需要采用批量的方法。

在对某些技术分支和功效进行标引时，常常需要结合人工阅读标引方法与检索批量标引方法。通常来讲，对于宏观分析且文献量较大的一级、二级技术分类，一般采用检索批量标引方法。对于三级、四级技术分类，通常涉及较为微观的技术细节，在文献量允许的前提下选择人工阅读标引方法。

7.3.3 专利信息标引内容

对于专利信息标引的内容，范围限定在专利的著录项、摘要、权利要求书和说明书等方面，其标引的内容、标引来源及含义如表 7-3 所示。

表 7-3 专利信息标引内容

序号	标引内容	标引来源	含义
1	技术效果（Advantage）	全文	“专利旨在解决的技术问题”部分，相当于达到的效果
2	解决方案（Solution）	全文	“专利旨在解决的问题的解决方案”部分
3	新颖性（Abstract Novelty）	全文	专利中声称的非显而易见的超过原有技术的特征

续表

序号	标引内容	标引来源	含义
4	摘要活性（Abstract Activity）	摘要	用来描述化学和生物化学物质的化学活度。适于药物、兽医、农业等领域的发明
5	摘要的作用机制（Abstract Act Mode）	摘要	包含化学和生物化学物质的生物作用过程。适用于药物、兽医、农业等领域的发明
6	在先技术（Prior Art）	全文	专利中描述参考文献中在先技术的部分
7	技术用途（Use For）	全文	描述专利在各个技术领域的用途
8	技术主题词（Tech Term）	全文	概括专利涉及的主要技术主题
9	技术分类（Technical Field）	全文	根据专利技术分类表确定专利所属的技术分类
10	权利要求个数（Claims Count）	权利要求书	权利要求项的个数
11	独立权项个数（InDeClaims Count）	权利要求书	独立权利要求项的个数
12	从属权项个数（DeClaims Count）	权利要求书	从属权利要求项的个数
13	权项之间的引用（Claims Reference）	权利要求书	从属权项和独立权项之间的引用
14	权利要求书页数（Claims Page Count）	权利要求书	权利要求书的页数
15	专利技术特征（Claims Tech）	独立权利要求书	独立权利要求书中所包含的必要组件、组件之间的关系、组件功能
16	专利技术特征图示（Technical Figure）	独立权利要求书	独立权利要求中必要组件所对应的图例

7.3.3.1 专利信息标引字典表

根据上述专利信息标引的方法和内容，在参考国家知识产权局制定的《专利文献数据规范（ZC 0014—2012）》基础之上，制定了专利基础信息标引字典表、专利衍生信息标引字典表、专利深度标引字典表和专利信息标引字段加工规范，如表 7-4 至表 7-6 所示。

表 7-4　专利基础信息标引字典表

序号	字段	字段说明
1	申请号	专利申请在提交时，获得的专利申请号
2	申请日	专利申请日期
3	公开 / 公布号	专利申请公开 / 公布号
4	公开 / 公布日	专利申请公开 / 公布日期
5	标题	专利标题
6	摘要	专利摘要
7	权利要求项	专利权利要求项
8	发明人	专利发明人姓名
9	专利发明人所属国别	专利发明人所属国别代码
10	专利发明人地址	专利发明人详细居住地址
11	专利申请人	专利申请人名称
12	专利申请人所属国别	专利申请人所属国别代码
13	专利申请人地址	专利申请人处所地址
14	代理机构	代理机构及代理人信息
15	专利家族号	简单专利家族标识
16	同族专利申请号	家族成员的专利申请号
17	同族专利申请日期	家族成员的专利申请日期
18	同族专利公开 / 公布号	家族成员的公开 / 公布号码
19	同族专利公开 / 公布日期	家族成员的公开 / 公布日期
20	优先权号	优先专利申请号
21	优先权国家代码	优先专利申请国家代码
22	优先权日期	优先专利申请日期
23	IPC 分类号	国际专利分类代码
24	IPC 版本信息	国际专利分类号版本
25	PCT 国际申请号	国际专利申请号码
26	PCT 国际申请国家	PCT 专利申请国别 / 地区代码
27	PCT 国际申请日	PCT 专利申请日期
28	PCT 国际公开号	PCT 专利申请公开日期
29	PCT 国际公开日	PCT 专利申请公开日期
30	法律状态	专利法律状态

表 7-5 专利衍生信息标引字典表

序号	字段	字段说明
1	申请号	专利申请在提交时，获得的专利申请号
2	申请日	专利申请日期
3	公开 / 公布号	专利申请公开 / 公布号
4	公开 / 公布日	专利申请公开 / 公布日期
5	专利发明人规范名称	专利发明人姓名规范统一
6	专利申请人规范名称	专利申请人名称规范统一
7	专利有效性	专利有效性标引
8	独立权利要求项	专利独立权利要求项
9	从属权利要求项	专利从属权利要求项
10	被引专利号	被引专利申请 / 公开 / 公布号码
11	被引专利国别	被引专利申请 / 公开 / 公布国家 / 地区 / 组织代码
12	被引专利文献类型	被引专利文献类型
13	被引专利分类号	被引专利主分类号
14	被引文献信息	引证的非专利文献基本信息
15	被引文献种类	被引文献分类

表 7-6 专利深度标引字典表

序号	字段	字段说明
1	申请号	专利申请在提交时，获得的专利申请号
2	申请日	专利申请日期
3	公开 / 公布号	专利申请公开 / 公布号
4	公开 / 公布日	专利申请公开 / 公布日期
5	标题	专利标题
6	摘要	专利摘要
7	权利要求项	专利权利要求项
8	独立权利要求项	专利独立权利要求项
9	从属权利要求项	专利从属权利要求项
10	技术分类	根据特定技术领域专利技术分类表确定专利技术分类
11	技术主题	根据《电动汽车燃料电池领域专利技术主题词表》确定专利技术主题词
12	新颖性	专利中声称的非显而易见的超过原有技术的特征

续表

序号	字段	字段说明
13	技术效果	“专利旨在解决的技术问题”部分，相当于达到的效果
14	在先技术	专利中描述该技术参考的在先技术的部分
15	技术用途	描述专利在各个技术领域的用途
16	权利要求项个数	权利要求书中，权利要求项个数 = 独立权项个数 + 从属权项个数
17	独立权利要求项个数	权利要求项中独立权利要求项的个数
18	从属权利要求项个数	权利要求项中从属权利要求项的个数
19	权利要求项之间的引用	从属权利要求项和独立权利要求项之间的引用
20	权利要求书页数	专利权利要求书的页数
21	专利技术特征	独立权利要求项中所包含的必要组件、组件之间的关系、组件功能
22	专利技术特征图示	图例所对应的独立权利要求项中的必要组件

7.3.3.2 专利信息标引字段规范

专利标引的信息主要包括：专利题录数据、专利法律状态数据、引证信息、专利家族信息、专利申请人 / 专利权人信息和专利深度标引信息等。以下是对上述专利标引信息的规范。

（1）专利申请信息规范

专利申请信息至少应包括专利标识、专利申请国别 / 地区、专利申请号码、申请日期、专利类型。其中：

①专利标识应唯一，可以与 DOCDB 专利标识衔接；

②专利申请国别 / 地区应该符合世界知识产权组织（WIPO）推荐的《标准 ST.3 用双字母代码表示国家、其他实体及政府间组织的推荐标准》。

本研究参考了国家知识产权局关于专利申请的标识信息的规范，按照此规范对专利申请信息的字段进行了规范统一（表 7–7）。

表 7–7　专利申请的标识信息规范

名称	中文名称	专利申请的标识信息
	英文名称	Application Reference
定义		专利申请标识信息，包括申请号、申请日期等信息
子元素		DocumentID
属性		applType, dataFormat, sourceDB, id, isRespective, status, sequence

续表

名称		
名称	中文名称	专利申请的标识信息
	英文名称	Application Reference
值域		id，标识号，可选； appType，取值 10、11、20、21、30、90 等，可选； dataFormat，取值 standard、original、other 等，必选； status，取值 C（新建）、R（替代）、D（删除）、A（修改）、B（过档），可选； isRespective，取值 Y 或 N，可选； sourceDB，与 dataFormat=‘original’一起使用，取值为数据来源的数据库名称，如 national office、DOCDB 等，可选； sequence，自然数，按 dataFormat、sourceDB 从 1 开始编号，可选； docID，数字，不超过 9 位，可选
数据类型		
备注		关于该元素的进一步说明，详见国家知识产权局《专利文献数据规范》

（2）专利公开 / 公布信息规范

专利公开 / 公布信息至少应包括专利公开 / 公布记录标识、专利公开公布的国家 / 地区 / 组织、专利公开 / 公布号码（表 7–8）。

表 7–8　专利公开 / 公布信息规范

名称		
名称	中文名称	公众获悉日期
	英文名称	Public Availability Date
定义		相关的公众获悉日期
子元素		AbstractReference, ClaimsOnlyAvailable, ExaminedNotPrintedWithoutGrant, ExaminedPrintedWithoutGrant, GazettePublicationAnnouncement, GazetteReference, GrantTerms, ModifiedFirstPagePublication, ModifiedSpecificationPublication, NotPrintedWithGrant, PatentInvalidation, PrintedAsAmended, PrintedWithGrant, SupplementalSRPublication, UnexaminedNotPrintedWithoutGrant, UnexaminedPrintedWithoutGrant
属性		无
值域		
数据类型		
备注		关于该元素的进一步说明，详见国家知识产权局《专利文献数据规范》

（3）专利优先权信息规范

优先专利信息包括优先专利申请号、优先权日期、优先权国别。本研究参考了国家知识产权局关于专利优先权信息的规范，按照此规范对专利优先权信息的字段进行了规范统一（表 7–9）。

表 7-9　专利优先权信息规范

名称	中文名称	优先权
	英文名称	Priority
定义		优先权的信息
子元素		WIPOST3Code, DocNumber, Date, Kind, FilingOffice, PriorityDocRequested, PriorityDocAttached, PriorityDocFromLibrary, RestoreRights, PriorityActiveIndicator, PriorityLinkageType
属性		id, sequence, kind, dataFormat, sourceDB
值域		属性 id，标识号，可选； 属性 dataFormat，取值为 standard、original、other 等，必选； 属性 sequence，自然数，按 dataFormat 从 1 开始编号； 属性 kind，取值为 international、regional、national 等； 属性 sourceDB，与 dataFormat=‘original’一起使用，取值 national office、DOCDB 等，可选
数据类型		
备注		关于该元素的进一步说明，详见国家知识产权局《专利文献数据规范》

（4）简单专利家族信息规范

简单专利家族信息应包括专利家族标识、专利家族成员基本的申请信息和公开 / 公布信息。其中，专利家族标识应该与 DOCDB 简单专利家族标识衔接（表 7-10）。

表 7-10　简单专利家族信息规范

名称	中文名称	专利族
	英文名称	Patent Family
定义		专利族的全部相关信息
子元素		Abstract, AccessionDetails, AssigneeDetails, ChemicalLinkCodes, ChemicalUnlinkCodes, EnhancedAbstract, InventorDetails, KeywordIndexing, MemberPatentDetails, PatentCounts, PatentFamilyID, PolymerCodes, PolymerIndexing, RelatedDocuments, UpdateDetails
属性		src, patentDataResourceID，familyMemberCount
值域		属性 src 表示数据来源，可选。 属性 patentDataResourceID 表示专利数据资源标识码，可选。 属性 familyMemberCount 表示专利族成员的个数，可选
数据类型		
备注		关于该元素的进一步说明，详见国家知识产权局《专利文献数据规范》

（5）国际专利分类信息规范

国际专利分类信息，至少应包括国际专利分类号（IPC）、国际分类版本。其中：

①国际专利分类号符合世界知识产权组织推荐的《标准 ST.8 在机读记录中记录国际专利分类（IPC）号的标准》；

②国际专利分类信息的覆盖率达到 99.0% 以上，其中第 8 版 IPC 的覆盖率达到 90% 以上（表 7–11）。

表 7–11 国际专利分类信息规范（第 1 至第 7 版 IPC 分类）

名称	中文名称	第 1 至第 7 版 IPC 分类
	英文名称	Classification IPC
定义		第 1 至第 7 版国际专利分类号数据
子元素		AdditionalInformation, EditionStatement, FurtherClassification, LinkedIndexingCodeGroup, MainClassification, Text, UnlinkedIndexingCode
属性		id, sequence
值域		属性 id，标识号，可选 属性 sequence，取值为自然数，可选
数据类型		
备注		关于该元素的进一步说明，详见国家知识产权局《专利文献数据规范》

（6）专利标题信息规范

标题信息，以英文标题为主（表 7–12）。

表 7–12 专利标题信息规范

名称	中文名称	发明名称
	英文名称	Invention Title
定义		发明名称，原始标题信息和标题加工信息
子元素		Bold, PageBegin, Break, Italic, Underline, Sub, Sup, SmallCapitals, Overscore, Image
属性		id, lang, processingType, creator, createDate, sourceDB
值域		属性 id，标识号，可选； 属性 lang，遵循 ISO 639–1，两位小写字母，可选； 属性 processingType，取值如 original（表示原始）、translation（表示翻译）、rewritten（表示重写）、indexing（标引）等，必选； 属性 creator，加工方，可选，取值如下。知识产权出版社：03；中国专利信息中心：05；专利检索咨询中心：08；中国专利技术开发公司：10。关于加工单位标识的规范是开放性的，其取值范围根据实际的业务需要进行补充，新补充的数值不应与上述取值冲突，并应对新取值的含义进行说明。 属性 createDate：格式为 YYYYMMDD，可选； 属性 sourceDB：取值为 docdb, dwpi 等，可选
数据类型		string
备注		关于该元素的进一步说明，详见国家知识产权局《专利文献数据规范》

（7）专利文献摘要信息规范

摘要信息，要求以英文摘要为主，必要时可以采取机器或人工翻译等方式，提高英文摘要的覆盖率（表 7–13）。

表 7–13　专利文献摘要信息规范

名称	中文名称	摘要
	英文名称	Abstract
定义		专利文献的摘要信息
子元素		DocPage, AbstractProblem, AbstractSolution, AbstractFigure, Paragraphs, KeywordDetails
属性		id, lang, status, sourceDB, country, docNumber， kind, date, dataFormat, correction
值域		属性 id，标识，可选； 属性 lang，遵循 ISO639–1，两位小写字母，必选； 属性 status，取值如 C（新建）、R（替代）、D（删除）、A（修改）、B（过档），可选； 属性 sourceDB，取值如 EPO、national office、transcript、translation 等，可选； 属性 country，两位字母，遵循 WIPO ST.3，必选； 属性 docNumber，文献号中的序列号部分，遵循 WIPO ST.6，可选； 属性 kind，文献种类代码，1 位字母或 1 位字母 +1 位数字，遵循 WIPO ST.16，可选； 属性 date，文献公布日期，YYYYMMDD 格式，遵循 WIPO ST.2，可选； 属性 dataFormat，取值 original 等，可选； 属性 correction，取值 Y（对原文献的修改）或 N（原文献），可选
数据类型		
备注		关于该元素的进一步说明，详见国家知识产权局《专利文献数据规范》

（8）专利引证信息规范

引证信息，包括引证的专利文献信息和非专利文献信息。其中，引证的专利文献信息应至少提供引证专利号码、引证专利文献类型、引证日期等信息；引证的非专利文献信息应至少提供文献基本信息（表 7–14）。

表 7–14　专利引证信息规范

名称	中文名称	引用文献
	英文名称	References Cited
定义		引用文献信息，包括引用的专利文献信息和非专利文献信息，以及检索报告的相关信息
子元素		Text, Citation, SearchReportCompletionDate, SearchReportMailDate, SearchPlace, SearchReportPublication, Searcher, MiniSearchReportData

续表

名称	中文名称	引用文献
	英文名称	References Cited
属性		无
值域		
数据类型		
备注		关于该元素的进一步说明，详见国家知识产权局《专利文献数据规范》

（9）专利发明人信息规范

发明人信息应至少包括发明人姓名、发明人居住国家、发明人居住地址信息（表7-15）。

表 7-15 专利发明人信息规范

名称	中文名称	发明人
	英文名称	Inventor
定义		一个发明人的相关信息
子元素		AddressBook, Department, DesignatedStates, FirstLastName, FirstName, IndividualID, LastName, MiddleName, Name, OrganizationName, Prefix, RegisteredNumber, Role, SecondLastName, Suffix, SynonymicalName
属性		designation, sequence, dataFormat, staus, lang, creator, creatorDate, publicationMark
值域		属性 sequence，顺序号，从 1 开始编号，可选； 属性 designation，取值 all（所有缔约国）、all-except-us（除了美国所有缔约国）、us-only（仅美国）、as-indicated（补充栏中注明的国家），可选； 属性 dataFormat，取值 standard、simple、orignal（原始信息，非自然语言需要转化成 UTF8 编码），可选； 属性 sourceDB，取值为数据来源的数据库名称，可选； 属性 status，取值 C（新建）、R（替代）、D（删除）、A（修改）、B（过档），可选； 属性 lang，语言代码，遵循 ISO639-1，两位小写字母，可选； 属性 publicationMark，是否公布姓名，取值 0（公布姓名）或 1（不公布姓名），可选； 属性 createDate，格式为 YYYYDDMM，可选； 属性 creator，加工方，取值如下。知识产权出版社：03；中国专利信息中心：05；专利检索咨询中心：08；中国专利技术开发公司：10。关于加工单位标识的规范是开放性的，其取值范围根据实际的业务需要进行补充，新补充的数值不应与上述取值冲突，并应对新取值的含义进行说明。可选
数据类型		
备注		关于该元素的进一步说明，详见国家知识产权局《专利文献数据规范》

（10）专利申请人 / 专利权人信息规范

申请人信息应至少包括申请人名称、申请人所在国别、申请人地址信息（表 7–16）。

表 7–16　专利申请人 / 专利权人信息规范

名称	中文名称	申请人
	英文名称	Applicant
定义		一个申请人的信息
子元素		AddressBook, Department, DesignatedStates, DesignatedStatesAsInventor, FirstLastName, FirstName, IndividualID, LastName, MiddleName, Name, Nationality, OrganizationName, Prefix, RegisteredNumber, Residence, Role, SecondLastName, Suffix, SynonymicalName, USRights, Residence, DesignatedStates, DesignatedStatesAsInventor
属性		appType, designation, sequence, dataFormat, status, createDate, lang, creator, publicationMark
值域		属性 sequence，从 1 开始编号，可选； 属性 app-type，取值 applicant（申请人）、applicant-inventor（申请人也是发明人），可选； 属性 designation，取值 all（所有缔约国）、all-except-us（除了美国所有缔约国）、us-only（仅美国）、as-indicated（补充栏中注明的国家），可选； 属性 dataFormat，取值 standard、simple、orignal（原始信息，非自然语言需要转化成 UTF8 编码）等，可选； 属性 sourceDB，取值为数据来源的数据库名称，可选； 属性 status，取值 C（新建）、R（替代）、D（删除）、A（修改）、B（过档），可选； 属性 lang，遵循 ISO639–1，两位小写字母，可选； 属性 publicationMark，是否公布姓名，取值 0（公布姓名）或 1（不公布姓名），可选； 属性 createDate，格式为 YYYYDDMM，可选； 属性 creator，加工方，取值如下。知识产权出版社：03；中国专利信息中心：05；专利检索咨询中心：08；中国专利技术开发公司：10。关于加工单位标识的规范是开放性的，其取值范围根据实际的业务需要进行补充，新补充的数值不应与上述取值冲突，并应对新取值的含义进行说明。可选
数据类型		
备注		关于该元素的进一步说明，详见国家知识产权局《专利文献数据规范》

（11）专利法律信息规范

法律信息应包含专利所有的法律状态记录，并对法律信息进行分类，包括：

①专利有效性判断，分为有专利权、无专利权、审查中；

②形成一套统一的法律状态事件分类规范，对所有的法律状态事件进行分类（表 7–17）。

表 7-17 专利法律信息规范

名称	中文名称	法律状态记录
	英文名称	PRS Record
定义		法律状态记录的各项相关信息
子元素		ApplicationReference, ApprovalPublicationNumber, AttributeListFormatID, AuthorizedPublicationNumber, Claimer, ExtendedStates, ExtensionDate, IPRType, IssueDate, KindFormat, LicenseDetails, PRSCode, PRSInformation, PRSPublicationDate, PRSValue, PublicationReference, RegistrationNumber, RenewalDetails, SPCNumber, StatusIndicator, DesignatedStates, NewestOwner, DescriptiveText, RevocationDate, InventorDetails, ClassificationIPC, ClassificationIPCRDetails, ClassificationLocarno, Representative, PaymentDate, Opponent, PaymentYear, SpecialIPRNumber, ConcernedCountry, ActionDate, Withdrawn
属性		PRSID
值域		属性 PRSID 表示中国法律状态数据流水号，必选
数据类型		
备注		关于该元素的进一步说明，详见国家知识产权局《专利文献数据规范》

（12）权利要求信息规范

权利要求信息应该明确权利要求号、权利要求个数、权利要求页数、对权项的引用、独立权项和从属权项（表 7-18）。

表 7-18 权利要求信息规范

名称	中文名称	权利要求
	英文名称	Claims
定义		专利的权利要求信息
子元素		Claim, DocPage, Paragraphs
属性		claimType, id, lang, status, country, correction
值域		属性 id，标识，可选； 属性 lang，语言代码，遵循 ISO639-1，两位小写字母，可选； 属性 status，状态，取值如 C（新建）、R（替代）、D（删除）、A（修改）、B（过档），可选； 属性 claimType，权利要求类型，可选； 属性 country，两位字母，遵循 WIPO ST.3，可选； 属性 correction，取值 Y（对原文献的修改）或 N（原文献），可选
数据类型		

（13）深度标引信息规范

①专利技术分类，根据专利技术分类表确定专利技术分类。

②技术主题，根据专利技术主题词表确定专利技术主题词，一项专利可能包含若干技术主题。

③新颖性，专利中声称的非显而易见的超过原有技术的特征（表 7–19）。

表 7–19　专利新颖性信息规范

名称	中文名称	新颖性
	英文名称	Novelty
定义		专利中声称的非显而易见的超过原有技术的特征
子元素		Paragraphs, DefinitionList, OrderedLists
属性		无
值域		
数据类型		
备注		关于该元素的进一步说明，详见国家知识产权局《专利文献数据规范》

④技术效果，“专利旨在解决的技术问题”部分，相当于达到的效果，通过一些关键动词和名词短语，如增加、减少、提高、降低、减弱完善等来识别（表 7–20）。

表 7–20　技术效果信息规范

名称	中文名称	技术效果
	英文名称	Advantage
定义		“专利旨在解决的技术问题”部分
子元素		Paragraphs
属性		id
值域		属性 id，标识号，可选。
数据类型		
备注		关于该元素的进一步说明，详见国家知识产权局《专利文献数据规范》

⑤在先技术、专利中描述该技术参考的在先技术的部分，通过一些关键性短语，如在……基础之上、以此、现有的等来识别（表 7–21）。

表 7–21　在先技术信息规范

名称	中文名称	在先技术
	英文名称	Prior Art
定义		专利中描述参考文献中在先技术的部分
子元素		Paragraphs, DefinitionList, OrderedList
属性		无
值域		
数据类型		
备注		关于该元素的进一步说明，详见国家知识产权局《专利文献数据规范》

⑥技术用途，描述专利在各个技术领域的用途，通过一些关键性短语，如可用于、可广泛用于、实施在等来识别，通常需要阅读专利全文得出（表 7–22）。

表 7–22　技术用途信息规范

名称	中文名称	技术用途
	英文名称	Use For
定义		描述专利在各个技术领域的用途
子元素		Paragraphs, DefinitionList, OrderedLists
属性		无
值域		
数据类型		
备注		关于该元素的进一步说明，详见国家知识产权局《专利文献数据规范》

⑦专利技术特征，指独立权利要求项中所包含的必要组件、组件之间的关系、组件功能，通常需要从独立权利要求项中抽取名词、动词、SAO 结构（表 7–23）。

表 7–23　专利技术特征信息规范

名称	中文名称	专利技术特征
	英文名称	Claims Tech
定义		独立权利要求项中所包含的必要组件、组件之间的关系、组件功能
子元素		Component, Relation, Function
属性		无
值域		无
数据类型		
备注		关于该元素的进一步说明，详见国家知识产权局《专利文献数据规范》

⑧专利技术特征图示是图例所对应的独立权利要求项中的必要组件（表 7–24）。

表 7–24　专利技术特征图示信息规范

名称	中文名称	专利技术特征图示
	英文名称	Technical Figure
定义		图例所对应的独立权利要求项中的必要组件
子元素		FigureID, Relation, Component
属性		无
值域		无
数据类型		
备注		关于该元素的进一步说明，详见国家知识产权局《专利文献数据规范》

7.3.4 专利信息标引示例

对于字段中的示例说明，下文以申请号为：201510254662.6 的中文专利为例。

201510254662.6 的摘要：本发明公开了一种阵列基板及显示面板、显示装置。主要内容包括：通过在现有的具有补偿功能的 AMOLED 阵列基板中，布设 VDD 网格线路，利用 MOS 管开关将 VDD 线与 VDD 网格线路连接，并在对 MOS 管开关施加相应电压时，将开关导通，从而使得 VDD 线与 VDD 网格线路导通并连接在一起，减小 VDD 线在沿数据线方向上的电阻的阻值，降低了 VDD 线在沿数据线方向上的压降，进而，有效减弱了 OLED 驱动电压信号的变化，保证了显示区域的亮度均一性（表 7–25、表 7–26）。

表 7–25 专利信息标引示例

标引来源	字段名称	字段说明	常用线索词	示例
摘要及全文	新颖性（Novelty）	专利中声称的非显而易见的超过原有技术的特征	新颖性通常需要阅读摘要得出	在 AMOLED 阵列基板中，布设 VDD 网格线路；利用 MOS 管开关将 VDD 线与 VDD 网格线路连接；对 MOS 管开关施加电压时，开关导通， VDD 线与 VDD 网格线路导通
	技术效果（Advantage）	“专利旨在解决的技术问题”部分，相当于达到的效果	通过一些关键动词和名词短语，如增加、减少、提高、降低、减弱完善等来识别	减小 VDD 线电阻阻值；降低 VDD 线压降；减弱 OLED 驱动电压信号变化
	在先技术（Prior Art）	专利中描述该技术参考的在先技术的部分	通过一些关键性短语，如在……基础之上、以此、现有的等来识别	AMOLED 阵列基板
摘要及全文	技术用途（Use For）	描述专利在各个技术领域的用途	通过一些关键性短语，如可用于、可广泛用于、实施在等来识别	显示面板、显示装置
	技术主题词（Tech Term）	概括专利涉及的主要技术主题		通过技术叙词表，将专利中的关键词统一成主题词

表 7-26　专利信息标引示例——权利要求部分

表名	字段名称	字段说明	格式说明	常用线索词	示例
权利要求书信息	权利要求个数（Claims Count）	权利要求书中，权利要求项的个数 = 独立权项个数 + 从属权项个数	整型	权利要求书中阿拉伯数字标示	201510254662.6 的权项个数为 10
	独立权项个数（InDeClaims Count）	权利要求书中独立权利要求项的个数	整型	每项权项标志中开始没有“如权利要求……所述”的权项即为独立权项（这里的独立权项包括形式上的权项）	201510254662.6 的权项个数为 3
	从属权项个数（DeClaims Count）	权利要求书中从属权利要求项的个数	整型	每项权项标志中开始“如权利要求……所述”的标志的权项即为从属权项	201510254662.6 的权项个数为 7
	权项之间的引用（Claims Reference）	从属权项和独立权项之间的引用	二元组	根据权项之间的描述来确定	
	权利要求书页数（Claims Page Count）	权利要求书的页数	整型	权利要求书的总页数	201510254662.6 的权利要求书总页数 1
	专利技术特征（Claims Tech）	独立权利要求书中所包含的必要组件、组件之间的关系、组件功能	文本，关系 SAO 结构	主独权项中抽取名词、动词、SAO 结构	AMOLED 阵列基板、VDD 网格线路、MOS 管开关
	专利技术特征图示（Technical Figure）	独立权利要求中必要组件所对应的图例	图例		

7.3.5 专利信息标引的数据结构

对于深度标引后的专利数据的组织，可以选择 XML 作为标引结果的展现形式，其模板如下所示：

```
< ? xml version="1.0" ? >
<Patent>
<PID> 专利申请号 </PID>
<Novelty> 新颖性 </Novelty>
<Advantage> 技术效果 </Advantage>
<PriorArt> 专利在先技术 </PriorArt>
<UseFor> 用途 </UseFor>
<TechTerm> 技术主题词 </TechTerm>
<TechField> 技术领域 </TechField>
<ClaimsPage> 权利要求书页数 </ClaimsPage>
<InDeClaims> 独立权利要求书
<InDeClaim id="> 独立权利要求项
            <ComponentID> 部件 ID</ComponentID>
            <ComponentName> 部件名称 </ComponentName>
            <Relation> 部件之间关系 </Relation>
            <ComponentID> 部件 ID</ComponentID>
            <ComponentName> 部件名称 </ComponentName>
        </InDeClaim>
</InDeClaims>
<DeClaims> 从属权利要求书
<DeClaim id="> 从属权利要求项
            <DeClaimCon> 从属权利要求项的内容 </DeClaimCon>
        </DeClaim>
</DeClaims>
<Figures> 图示
<Figure id="> 图例
            <FigureText> 图例名称 </FigureText>
            <ComponentID> 部件 ID</ComponentID>
            </Figure>
</Figures>
</Patent>
```

7.4 基于专利标引信息的燃料电池及关键技术发展态势研究

燃料电池是一种将存在于燃料与氧化剂中的化学能直接转化为电能的发电装置[①]。与传统的火力发电相比，最大的优点是不受热机卡诺循环的限制，CO、CO_2、SV、NO及未燃尽的有害物质排放量极低[②]。美国、中国、欧洲、日本、韩国等国家和地区在燃料电池领域投入大量研究和政策资金支持，全球有上千家企业和机构投入巨额资金进行燃料电池的研究和商业化工作[③]。2009年，美国在实施经济刺激计划中，用于可再生能源和提高能源效率的资金高达168亿美元，其中20亿美元用于先进电池；2012年，美国国会重新修订氢燃料电池政策方案[④]；2007年，欧洲议会主席提出“到2025年在各行业各领域形成不同的氢燃料电池技术”，并且《欧盟第七研发框架计划》支持氢燃料电池技术的研发费用超过37亿元[⑤]；自2007年开始，日本实施“发展新一代汽车和燃料计划”，截至2012年，日本政府支持新一代车辆动力系统和燃料的费用高达2090亿日元[⑥]；20世纪50年代，我国就开展了燃料电池方面的研究，在燃料电池关键材料、关键技术方面取得许多突破，确定燃料电池汽车、混合动力电动汽车、纯电动汽车车型为“三纵”[⑦]。但与全球燃料电池行业发展相比，我国燃料电池行业目前仍呈现“小产业、小企业”的局面[⑧]。2012年，国务院发布《节能与新能源汽车产业发展规划（2012—2020年）》，规划所指新能源汽车主要包括纯电动汽车、插电式混合动力汽车和燃料电池汽车。各地方逐步开展新能源汽车试点工程，试点示范区集中在公交、出租、环卫和邮政等公共服务领域[⑨]。

燃料电池的种类相当多，且分类方式也各有不同。常用的分类方式是按电解质性质的不同加以区分，有碱性燃料电池、质子交换膜燃料电池、磷酸燃料电池、熔融碳酸盐燃料电池、固态氧化物燃料电池。直接甲醇燃料电池是质子交换膜燃料电池的一种，由于发展迅速且具有很大商业潜力，现已成为独立的种类，与前面5类燃料电池并列为第6类。

---

① 毛宗强．燃料电池[M]．北京：化学工业出版社，2005.

② 吴冰，汤松臻．质子交换膜燃料电池概述[J]．科技与企业，2013（20）：315.

③ 黄镇江．燃料电池及其应用[M]．北京：电子工业出版社，2005.

④ 中国氢能源网．美国会推动氢燃料电池立法[EB/OL]．(2012-09-17) [2016-03-25].http://www.china-hydrogen.org/fuelcell/mix/2012-09-17/ 1945.html.

⑤ 王菊．国内外燃料电池汽车发展政策综述[J]．太阳能，2013（11）：8-10.

⑥ FCVと水素ステーションの普及に向けたシナリオ[EB/OL].(2010-03) [2016-03-25]. http://fccj.jp/pdf/22_csj.pdf.

⑦ 曹秉刚．中国电动汽车技术新进展[J]．西安交通大学学报，2007，41（1）：114-118.

⑧ 侯元元，蔚晓川，黄裕荣．基于专利情报的我国燃料电池发展态势研究[J]．中国科技信息，2014（5）：65-68.

⑨ 中国汽车工程学会．中国汽车工业年鉴2012[M]．北京：中国汽车工业协会，2012.

电动汽车是燃料电池的重要应用方向，目前电动汽车研制和开发的关键技术主要包括电池、电动机、电动机控制、车身和底盘设计，以及能量管理技术等，其中前 3 项是电动汽车的发展瓶颈[①]。燃料电池作为第三代电动汽车电池，能量转化率、比能量和比功率都高，是理想的车用电池，但目前还存在一些关键技术瓶颈，有待突破。

因此，本节从专利数据角度聚焦电动汽车行业，对燃料电池及其关键技术进行总体态势分析、研发机构分析、分支专利分析和技术功效分析，并提出相关研发建议。

7.4.1 燃料电池专利总体态势分析

本书检索的表达式参考文献[②]、文献[③]及专家建议，不仅包括燃料电池本身，还包括与燃料电池汽车相关的整车架构及布置、电动机及其控制技术、水循环及热管理系统、电子电器、辅助装置等方面。

数据来源为 ISTIC 专利数据库[④]，检索结果涵盖 1986 年 8 月 20 日至 2016 年 2 月 24 日公开的中国专利，以及 1968 年 11 月 27 日至 2016 年 2 月 25 日公开的国外专利，共得到 50 758 件专利。

7.4.1.1 技术生命周期分析

一般而言，技术的发展有 4 个阶段：萌芽期、成长期、成熟期、瓶颈期。研究绘制燃料电池领域专利的申请态势，如图 7-2 所示，1964—1997 年，全球燃料电池领域专利增长缓慢；从 1998 年开始，申请量明显增多，2002 年后大幅增长，到 2007 年达到峰值。

① 曹秉刚，张传伟，白志峰，等．电动汽车技术进展和发展趋势 [J]. 西安交通大学学报，2004，38（1）：1-5.

② 蒋海龙，魏瑞斌．国内电动汽车专利计量分析 [J]. 现代情报，2013，33（3）：168-172.

③ 潘虹．基于 SNA 的专利分析在燃料电池领域的应用研究 [D]. 北京：北京工业大学，2010.

④ ISTIC 专利数据库 [EB/OL]. [2016-03-25]. http://www.istic.ac.cn/.

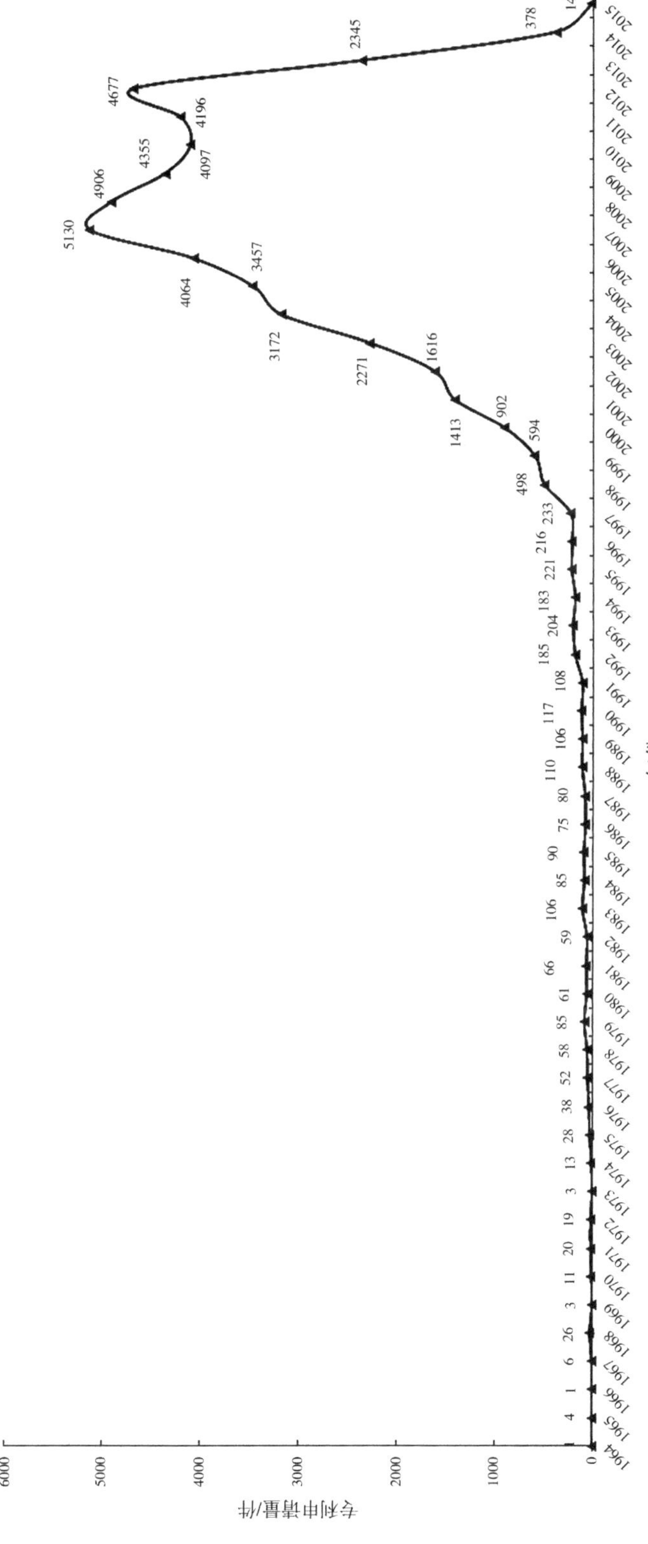

图 7-2 燃料电池领域专利申请态势

绘制横轴为专利申请人数量，纵轴为专利申请量的技术生命周期，如图 7–3 所示，可以较为清楚地展现燃料电池领域技术的发展阶段。从图 7–3 可见，燃料电池领域自 1998 年开始进入成长期，专利申请人数量和专利申请量都开始明显增长，2005 年虽略显乏力，但 2006—2007 年又开始高速增长；2007 年后，该领域进入成熟期，专利申请人数量和专利申请量均开始回落，2012 年又有回升趋势。

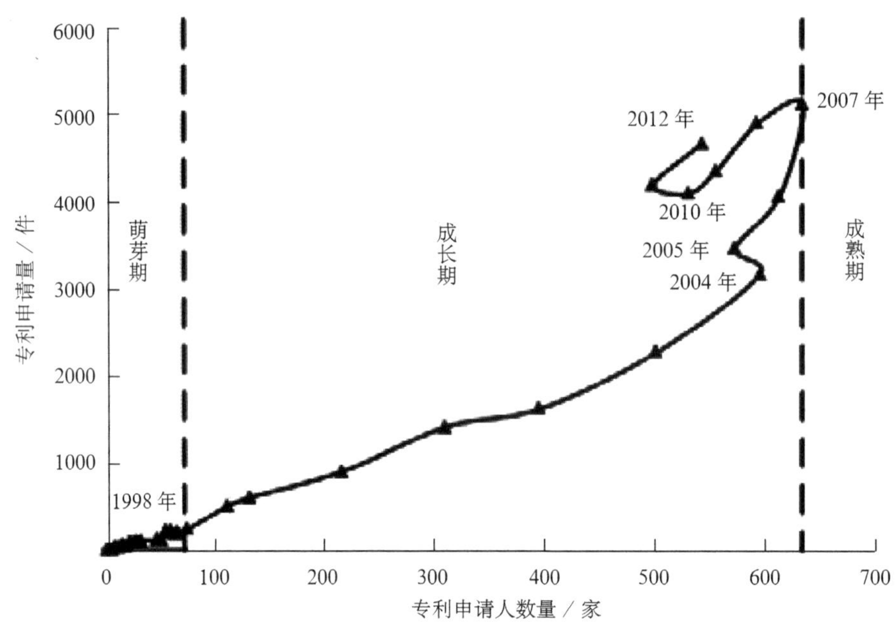

图 7–3　燃料电池领域技术生命周期

7.4.1.2　专利区域分布分析

通过申请区域分布情况，可以了解各国市场规模及吸引力。从图 7–4 可见，日本专利的申请量远高于其他国家或组织，达到 17 543 件；日本、美国、世界知识产权组织（WIPO）、中国、德国、欧洲专利局（EPO）是燃料电池专利的主要申请区域，该区域的申请量超过总量的 70%。

通过对申请人国别分布进行分析，可以了解各国对该领域的重视程度及在该领域的技术实力，可以看到，日本申请人在该领域的专利申请数量为 26 929 件，约占该领域专利申请总数的 53%，可以看出日本政府和企业对燃料电池技术的高度重视；来自美国、德国、韩国的申请人的专利申请数量分列第 2 至第 4 位，而该领域的我国申请人所拥有的专利申请量与美、德、韩三国还存在一定差距。

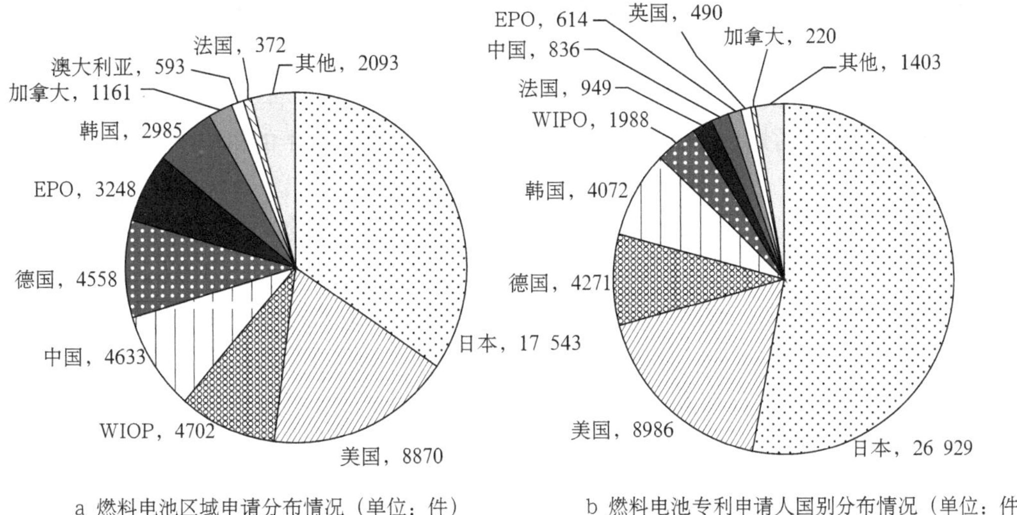

a 燃料电池区域申请分布情况（单位：件）　b 燃料电池专利申请人国别分布情况（单位：件）

图 7-4 燃料电池专利区域分布

7.4.1.3 专利技术分布分析

根据国际专利分类（International Patent Classification，IPC）进行统计，选取相关专利数量最多的前 20 个 IPC 小组。

如图 7-5 所示，燃料电池专利的技术分布主要集中在 H01M8（燃料电池及其制造）大组下的若干小组，其中以 H01M8/04（辅助装置或方法，如用于压力控制的，用于流体循环的）和 H01M8/10（固体电解质的燃料电池）数量最多。

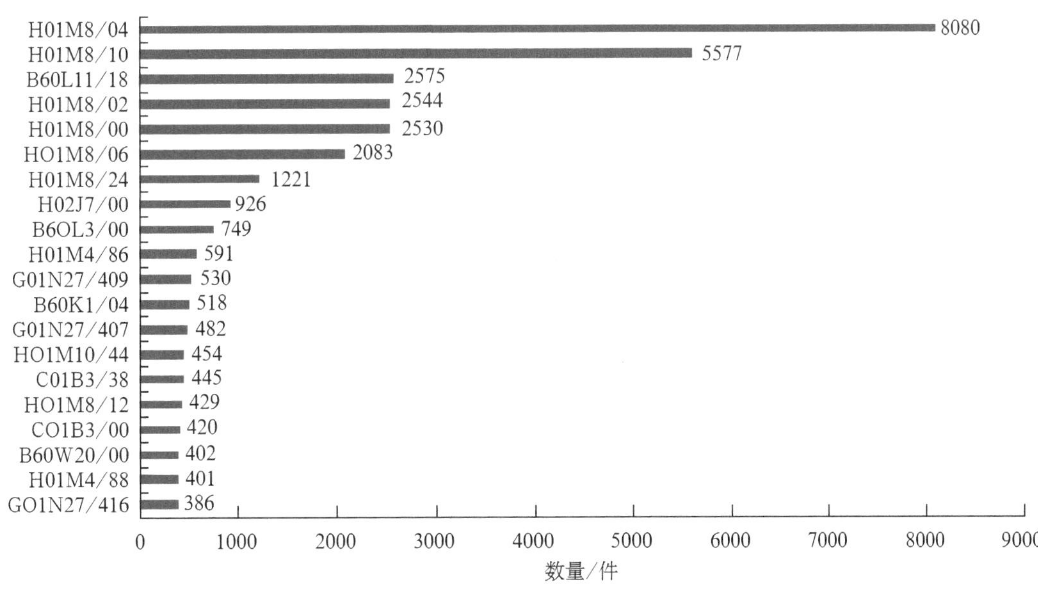

图 7-5 燃料电池专利技术分布

7.4.2 燃料电池研发机构分析

全球范围内燃料电池领域有超过 2000 家专利申请人，其中有 55 家专利申请人的申请量在 100 件以上，占燃料电池领域专利总数的 62%。排名前十的机构申请量占专利总数的 44%。由此可见，燃料电池领域的专利具有集中性。

本书选取该领域的主要研发机构，重点研究专利申请量排名前十的机构：日本丰田汽车公司（7725 件）、本田汽车集团（3386 件）、日产汽车公司（2999 件）、现代自动车株式会社（2102 件）、通用汽车公司（1569 件）、松下电器产业株式会社（1347 件）、戴姆勒股份公司（1279 件）、日本电装公司（693 件）、博世公司（563 件）、日本住友电气工业株式会社（431 件）。其中，日本企业占 6 家，处于绝对优势，并且排名第一的日本丰田汽车公司专利申请量遥遥领先于其他企业。

7.4.2.1 机构研发持续性分析

通过对企业专利活动连续性的分析，可以从一定程度上判断企业在该领域的战略选择和积淀程度。图 7-6 显示的是前 10 家企业的历年专利申请活动，圆点代表企业当年在燃料电池领域有专利申请。

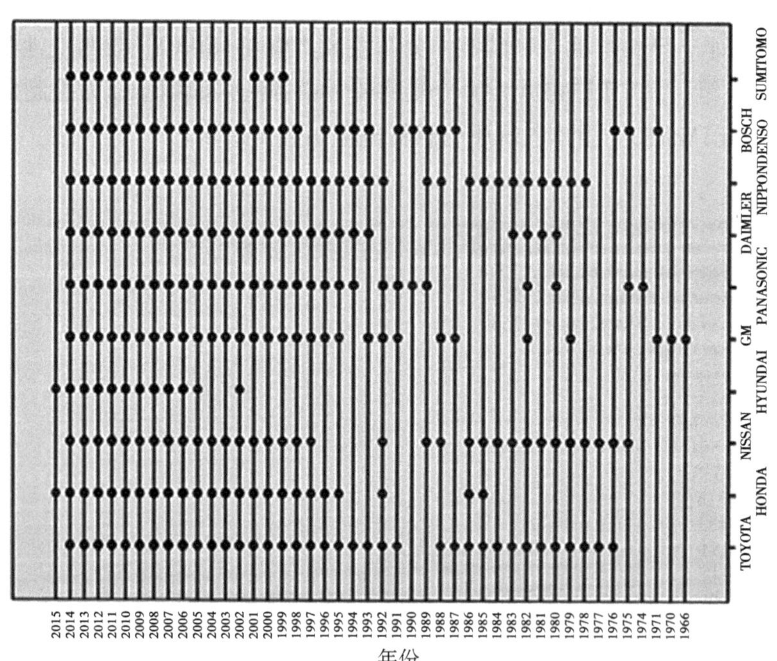

图 7-6 前 10 家企业历年专利活动情况

TOYOTA：日本丰田汽车公司；HONDA：本田汽车集团；NISSAN：日产汽车公司；HYUNDAI：现代自动车株式会社；GM：通用汽车公司；PANASONIC：松下电器产业株式会社；DAIMLER：戴姆勒股份公司；NIPPONDENSO：日本电装公司；BOSCH：博世公司；SUMITOMO：日本住友电气工业株式会社。

10 家企业的专利申请活动从持续性上可分为四类，第一类：日本丰田汽车公司、日产汽车公司和日本电装公司，从 20 世纪 70 年代开始有较为持续的专利申请；第二类：通用汽车公司、松下电器产业株式会社和博世公司，虽然较早出现专利申请活动，但并不连续；第三类：本田汽车集团和戴姆勒股份公司，从 20 世纪 90 年代开始有持续专利申请，但期间中断；第四类：现代自动车株式会社和日本住友电气工业株式会社，进入该领域时间较晚。

7.4.2.2 机构技术集中度分析

由于 IPC 分类与实际生产并不完全贴合，因此将燃料电池细化分类为燃料电池系统、燃料电池的布置及安装、燃料电池类型、燃料电池核心部件和燃料电池关键技术，进一步对前 10 家企业燃料电池专利分布进行统计和说明。

从图 7-7 可见，日本丰田汽车公司、本田汽车集团、日产汽车公司、现代自动车株式会社、通用汽车公司、戴姆勒股份公司这些汽车制造商的技术分布较为一致，均在燃料电池关键技术方面申请专利最多，其次是燃料电池核心部件。现代自动车株式会社在燃料电池类型的专利申请量远低于其他汽车制造商；戴姆勒股份公司在燃料电池核心部件的专利申请量较低；其他 4 家企业由于并非汽车制造商，专利分布差异较大。松下电器产业株式会社专利申请主要分布在燃料电池类型、燃料电池核心部件、燃料电池关键技术；日本住友电气工业株式会社的专利申请则主要集中于燃料电池核心部件。

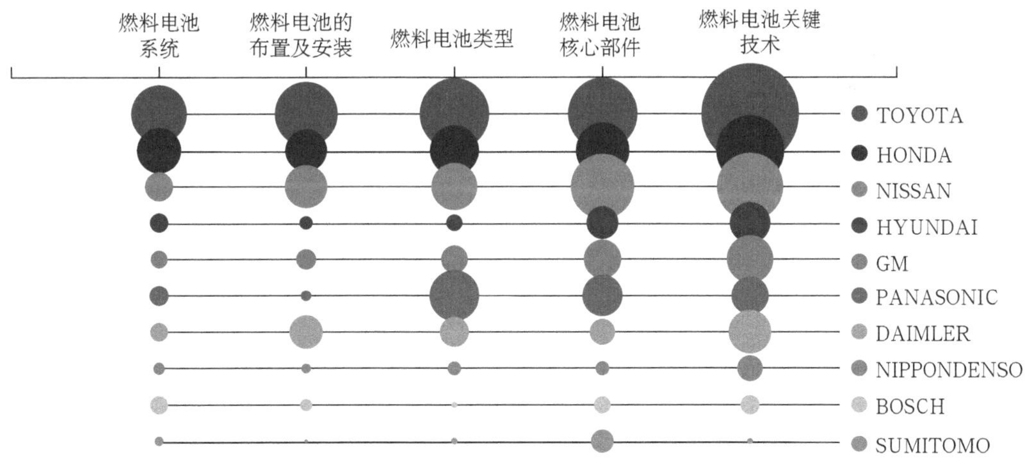

图 7-7 前 10 家企业在燃料电池系统分类的专利分布（见书末彩图）

TOYOTA：日本丰田汽车公司；HONDA：本田汽车集团；NISSAN：日产汽车公司；HYUNDAI：现代自动车株式会社；GM：通用汽车公司；PANASONIC：松下电器产业株式会社；DAIMLER：戴姆勒股份公司；NIPPONDENSO：日本电装公司；BOSCH：博世公司；SUMITOMO：日本住友电气工业株式会社。

7.4.2.3 机构技术影响力分析

通过对企业专利被引量的分析,可以在一定程度上反映企业在该领域技术的影响力。从图 7-8 可见前 10 家企业燃料电池领域专利的篇均被引量，横线代表全球专利平均被引量。前 10 家企业大部分达到或超过全球平均水平，其中戴姆勒股份公司、松下电器产业株式会社、日本住友电气工业株式会社的篇均被引量突出，均超过 1.6 件，说明前 10 家企业在燃料电池领域的专利具有一定的影响力，质量较高。

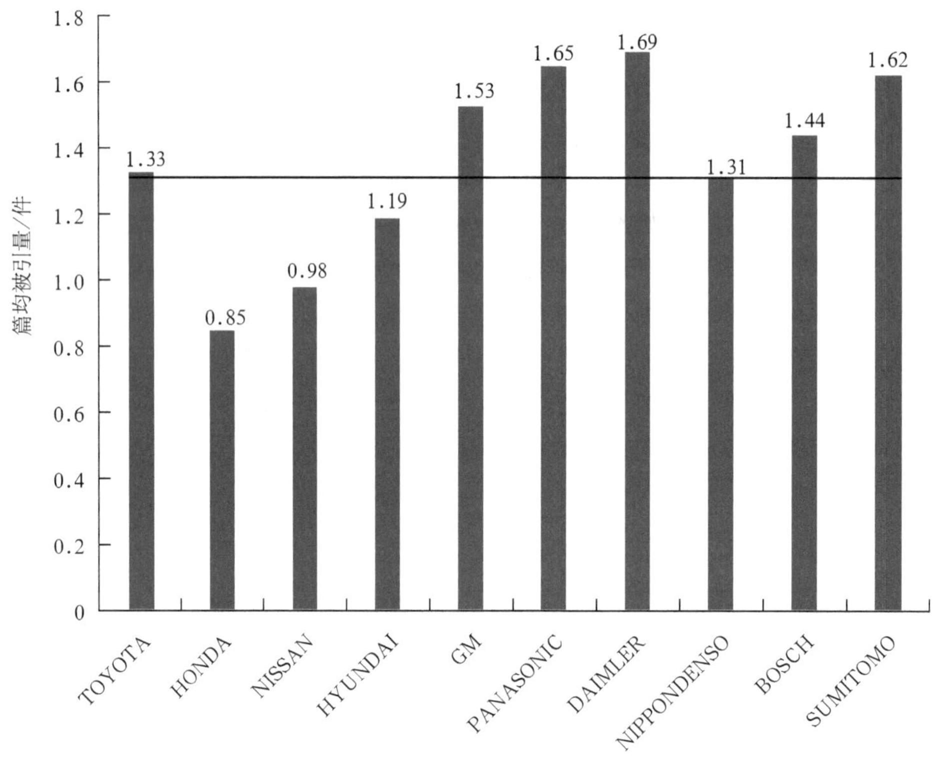

图 7-8 10 家企业专利篇均被引情况

TOYOTA：日本丰田汽车公司；HONDA：本田汽车集团；NISSAN：日产汽车公司；HYUNDAI：现代自动车株式会社；GM：通用汽车公司；PANASONIC：松下电器产业株式会社；DAIMLER：戴姆勒股份公司；NIPPONDENSO：日本电装公司；BOSCH：博世公司；SUMITOMO：日本住友电气工业株式会社。

将燃料电池领域的被引频次在 100 次以上的 14 条专利，作为该领域的核心专利（表 7-27）。被引频次较高的同族专利数也较多，同族专利申请国大多集中在美国、欧洲等地区，专利权人主要为通用汽车公司、戴姆勒股份公司等大型企业。

表 7-27 燃料电池领域被引频次的专利

排名	公开号	被引频次 / 次	同族专利数 / 件	所属专利权人
1	WO9721256-A1	225	34	加利福尼亚理工学院
2	EP569062-A2	202	7	通用汽车公司
3	WO9905741-A1	183	10	埃姆普里斯公司
4	DE4318818-A1	170	17	戴姆勒 - 奔驰汽车公司
5	WO200211267-A2	155	11	国际电力系统公司
6	US4424491-A	146	1	美国能源部
7	US5372617-A	130	1	查尔斯 · 斯塔克 · 德雷珀实验室公司
8	WO9965097-A1	124	4	美孚石油公司
9	DE3345958-A	123	5	通用电气公司
10	EP1107340-A2	111	5	通用汽车公司
11	US5624769-A	108	5	通用汽车公司
12	WO9106132-A	107	13	加利福尼亚大学
13	US5938800-A	104	1	迈克德莫特国际
14	EP677412-A1	103	5	戴姆勒 - 奔驰汽车公司

7.4.3 燃料储备技术分支专利分析

一件专利所属的专利家族较大，说明专利申请人希望对这件专利所承载的技术进行更加全面的保护，也就说明该技术的重要性。本书将拥有 10 件以上专利家族数划为规模较大的专利家族。在燃料电池专利中，有 8675 件专利所属的专利家族规模较大，选出比例最高的技术分支——燃料储备技术。燃料储备技术分支的专利总数为 1492 件，其中有 481 件专利属于规模较大的专利家族，占总数的 32%。

7.4.3.1 燃料储备技术重要专利

对技术分支中重要专利的选取，综合考虑了被引次数、专利族大小、专利申请日期等若干因素。专利号为 US8069885B2 的专利被引次数最高，达到 30 次，同时所属专利家族规模较大，专利申请时间为 2004 年，公开时间为 2006 年，距保护期结束尚有近 10 年时间，正处于技术与经济价值均较高的黄金时期，属于该技术分支中较为重要的专利。

该专利的申请人为德国林德集团（LINDE）。林德集团在物料搬运、工业气体和配套工程等领域都处于世界领先地位，也是一家大型氢燃料制造商，林德集团还与现代自动车株式会社合作研发燃料电池汽车。该专利的专利声明主要阐述了一种自给自足、无污染可移动式加氢站。这说明了燃料电池汽车所面临的一个问题，即加氢站的部署和建设遇到很多挑战。

7.4.3.2 燃料储备技术代表性市场主体

在燃料储备技术分支有专利活动的市场主体共有 218 家，但专利申请量超过 10 件的仅有 21 家。根据实际情况，选取专利活动有代表性的 4 家企业，即日本丰田汽车公司、本田汽车集团、现代自动车株式会社、德国林德集团进行分析（图 7–9）。

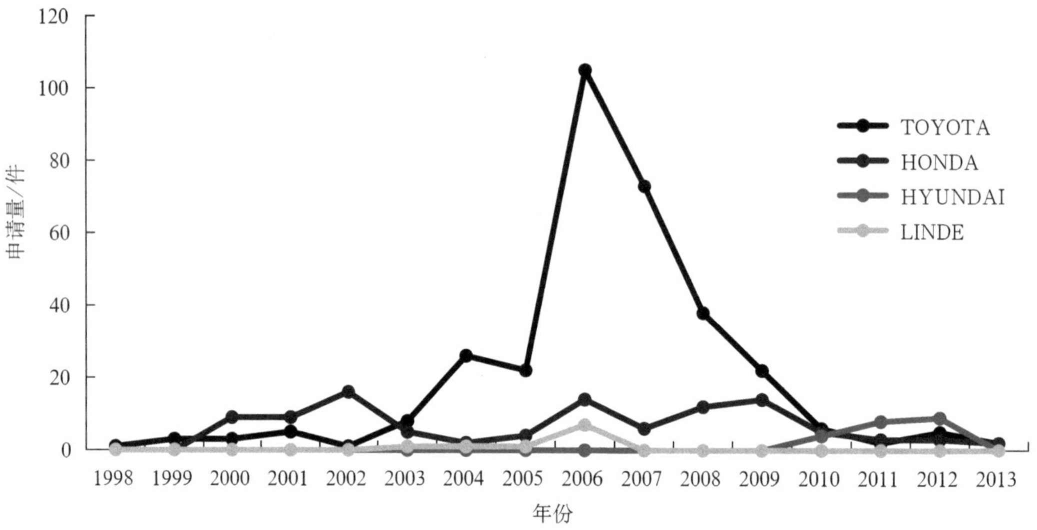

图 7–9 燃料储备技术主要市场主体专利申请趋势（见书末彩图）

TOYOTA：日本丰田汽车公司；HONDA：本田汽车集团；HYUNDAI：现代自动车株式会社；LINDE：德国林德集团。

日本丰田汽车公司作为电动汽车领域的领头羊，无论是在锂离子电池还是在燃料电池领域都表现突出，在燃料储备技术分支的专利申请量也居首位。日本丰田汽车公司在 2006 年达到申请量高峰，随后呈下降趋势；本田汽车集团在燃料储备技术方面也有大量专利申请，是有力的挑战者；现代自动车株式会社在 2010 年才进入该领域，这一时期该领域已进入瓶颈期，2010—2012 年均有一定数量的专利申请，且呈上升趋势。在燃料储备技术分支选取的代表性企业中，德国林德集团是唯一排名前十的企业，且非汽车制造商的企业。德国林德集团是关系到燃料电池汽车的动力源——氢燃料、加氢站等基础设施研发的重要企业。

利用文本聚类技术对专利内容进行分析，以反映其技术特征。如图 7–10 所示，日本丰田汽车公司在该领域的技术研究主要集中在各种气体方面（反应气体、氧化气体、氢气等），燃料电池组、冷却水等也占一定比例；本田汽车集团在该领域的技术研究主要集中在 3 部分：燃料电池系统相关、储氢罐和反应气体；现代自动车株式会社的专利数量较少，在该领域的技术研究主要在机械与自动控制方面，包括氢引擎、喷射泵、集成块、自动输入、压力控制等；除燃料电池外，德国林德集团在该分支的特征词语有反应室和加氢站等。

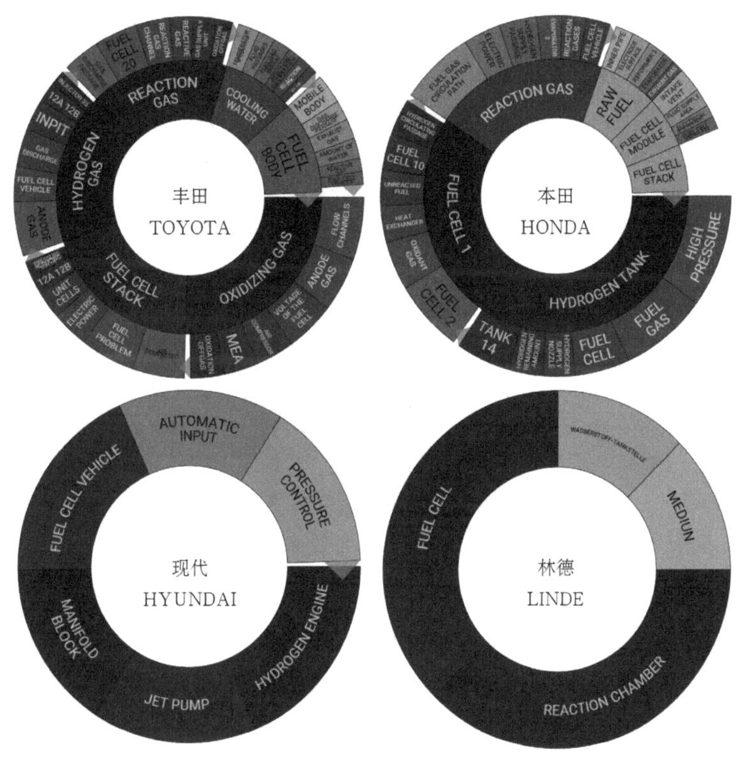

图 7-10 燃料储备技术主要市场主体专利技术特征分析（见书末彩图）

TOYOTA：日本丰田汽车公司；HONDA：本田汽车集团；HYUNDAI：现代自动车株式会社；LINDE：德国林德集团。

7.4.4 燃料储备技术功效分析

本书对燃料储备技术的专利内容进行深层次分析，利用技术功效分析能够识别该技术的“专利雷区”和“专利空白区”，有利于了解燃料储备技术发展态势，帮助我国企业分析竞争态势，制定技术发展战略（图 7-11）。

燃料电池技术分支的技术研究主要集中在燃料电池类（燃料电池、电极、电解质）、温度控制类（冷却、热交换）、燃料类（制氢、传输氢、储氢）及催化剂、水汽分离、氧化剂、通信显示等类别。相比其他类别，燃料储备技术分支的燃料类（制氢、传输氢、储氢）技术研究所占比例并不大，大部分技术研究还是集中在诸如燃料电池、催化剂、温度控制、通信显示等应用环节。这说明狭义的储氢技术目前已较为成熟，短时间内并没有较好的技术突破口。

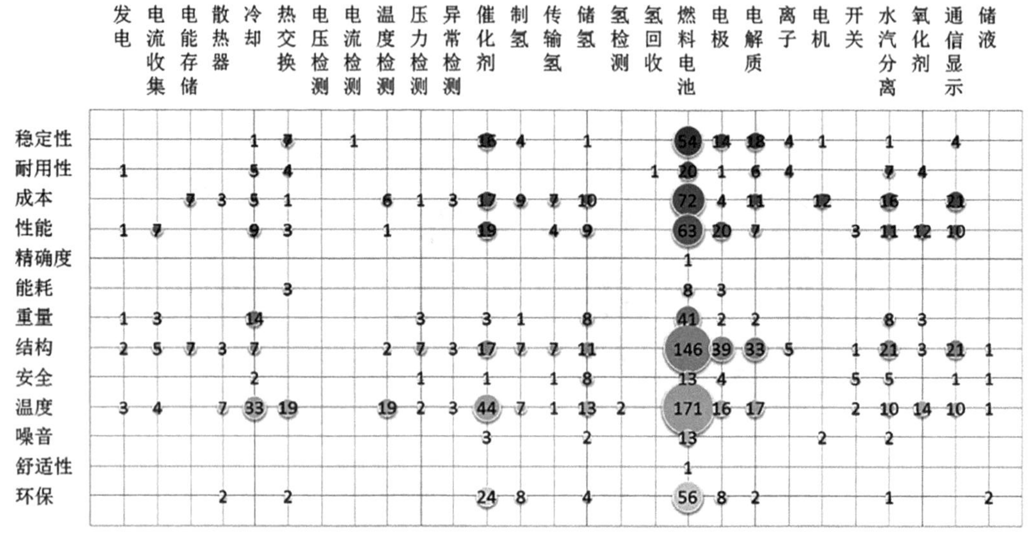

图 7-11　燃料储备技术功效分析（见书末彩图）

该技术分支的功效研究主要集中在成本、性能、结构、温度、环保等方面。从综合技术与功效来看，温度是大部分技术研究要考虑的问题，但燃料储备技术中可能会用到的状态检测类技术（电压检测、电流检测、温度检测、压力检测、异常检测）和氢检测技术相关研究均较少，涉及安全功效的研究也较少。

目前，燃料电池汽车推行的阻力之一就在于燃料储备的安全性，而检测技术与安全研究均与燃料储备的安全性关系密切，如果想进一步推广燃料电池汽车，燃料储备的安全性需得到更多的重视。

7.4.5　结论与建议

本书对燃料电池及其关键技术进行专利总体态势分析、研发机构分析和分支技术分析。了解和掌握目前燃料电池领域及关键技术的发展趋势、竞争态势和技术机会，可为我国企业分析制定燃料电池技术发展战略提供帮助。

燃料电池相关研发活动继续稳步推进，2006 年申请量达到顶峰，之后进入成熟期。前 10 家企业占燃料电池相关专利申请总量的 44%。不同厂商的策略各异，日本丰田汽车公司为领军企业；本田汽车集团是有力的竞争者；日产汽车公司疲于追赶；现代自动车株式会社自成一家，迅速赶上，是重要的新兴力量。燃料电池领域实际有价值的专利不超过 2 万件。基础技术的研发得到众多企业的重视，并没有集中于某一两家企业。

针对燃料电池重要分支技术——燃料储备技术，除日本传统汽车企业日本丰田汽车公司和本田汽车集团占据重要地位外，韩国现代自动车株式会社和德国林德集团在燃料储备技术方面表现突出。

8　专利信息与其他信息的集成

8.1　专利信息与标准的集成——以ISO标准必要专利为例

随着技术变革和经济全球化的加速推进，标准和专利日益融合，技术专利化、专利标准化已经成为高科技企业的共识，越来越多的专利被纳入技术标准[①]。标准必要专利作为技术标准和知识产权相结合的产物，是“实施标准必不可少的专利”[②]，在帮助企业引领产业发展的同时，强化技术保护，实现利益最大化。

在当前全球竞争加剧的情况下，贸易之争是大国崛起的制高点之争，更是以知识产权为核心的科技实力之争。专利数据由于涵盖的信息全面、规范且易于使用，受到学术界和产业界的广泛青睐，成为科技实力分析的重要信息资源。但长期以来，专利质量良莠不齐也为相关分析的准确性带来极大干扰。不同于非标准必要专利，标准必要专利更强调商业和技术效果属性，在专利被引频次、专利家族规模等普遍公认的与专利质量相关指标上普遍高于非标准必要专利[③④]。

在此背景下，标准必要专利的相关研究也成为关注的热点。国际标准化组织（International Organization for Standardization，ISO）作为世界上最大、涵盖领域最广泛的非政府性国际标准化机构，对其披露的标准必要专利研究具有重要意义。

8.1.1　国际标准化组织及其专利政策

国际标准化组织（简称ISO）成立于1926年，其宗旨是促进全球范围内的标准化及其有关活动，以利于国际产品与服务的交流，以及在知识、科学、技术和经济活动中发展国际的相互合作，目前其成员包括164个国家的标准组织。截至2019年，ISO已经出版了22 919个国际标准和相关文件，涵盖了几乎所有行业，从技术到食品安全，从农业到医疗保健。

---

① RYSMAN M，SIMCOE T. Patents and the performance of voluntary standard-setting organizations[J]. Management science，2008，54（11）：1920–1934.

② 国家标准委，国家知识产权局 . 国家标准涉及专利的管理规定（暂行）[EB/OL]. [2013-12-26]. https://www.wipo.int/edocs/lexdocs/laws/zh/cn/cn265zh.pdf.

③ 刘鑫，余翔 . 标准必要专利与我国企业策略研究 [J]. 知识产权，2014（11）：59–63.

④ 吴菲菲，米兰，黄鲁成 . 关于标准必要专利与高质量专利关系的研究 [J]. 科学学与科学技术管理，2018（9）：87–100.

为了确保全世界范围内技术与系统的兼容性，三大国际标准化组织［国际标准化组织（ISO）、国际电工委员会（IEC）、国际电信联盟（ITU）］于2006年联合发布了《ISO/IEC/ITU 共同专利政策》[①]，并于2007年发布了《ITU-T/ITU-R/ISO/IEC 专利政策实施指南》[②]。

在《ISO/IEC/ITU 共同专利政策》中，三大国际标准化组织鼓励标准参与者尽早披露其所有已知的专利信息，无论该专利是否由该参与者持有，但不对参与者披露专利的有效性、权威性及必要性进行审查。同时，三大国际标准化组织也要求专利持有人在披露专利信息时选择专利的许可模式。

《ITU-T/ITU-R/ISO/IEC 专利政策实施指南》在发布后经历了2012年、2015年、2018年3次修订。最新版的实施指南中，除了对共同专利政策中可能有争议的名词进行了解释，对专利信息的披露提出了要求之外，还提供了专利许可和许可声明模版，对标准必要专利持有人提交的信息内容进行了明确规定，具体包括专利持有人名称、地址、联系方式、标准必要专利号、许可模式等信息。

8.1.2 ISO 标准必要专利数据来源

为了提高标准制定过程的透明度，同时促进标准的使用，国际标准化组织在其官方网站提供了一个标准必要专利信息表[③]（可下载的 Excel 文件）。该信息表收集了自1980年以来各机构 / 企业提交给 ISO 的标准必要专利声明信息，具体内容及信息完整性如表 8-1 所示。

表 8-1　ISO 标准必要专利信息表的内容

序号	字段	含义
1	Date of declaration	披露日期
2	Patent holder/Company	专利提交机构
3	Committee	技术委员会
4	Standard	标准号码
5	Patent Title	专利标题
6	Granted Patent Number or Application Number（if pending）	专利号或专利申请号

① ISO, IEC, ITU. ISO/IEC/ITU common patent policy [EB/OL]. [2021-03-28]. http://isotc.iso.org/livelink/livelink/Open/6344764.

② ISO, IEC, ITU. Guidelines for implementation of the common patent policy for ITU-T/ITU-R/ISO/IEC[EB/OL]. [2021-03-28].http://isotc.iso.org/livelink/livelink/Open/6295394.

③ ISO. Patent declarations submitted to ISO（excel spreadsheet）[EB/OL]. [2019-03-31]. https://isotc.iso.org/livelink/livelink/Open/13622347.

续表

序号	字段	含义
7	Postal address	联系方式
8	Country	国家
9	Licensing declaration Option 1 = RAND &Free of charge 2	许可承诺的类型为 1
10	Licensing declaration Option 2 = RAND	许可承诺的类型为 2

为了全面分析在国际标准化组织所制定的各标准中专利和标准的融合情况，选取了国际标准化组织官方披露的所有标准必要专利信息作为分析样本，数据的时间范围截至 2019 年 3 月 31 日。

8.1.3 ISO 标准必要专利数据存在的问题及处理

国际标准化组织虽然在《ITU-T/ITU-R/ISO/IEC 专利政策实施指南》及其提供的《ITU-T/ITU-R/ISO/IEC 标准必要专利声明和许可声明模版》中对专利持有人披露信息的内容进行了一定要求，但这种要求非常宽泛，对信息的完备性、准确性、规范性都未做明确的、强制性的要求。与此同时，与标准化组织不参与专利评估、不干涉专利纠纷、不涉及专利纠纷的立场相一致的是，国际标准化组织也声明："国际标准化组织不核实信息的真实性或准确性，也不核实所确定的专利 / 专利申请与 ISO 标准的相关性"。因此，国际标准化组织的网站所提供的标准必要专利信息表内容存在严重的缺失、规范性差、错误率高等问题[①]。主要的问题具体如下。

①部分字段缺失率极高，如专利号的内容缺失率高达 64%；

②字段表现形式多样、内容模糊不确定：以专利号为例，标准必要专利信息表中该字段的表现形式包括"See the copy of the declaration"、"See separate file"和罗列号码等 3 种。其中，前两种链接分别指向一个文件夹而非与标准对应的标准必要专利声明文件。

③数据的规范性差、错误率高：还是以专利号字段为例，由于《ITU-T/ITU-R/ISO/IEC 标准必要专利声明和许可声明模版》并未对提交的专利号码类型提出规范要求，因此标准必要专利信息表中的专利号码混杂了专利申请号、公开 / 公告号、授权公告号等多种类型，而且专利号码的格式没有统一的规范。同时，专利号码的错误率也很高。

基于数据质量的现状，有必要对 ISO 提供的标准必要专利信息表中的数据进行预处理，以提高分析结果的准确性和可靠性。具体预处理的工作包括以下内容。

①下载国际标准化组织网站所公开的所有标准必要专利声明文件（PDF 格式）原始

① 刘鑫，余翔，刘珊 . 标准必要专利数据库评析 [J]. 情报杂志，2014（10）：109-115.

文本，对其中的专利号、标准号等信息进行提取；

②根据提取到的信息对标准必要专利信息表进行补充和规范；

③以中国科学技术信息研究所自建的 ISTIC- 专利分析数据库为基础，对专利号的类型进行识别，并对专利号格式进行统一规范化处理。

此外，为了进一步拓展分析的维度，以标准必要专利信息表中标准和专利的对应关系为锚点，对标准和专利的信息进行了进一步丰富和拓展。

①从国际标准化组织网站获取并补充了标准标题、对应的技术委员会、国际标准分类号等信息。

②从中国科学技术信息研究所自建的 ISTIC- 专利分析数据库补充了标准必要专利的申请人、发明人、申请日期、公开公告日期、专利分类号、专利家族等信息。在进行专利家族同族扩展时，以 2019 年 11 月 30 日为截止时间点。

8.1.4 国际标准化组织标准必要专利分析

经过收集和整理，截至 2019 年 3 月，从国际标准化组织的网站共获得自 1980 年以来全球 175 家机构向 ISO 提交的标准必要专利。经过专利家族扩展后，这些标准必要专利共涉及 997 个专利家族，12 702 条专利公开文献。在下文中，我们将这些专利称为 ISO 标准必要专利。

8.1.4.1 ISO 标准必要专利相关标准委员会及国际标准分类分析

国际标准化组织的标准制定工作在其技术委员会（Technical Committee，TC）的领导和管理下进行。目前，国际标准化组织共有 248 个技术委员会分管不同专业领域的标准制定工作，各技术委员会还下设多个分技术委员会（Sub-technical Committee，SC）。

根据截至 2019 年 3 月的 ISO 标准必要专利的统计分析，国际标准化组织 248 个技术委员会中，仅有 54 个技术委员会制定的标准收到了来自企业、研究院所等机构提交的标准必要专利声明。

图 8-1 是 ISO 标准必要专利在各技术委员会的分布，图中选取了排名前十的技术委员会。

从图 8-1 可以看出，ISO 标准必要专利在各技术委员会的分布极不均衡。其中，国际标准化组织的绝大多数标准必要专利都与 ISO/IEC JTC 1（信息技术联合委员会）制定的标准相关，其标准必要专利数量占到了 ISO 标准必要专利总量的 90.88%。除了信息技术之外，标准必要专利在其他技术委员会的分布差异并不是特别显著。这一方面与信息技术的飞速发展有关；另一方面也折射了在信息技术产业的竞争中知识产权的重要地位（表 8-2）。

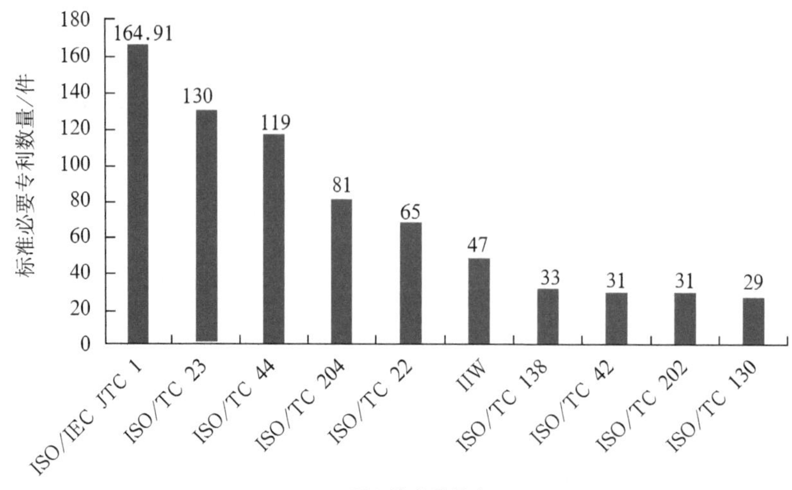

图 8-1 标准必要专利数量排名前十的技术委员会

注：ISO/IEC JTC 1 标准必要专利数量为图示高度数值的 70 倍。

表 8-2 标准必要专利数量排名前十的技术委员会

序号	技术委员会代码	标准必要专利数量 / 件	技术委员会名称
1	ISO/IEC JTC 1	11 544	信息技术联合委员会
2	ISO/TC 23	130	农林机械技术委员会
3	ISO/TC 44	119	焊接及相关工艺技术委员会
4	ISO/TC 204	81	智能交通系统技术委员会
5	ISO/TC 22	65	道路车辆技术委员会
6	IIW	47	国际焊接学会技术委员会
7	ISO/TC 138	33	输送流体用塑料管、配件和阀门技术委员会
8	ISO/TC 42	31	摄影技术委员会
9	ISO/TC 202	31	微束分析技术委员会
10	ISO/TC 130	29	图形技术委员会

深入信息技术联合委员会下属的各小组委员会，其涉及的标准必要专利数量分布仍不均衡（图 8–2）。与音频、图像、多媒体和超媒体信息的编码相关的标准必要专利占比达到 79.11%；排在第二的自动识别和数据采集技术相关标准必要专利 1304 件，与排名第一的小组委员会相差悬殊；ISO/IEC JTC 1/SC 27 信息安全、网络安全和隐私保护、ISO/IEC JTC 1/SC 17 个人识别卡和安全装置两个小组涉及的标准必要专利数量大致相当，共占信息技术标准必要专利的 8.16%；除上述小组委员会外，其余尚有 5 个小组委员会涉及极少量的标准必要专利（表 8–3）。

而根据国际标准化组织在其官网公布的数据，ISO/IEC JTC 1 信息技术委员会已发布标准 2737 部，各小组委员会发布的标准数量有差异，但总体而言，其不均衡性远不如标准必要专利数量分布那么显著。其中，音频、图像、多媒体和超媒体信息的编码（ISO/IEC JTC 1/SC 29）小组委员会发布标准 583 部，数量最多，与其标准必要专利数量的排名相一致。然而，有些制定标准比较活跃的小组委员会，如软件和系统工程（ISO/IEC JTC 1/SC 7）小组委员会，则未见相关研发机构和企业提交标准必要专利声明，其在标准领域和知识产权领域的活跃度差异值得关注。

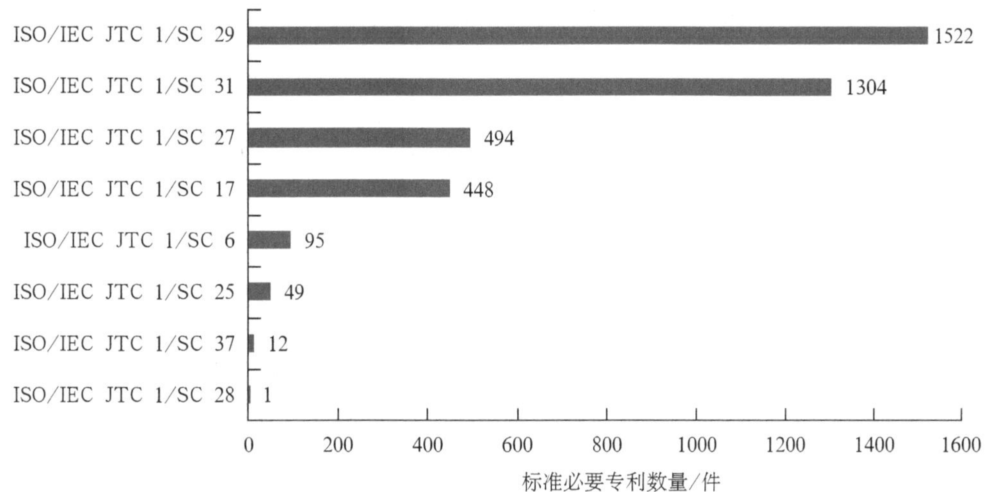

图 8-2 ISO/IEC JTC 1 小组委员会相关标准必要专利数量分布

注：ISO/IEC JTC 1/SC 29 的标准必要专利数量为图示长度数值的 6 倍。

表 8-3 ISO/IEC JTC 1 小组委员会对应的标准必要专利数量

序号	小组委员会	标准必要专利数量 / 件	小组委员会名称
1	ISO/IEC JTC 1/SC 29	9132	音频、图像、多媒体和超媒体信息的编码
2	ISO/IEC JTC 1/SC 31	1304	自动识别和数据采集技术
3	ISO/IEC JTC 1/SC 27	494	信息安全、网络安全和隐私保护
4	ISO/IEC JTC 1/SC 17	448	个人识别卡和安全装置
5	ISO/IEC JTC 1/SC 6	95	系统间的电信和信息交换
6	ISO/IEC JTC 1/SC 25	49	信息技术设备的互连
7	ISO/IEC JTC 1/SC 37	12	生物测定学
8	ISO/IEC JTC 1/SC 28	1	办公室设备

国际标准分类法（International Classification for Standards，ICS）是国际标准化组织

编制的标准文献分类方法[①]。ICS 是一个 3 层结构的等级分类法，目前使用的是 2015 年颁布的第七版国际标准分类法，共有 40 个大类、392 个类目、909 个小类。

从 ICS 大类来看，与标准必要专利关联的标准覆盖了 23 个类，但分布极为不均衡：12 702 件专利中，11 832 件都与信息技术有关，其余零星分布在制造工程、农业、图像技术等领域。从完整的国际标准分类号分析，ISO 标准必要专利主要分布在音视频和多媒体信息编码技术领域，其次分布在信息识别和信息安全技术领域。ISO 标准必要专利的 ISC 分布情况和其在技术委员会的分布情况是吻合的（表 8–4）。

表 8–4　ISO 标准必要专利的国际标准分类情况（专利数量前十）

序号	国际标准分类号	标准必要专利数量 / 件	国际标准分类号含义
1	35.040.40	8886	音频、视频、多媒体和超媒体信息的编码
2	35.040.50	1320	自动识别和数据捕获技术：包括 RFID、OCR、条码等
3	35.030	502	IT 安全：包括加密
4	35.240.15	426	身份证、芯片信用卡、生物识别技术：包括卡在银行、贸易、电讯、运输等方面的应用
5	35.040.30	331	图形和摄影信息编码
6	35.240.99	141	其他领域的 IT 应用
7	35.020	102	通用信息技术
8	25.160.50	83	焊接和钎焊。钎焊包括气焊、电焊、等离子焊、电子束焊、等离子切割等
9	35.240.60	81	信息技术在运输领域的应用
10	03.220.01	81	通用运输

8.1.4.2　ISO 标准必要专利关联的标准分析

根据对国际标准化组织官方网站公布的标准必要专利声明数据进行整理和统计，截至 2019 年 3 月，ISO 标准必要专利共涉及 ISO 标准 114 个，仅占到 ISO 已发布的 22 919 个国际标准总量的 0.497%。

从数据来看，这 114 个与标准关联的专利数量分布也极为不均衡，绝大多数标准必要专利都与 ISO/IEC 23008、ISO/IEC 14496、ISO/IEC 18000 这 3 个标准相关（图 8–3）。

① 程军毅 .《国际标准分类法》（第六版）应用研究 [J]. 中国标准导报，2014（7）：53–56.

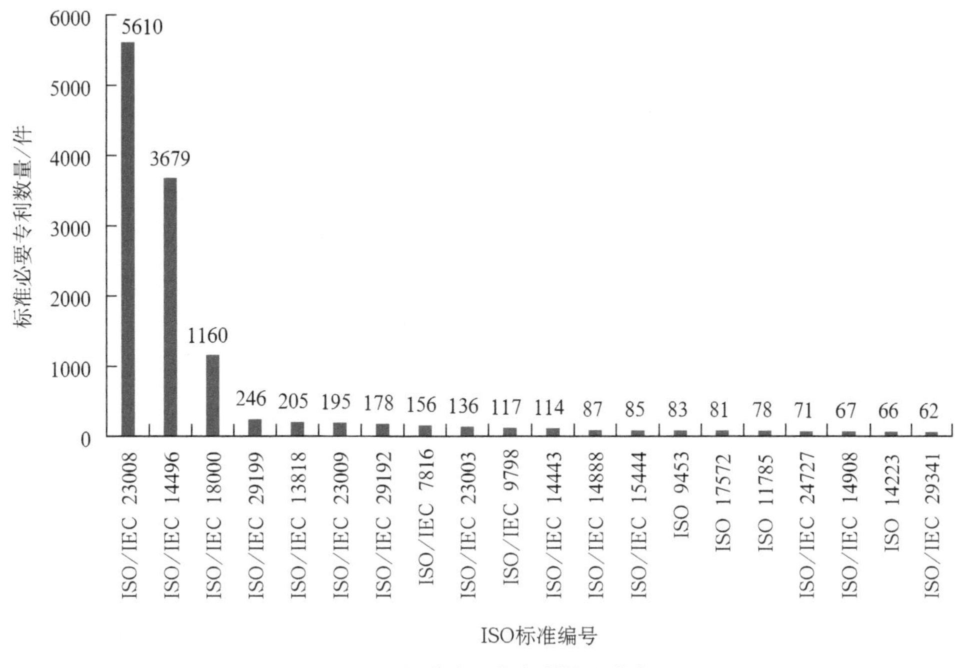

图 8-3　标准涉及的专利数量分布

ISO/IEC 23008、ISO/IEC 14496、ISO/IEC 18000 对应的标准分别为：信息技术——异构环境下的高效编码和媒体传输；信息技术——视听对象编码；信息技术——用于物体管理的射频识别。从上述标准的名称来看，绝大多数标准必要专利涉及的标准都分布在信息技术领域，主要涉及多媒体编码及射频识别等技术方向，和标准必要专利的技术委员会分布是一致的。通过深入分析标准 ISO/IEC 23008 相关的 5610 件标准必要专利，发现其中 4499 件标准必要专利都与该标准的第二部分——ISO/IEC 23008-2 高效视频编码相关。

8.1.4.3　ISO 标准必要专利的声明机构分析

从向 ISO 提交标准必要专利声明的机构类型来看，企业的活跃程度远高于研究机构（包括大学、研究所等机构类型）和个人（表 8-5）。参与提交标准必要专利声明的企业数量是大学和研究所的近 10 倍，个人鲜少参与标准必要专利提交。企业提交的标准必要专利数量和这些专利涉及的标准数量也远远高于研究机构。

表 8-5　ISO 标准必要专利声明机构类型分布

机构类型	机构数量 / 个	涉及的标准数量 / 部	涉及的专利数量 / 件
企业	156	103	11 608
研究机构	15	15	797
个人	4	3	80

对各个机构提交的标准必要专利及其涉及的标准进行统计，175 家已知机构中，标准必要专利排名前十的机构所提交的专利数量占到全部 ISO 标准必要专利数量的 73.82%。这 10 家机构中，只有德国弗朗恩霍夫研究所 1 家研究机构，其余 9 家机构均为企业。从前 10 家机构提交的标准必要专利数量及其对应的专利家族数据来看，这些机构普遍对涉及的 ISO 标准的发明进行了精心专利布局，一项发明通常对应多个专利以周密保护其核心技术。在此，我们定义专利家族规模为专利家族中所包含的专利数量，则

$$\text{平均专利家族规模} = \text{专利数量} / \text{专利家族数量}。 \quad (8\text{-}2)$$

平均专利家族规模代表了专利持有人对所持技术进行保护的严密程度，通常也和专利质量呈正相关关系。从表 8-6 可以看到，排名前十的机构所持标准必要专利的平均专利家族规模都在 10 以上，尤其是三星电子、夏普和苹果公司，平均专利家族规模均不小于 30.00 件 / 族，充分体现了这 3 家企业对相关专利的严密保护及在对应领域的研发实力。

值得一提的是，排名前十的机构中没有中国研究机构，目前国内向国际标准化组织提交专利数量最多的机构——西电捷通，其专利数量排在第 20 位。

表 8-6　持有标准必要专利数量排名前十的机构

序号	机构名	专利数量 / 件	专利家族数量 / 族	标准数量 / 部	平均专利家族规模 /（件 / 族）
1	三星电子	2832	86	4	32.93
2	汤姆森许可	2475	104	3	23.80
3	诺基亚	1724	156	9	11.05
4	夏普	601	17	1	35.35
5	弗朗劳恩霍夫研究所	396	33	2	12.00
6	法国电信	369	26	8	14.19
7	苹果公司	300	10	4	30.00
8	微软公司	268	18	3	14.89
9	斑马技术	237	14	2	16.93
10	TDF	174	8	2	21.75
……					
20	西电捷通	70	9	1	7.78

8.1.4.4　ISO 标准必要专利的地理信息分析

ISO 标准必要专利的地理信息来自两个部分：第一，各机构向 ISO 提交的标准必要专利声明中，包括提交机构的所在国和地址信息，我们通常将其视为标准必要专利所代表技术的研发产出地，即技术的源头；第二，标准必要专利在哪些国家的专利管理机构

申请/授权，我们通常将其视为技术的市场，揭示了专利的持有者在全球相关技术市场的活跃度和竞争力。

从 ISO 标准必要专利的提交机构来看，175 家机构来自全球 19 个国家。其中，从标准必要专利研发机构的数量、这些机构所持有的标准必要专利数量、相关的标准数量及标准内容的广度来看，美国均位于首位。韩国机构持有的标准必要专利数量位居第二，日本位居第四，但日本持有标准必要专利的机构数量、涉及的标准及技术委员会数量显著高于韩国，体现了日本高技术机构研发范围更为广泛，而韩国机构的研发领域则相对较为集中深入。芬兰持有 ISO 标准必要专利的机构数量位居第三，但从机构数量和涉及标准的数量、技术委员会数量来看，集中度都非常高。芬兰的 1748 件 ISO 标准必要专利分别由诺基亚和奥托昆普公司持有。其中，奥托昆普公司是一家全球领先的不锈钢生产厂商，其持有的 ISO 标准必要专利数量为 24 件，其余 1724 件 ISO 标准必要专利均由诺基亚持有。中国机构持有 104 件 ISO 标准必要专利，排在第 9 位，与发达国家相比还具有较大的差距（表 8-7）。

表 8-7　持有 ISO 标准必要专利数量排名前十的国家

序号	机构所在国	持有专利数量/件	标准数量/部	技术委员会数量/家	机构数量/家
1	US	4505	40	15	51
2	KR	3124	13	5	14
3	FI	1748	10	2	2
4	JP	1004	29	12	31
5	DE	810	19	7	17
6	FR	805	20	5	19
7	NL	198	6	3	5
8	AT	143	8	4	8
9	CN	104	3	2	6
10	AU	84	2	1	3

而从技术市场的角度分析，19 家研发机构所持有的专利遍布全球 60 个国家或地区。其中，美国、日本、中国、韩国、加拿大等国是 ISO 标准必要专利持有机构非常重视的市场，大量的机构在这些国家布局了多个技术领域相关的专利（表 8-8）。

表 8-8　ISO 标准必要专利数量排名前十的国家

序号	专利审批国	持有机构数量/家	专利数量/件	标准数量/部	技术委员会数量/家
1	US	138	2336	99	33
2	JP	112	1550	77	25

续表

序号	专利审批国	持有机构数量 / 家	专利数量 / 件	标准数量 / 部	技术委员会数量 / 家
3	EP	109	1410	82	24
4	CN	72	1289	46	16
5	KR	55	935	42	13
6	WO	101	543	77	24
7	CA	56	448	42	13
8	AU	55	411	43	17
9	DE	89	382	58	18
10	RU	21	356	20	5

图 8-4 对比了 ISO 标准必要专利数量排名前十的持有机构所在国和专利审批国的数据，可以看到技术从研发到市场的流动。

图 8-4　ISO 标准必要专利从研发到市场的地理流动（见书末彩图）

从图中可以清楚地看到，美国既是最大的技术研发地，也是最大的技术市场，其研发的标准必要专利技术活跃在不同国家的市场，各国持有标准必要专利技术的机构也将美国视为重要的技术市场。韩国的技术研发活跃，但其技术市场则较为有限。日本的技术研发和技术市场都很活跃。我国是全球最大的技术市场之一，但技术研发还较为薄弱。

8.1.5　结语

国际标准化组织作为国际上最大、涵盖领域最广泛的标准化组织，所披露的标准必要专利信息显示，各技术领域的标准化活跃程度与专利的活跃程度并不一致，信息技术领域相关标准的专利一枝独秀，并且在该领域内更多集中在音视频和多媒体编码技术。

从专利持有机构的类型来看，企业占比接近90%，是标准必要专利持有机构中的绝对主力。由于ISO标准必要专利主要集中在音视频和多媒体编码技术领域，对应的，近一半的ISO标准必要专利集中在三星电子、汤姆森许可公司和诺基亚3家公司手中。从地理分布来看，美国、日本、韩国、芬兰等国家是技术研发的主要源头，而美国、日本、中国、韩国则是全球重视的技术市场。我国虽然是重要的技术市场，但ISO标准必要专利数量低、持有机构少，研发力量较发达国家差距较大。

8.2 专利信息与领域信息的集成——以医药领域为例

8.2.1 药物银行数据库

药物银行数据库（DrugBank）是阿尔伯塔大学提供的一个生物信息学和化学信息学数据库，该数据库将详细的药物（含化学、药理学和药物学）数据与综合的药物靶标（序列、结构和途径）信息结合起来，在医药行业得到广泛应用，其用户涵盖药物化学家、药剂师、医生、学者和普通用户。DrugBank数据范围广、数据详尽，为跨数据驱动的医药行业研究提供了有力的支撑。

DrugBank最大的特色是它支持全面而复杂的搜索，结合DrugBank可视化软件，能让科学家们非常容易地检索到新的药物靶目标、比较药物结构、研究药物机制及探索新型药物。

（1）DrugBank的历史

DrugBank 2006年成立于阿尔伯塔大学的David Wishart博士的实验室，最初是一个帮助学术研究人员获得关于药物的详细结构化信息的项目。2011年，DrugBank成为代谢组学创新中心（TMIC）的一部分。该项目的范围和受欢迎程度不断扩大，并于2015年分拆成OMx个人健康分析公司。

DrugBank最早是由加拿大卫生研究院阿尔伯塔创新-健康解决方案和代谢组学创新中心（The Metabolomics Innovation Centre，TMIC）资助。TMIC是加拿大国家资助的研究核心机构，支持广泛的尖端代谢组学研究。

（2）DrugBank的内容

药物库在线最新版本（版本5.1.7，发布于2020年7月2日）包含13 726种药物，其中包括2649种已批准的小分子药物、1407种已批准的生物制剂（包括蛋白质、肽、疫苗和过敏原制剂等）、131种营养药物和超过6428种实验性（发现期）药物。此外，5234个非冗余蛋白质（药物靶标/酶/转运体/载体）序列与这些药物条目相关。每个条目包含200多个数据字段，这些数据字段一半与药物/化学数据相关，另一半与药物靶标或蛋白质数据相关。

DrugBank提供CSV、JSON、XML 3种格式的数据以供使用者下载，内容包含药物、药物同义词、品牌、制造商、剂量、价格、可计算属性、可用性、实验特性、药理学、序列、专利、结构、相互作用、药物反应、适应证、禁忌证、临床实验、靶点、参考资料等多方面信息。其中，专利信息包括专利号码、与专利相关的 Drug_ID、授予专利权的国家、专利申请及到期的日期等。通过专利与 Drug_ID 的关系，可以将专利与 DrugBank 中的所有药物信息建立关联。

8.2.1.1 DrugBank 主要数据内容

（1）药物名称

名称：药物名称

别名：无

描述：药品生产商提供的药品标准名称。

默认值：无

数据来源：DrugBank 数据的 XML。

```
<drug type="biotech" created="2005-06-13" updated="2018-07-02">
 <drugbank-id primary="true">DB00001</drugbank-id>
 <drugbank-id>BTD00024</drugbank-id>
 <drugbank-id>BIOD00024</drugbank-id>
 <name>Lepirudin</name>
</drug >
```

备注：无

（2）药物类型

名称：药物类型

别名：drug_type

描述：药物所属类型，包括小分子药、生物药。

默认值：无

数据来源：DrugBank 数据的 XML。

```
<drug type="biotech" created="2005-06-13" updated="2018-07-02">
```

备注：无

（3）药物标识符

名称：药物标识符

别名：drug_bank_id

描述：DrugBank 的药物标识符。

默认值：无

数据来源：DrugBank 数据的 XML。

```
<drugbank-id primary="true">DB00001</drugbank-id>
<drugbank-id>BTD00024</drugbank-id>
<drugbank-id>BIOD00024</drugbank-id>
```

备注：无

（4）同义词

名称：同义词

别名：drug_Synonyms

描述：药物的替代名称。

默认值：无

数据来源：DrugBank 数据的 XML。

```
<synonyms>
  <synonym language="" coder="">Hirudin variant-1</synonym>
  <synonym language="" coder="">Lepirudin recombinant</synonym>
</synonyms>
```

备注：无

（5）ATC 代码

名称：ATC 代码

别名：drug_ATC_code

描述：世界卫生组织药物分类系统（ATC）标识符。

默认值：无

数据来源：DrugBank 数据的 XML。

```
<atc-codes>
  <atc-code code="B01AE02">
    <level code="B01AE">Direct thrombin inhibitors</level>
    <level code="B01A">ANTITHROMBOTIC AGENTS</level>
    <level code="B01">ANTITHROMBOTIC AGENTS</level>
    <level code="B">BLOOD AND BLOOD FORMING ORGANS</level>
  </atc-code>
</atc-codes>
```

备注：无

（6）ATC 代码层级

名称：ATC 代码层级

别名：drug_ATC_code_level

描述：世界卫生组织药物分类系统（ATC）标识符层级。

默认值：无

数据来源：DrugBank 数据的 XML。

<atc-codes>
  <atc-code code="B01AE02">
    <level code="B01AE">Direct thrombin inhibitors</level>
    <level code="B01A">ANTITHROMBOTIC AGENTS</level>
    <level code="B01">ANTITHROMBOTIC AGENTS</level>
    <level code="B">BLOOD AND BLOOD FORMING ORGANS</level>
  </atc-code>
</atc-codes>

备注：无

（7）药物专利号码

名称：药物专利号码

别名：drug_patents_number

描述：药物的专利号。

默认值：无

数据来源：DrugBank 数据的 XML。

<patents>
  <patent>
    <number>5180668</number>
    <country>United States</country>
    <approved>1993-01-19</approved>
    <expires>2010-01-19</expires>
    <pediatric-extension>false</pediatric-extension>
  </patent>
</patents>

备注：无

（8）药物合成参考文献

名称：药物合成参考文献

别名：drug_synthesis_reference

描述：药物合成相关的文献或专利号。

默认值：无

数据来源：DrugBank 数据的 XML。

<synthesis-reference>Timothy D. Osslund,Christi L. Clogston,Shon Lee Crampton,Randal B.

Bass，"Crystals of etanercept and methods of making thereof." U.S. Patent US07276477，issued October 02，2007.</synthesis-reference>

备注：无

（9）药物通用参考文献

名称：药物通用参考文献

别名：drug_references_textbooks

描述：该药物相关的参考文献。

默认值：无

数据来源：DrugBank 数据的 XML。

<textbooks>

<textbook>

<isbn>978-0-7020-3471-8</isbn>

<citation>32.（2012）. In Rang and Dale's Pharmacology（7th ed.，pp. 399-400）. Edinburgh:Elsevier/Churchill Livingstone.</citation>

</textbook>

</textbooks>

备注：无

（10）药物通用参考文献地址

名称：药物通用参考文献地址

别名：drug_references_links

描述：该药物相关参考文献地址。

数据来源：DrugBank 数据的 XML。

<links>

<link>

<title>DDVAP Nasal Spray FDA Label</title>

<url>https://www.accessdata.fda.gov/drugsatfda_docs/label/2007/017922s038，018938s027，019955s013lbl.pdf</url>

</link>

<link>

<title>Stimate（desmopressin acetate）nasal spray FDA Label</title>

<url>https://www.accessdata.fda.gov/drugsatfda_docs/label/2013/020355s020lbl.pdf</url>

</link>

<link>

<title>UKPAR for Desmopressin acetate 100mcg and 200mcg Tablets</title>
<url>http://www.mhra.gov.uk/home/groups/par/documents/websiteresources/con2033807.pdf</url>
</link>
</links>

备注：无

（11）PubChem 化合物 ID

名称：PubChem 化合物 ID

别名：drug_PubChem Compound

描述：NCBI 的 PubChem 数据库化合物识别号。

默认值：无

数据来源：DrugBank 数据的 XML。

<external-identifier>
<resource>PubChem Compound</resource>
<identifier>25074887</identifier>
</external-identifier>

备注：无

8.2.1.2 DrugBank 设计

DrugBank 共包括 18 张表（表 8–9），这些表格间的主键 – 外键关系如图 8–5 所示。下面将对这些表结构分别进行介绍（表 8–10 至表 8–27）。

表 8–9　DrugBank 数据库表单

序号	表名	描述
1	drug	药品表
2	article	文章表
3	entity	实体表
4	patent	专利表
5	external_identifier	外部来源表
6	link	url 链接表
7	atc_code	atc 代码表
8	synonym	同名表
9	textbook	书目表
10	article_entity	文章 – 作者关系表

续表

序号	表名	描述
11	drug_article	药品 – 文章关系表
12	drug_atc_code	药品 –atc 代码关系表
13	drug_drugbank_id	药品 –drugbank 关系表
14	drug_external_identifier	药品 – 外部来源关系表
15	drug_link	药品 –url 链接关系表
16	drug_patent	药品 – 专利关系表
17	drug_synonym	药品 – 同名表
18	drug_textbook	药品 – 书目表

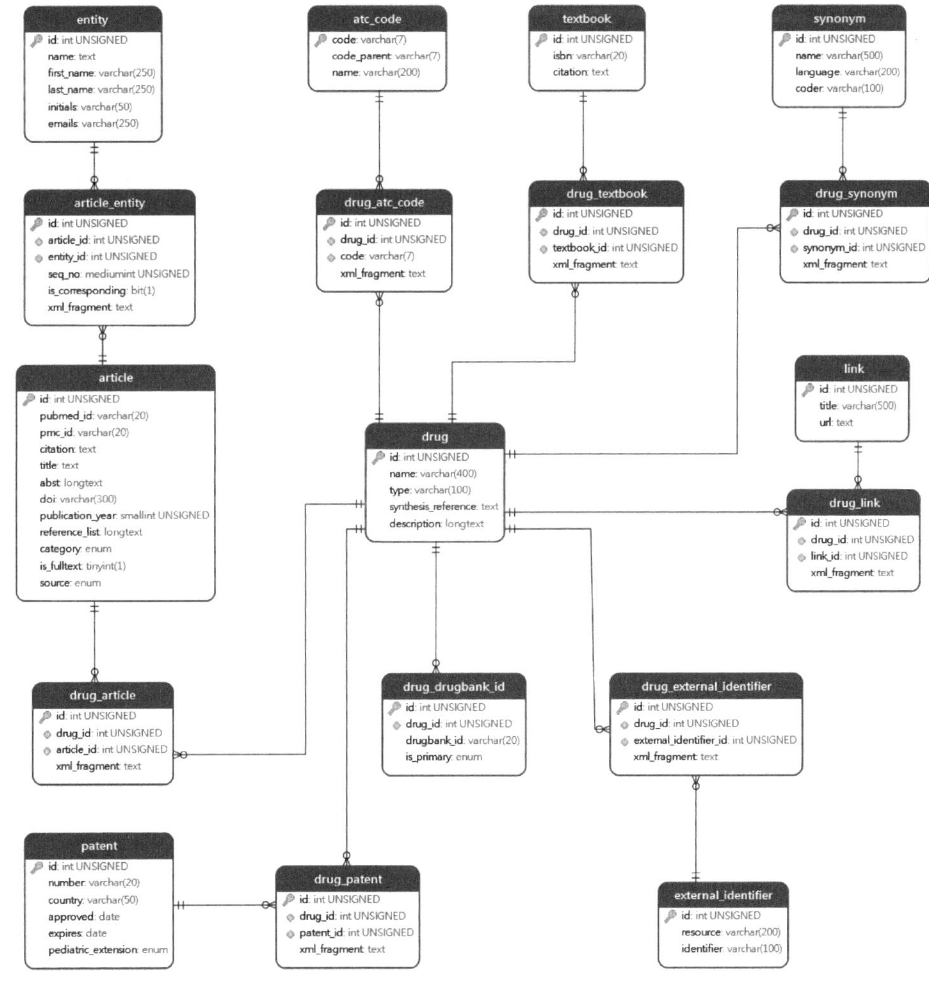

图 8-5 DrugBank 数据库关系

表 8–10　drug

序号	字段	描述	类型
1	id		int（10）
2	name	药品名称	varchar（400）
3	type	药品类型	varchar（100）
4	synthesis_reference	相关专利	text
5	description	药品描述	longtext

表 8–11　article

序号	字段	描述	类型
1	id		int（10）
2	pubmed_id		varchar（20）
3	pmc_id		varchar（20）
4	citation	引用语句	text
5	title	标题	text
6	abst	摘要	longtext
7	doi	文章唯一识别码	varchar（300）
8	publication_year	出版年份	smallint（4）
9	reference_list	参考文献列表	longtext
10	category	分类	enum（article, book）
11	is_fulltext	是否为全文本	tinyint
12	source	来源	enum（xml, url, manual）

表 8–12　entity

序号	字段	描述	类型
1	id		int（12）
2	name	姓名	text
3	first_name	名	varchar（250）
4	last_name	姓	varchar（250）
5	initials	首字母	varchar（50）
6	emails	邮件地址	varchar（250）

表 8-13 patent

序号	字段	描述	类型
1	id		int（10）
2	number	号码	varchar（20）
3	country	国家	varchar（50）
4	approved	专利授权时间	date
5	expires	专利到期时间	date
6	pediatric_extension		enum（false, true）

表 8-14 external_identifier

序号	字段	描述	类型
1	id		int（10）
2	resource	名称	varchar（200）
3	identifier	标识符	varchar（100）

表 8-15 link

序号	字段	描述	类型
1	id		int（10）
2	title	题目	varchar（500）
3	url	url 链接	text

表 8-16 atc_code

序号	字段	描述	类型
1	code	代码	varchar（7）
2	code_parent	父代码	varchar（7）
3	name	atc 分类名称	varchar（200）

表 8-17 synonym

序号	字段	描述	类型
1	id		int（10）
2	name	药品名称	varchar（500）
3	language	语言	varchar（200）
4	coder	编码	varchar（100）

表 8-18 textbook

序号	字段	描述	类型
1	id		int（10）
2	isbn	国际标准书号	varchar（20）
3	citation	引用语句	text

表 8-19 article_entity

序号	字段	描述	类型
1	id		int（14）
2	article_id	article 表 id 的外键	int（10）
3	entity_id	entity 表 id 的外键	int（12）
4	seq_no	序号	mediumint（8）
5	is_corresponding	是否对应	bit（1）
6	xml_fragment	xml 片段	text

表 8-20 drug_article

序号	字段	描述	类型
1	id		int（12）
2	drug_id	drug 表 id 的外键	int（10）
3	article_id	article 表 id 的外键	int（10）
4	xml_fragment	xml 片段	text

表 8-21 drug_atc_code

序号	字段	描述	类型
1	id		int（12）
2	drug_id	drug 表 id 的外键	int（10）
3	code	药品的 atc 代码	varchar（7）
4	xml_fragment	xml 片段	text

表 8-22 drug_drugbank_id

序号	字段	描述	类型
1	id		int（12）
2	drug_id	drug 表 id 的外键	int（10）
3	drugbank_id		varchar（20）
4	is_primary		enum（true, false）

表 8-23 drug_external_identifier

序号	字段	描述	类型
1	id		int（12）
2	drug_id	drug 表 id 的外键	int（10）
3	external_identifier_id	external_identifier 表 id 的外键	int（10）
4	xml_fragment	xml 片段	text

表 8-24 drug_link

序号	字段	描述	类型
1	id		int（12）
2	drug_id	drug 表 id 的外键	int（10）
3	link_id	link 表 id 的外键	int（10）
4	xml_fragment	xml 片段	text

表 8-25 drug_patent

序号	字段	描述	类型
1	id		int（12）
2	drug_id	drug 表 id 的外键	int（10）
3	patent_id	patent 表 id 的外键	int（10）
4	xml_fragment	xml 片段	text

表 8-26 drug_synonym

序号	字段	描述	类型
1	id		int（12）
2	drug_id	drug 表 id 的外键	int（10）
3	patent_id	patent 表 id 的外键	int（10）
4	xml_fragment	xml 片段	text

表 8-27 drug_textbook

序号	字段	描述	类型
1	id		int（12）
2	drug_id	drug 表 id 的外键	int（10）
3	synonym_id	synonym 表 id 的外键	int（10）
4	xml_fragment	xml 片段	text

8.2.2 美国FDA 橙皮书（Orange Book）数据

FDA 橙皮书全称为《与治疗等效性评价关联批准的药品》（Approved Drug Products with Therapeutic Equivalence Evalutions），是美国食品药品监督管理局根据《联邦食品药品化妆品法案》批准的符合安全性和有效性标准的药品目录。FDA 橙皮书是美国 FDA 药品监管的重要手段，是其信息公开的重要体现，在简化新药申请（Abbrevitive New Drug Application,ANDA）管理制度、专利链接和数据包含制度中发挥着重要的作用。

FDA 橙皮书药品列表（Drug Products Lists）收录以下 5 类药品的信息：

①已批准的经治疗等效性评价的处方药；

②未载入 OTC 专论（OTC Monographs）的已批准的 OTC 产品；

③生物制品评价与研究中心批准的药物；

④按 FDA 第 505 条款部分已批准的产品，包括未上市的药品、出口药品、军队使用的药品、中断上市的药品、由于安全性和有效性以外的原因被撤市的药品、孤儿药罕见病药品；

⑤处方药和非处方药专利与独占期。

8.2.2.1 美国药品专利链接制度

美国于 1984 年通过 Hatch-Waxman 法案，在全球首次建立了药品上市审批与专利链接程序，即药品专利链接制度。专利链接制度的具体实施规定和程序包括：新药申请专利状况提交、橙皮书发布、第Ⅳ段声明、诉讼期、遏制期和市场独占期。

Hatch-Waxman 法案规定了新药申请人的专利告知义务：新药申请人需在提交新药申请（New Drug Application，NDA）时，同时提交权利要求覆盖新药组成部分或其使用方法（适应证）的所有专利的专利号和专利的到期时间。提交文件中需列明与申请上市新药相关的所有专利，对于新药批准后再注册的专利，申请人也必须在专利批准后的 30 天内向 FDA 提交专利说明补充材料。

对于仿制药，Hatch-Waxman 简化了审批程序，不要求申请人重复新药已证明的安全性和有效性研究，只需要提供以新药为标准的生物等效性（Bioequivalence）证明。这被称为简化新药申请（Abbreviated New Drug Application，ANDA）。对应的，在橙皮书中，FDA 要求通用名药品申请人在其 ANDA 申请中包含一份橙皮书创新药列表的证明，证明内容包含以下 4 种情况：①橙皮书中未列入创新药的相关信息；②创新药相关专利已过期；③创新药相关专利在某个确定日期即将过期；④与创新药相关的不再有效或 ANDA 不构成专利侵权。

1984 年，Hatch-Waxman Act 法案要求 FDA 发表所有经安全性和有效性评价标准的药品名单，并按月更新内容。FDA 出版了《经治疗等效性评价批准的药品》（*Approved Drug Products with Therapeutic Equivalence Evaluations*）。

因为此书的书皮颜色为橙红色，所以俗称“橙皮书”（Orange Book），橙皮书不但列出了包括处方药和非处方药的所有被FDA批准的药品，还列出了各个品牌药品的所有申报专利及FDA给予的行政保护信息。

橙皮书的药品名单由4部分组成：①经治疗等同性评价批准的处方药；②已批准了的在FDA非处方专论集以外的，经新药申请（NDA）或简化新药申请（ANDA）程序上市的非处方药（OTC）；③由FDA生物制品评审和研究中心管理的药品；④历年累积的非市场活跃药品。

8.2.2.2 FDA橙皮书主要数据内容

FDA橙皮书除了每月定期发布之外，电子版会根据药品的批准情况而更新，即如果有新的批准信息加入，则对电子版进行及时更新。

FDA橙皮书主要包含如下信息。

药物的成分（Ingredient）：包括在此药物中的所用成分，此处使用药物的通用名；对于药物中的非活性成分，如在片剂中用来成型的淀粉、注射剂生理盐水中的所有成分，需要后期判定并去除。

药物剂型和给药方式（Dosage Form, Route of Administration）：这条信息中包含了相关的两类信息，剂型和给药方式是紧密相关的，不同的剂型有不同的给药方式，剂型有片剂、悬浊液、胶囊、溶液、注射液等，相应的给药方式有口服、注射、外用涂抹等。

药物商品名（Trade Name）：一般药品包含两个名字，即商品名和通用名。通用名一般较长，尤其是多成分药物，在这种情况下厂家通常会用一个有特色的商品名予以代替；在同一个药品由多个厂家同时生产的情况下，厂家会给自己的产品申请一个新名字，以区别其他厂家的产品。

法人（Applicant）：在药物的使用、销售过程中负全部法律责任的公司，此处为缩写，名称不超过20个字符，最后一栏的信息会有全名。

单位剂量（Strength）：在一个单位的药品中，所含有的各个成分的含量，以毫克记，在片剂中即为每片药品中每种成分的含量。

新药类型（New Drug Application Type）：是否作为新药被批准，是的话为“A”，反之为“N”。

新药批准编号（New Drug Application Number）：如果此药品作为新药被批准的话，FDA会给定一个新药批准号，通常为六位数字。

治疗等效评估代码（Therapeutic Equivalence Code）：FDA授予的用于评估该药物与其他品牌相同药物之间的药效关系的代码。

批准时间（Approval Date）：FDA批准该药物上市的时间。

药物种类（Type）：药物在橙皮书出版时的类别，有处方药（Rx）、非处方药（OTC）和停止销售药（DISCN）。这里需要说明的是停止销售的原因有很多，包括专利保护到期导致利润降低，从而厂家停止生产；有新的改进药物上市；由于毒副作用下架。

法人全名（Applicant Full Name）：药物法人的全名，对应于前边的法人缩写。

FDA 药物专利号（patent_number）：药物申请人根据 FDA 要求提供的专利号码。

FDA 药物专利到期日（Patent Expire Date）：申请人提交的专利到期日期，包括适用的延期。

FDA 药物专利提交日（Patent Submission Date）：FDA 接受新药申请人提交专利信息的日期。

我们的数据集成方案主要涉及以下数据。

（1）PubChem 物质 ID

名称：PubChem 物质 ID

别名：drug_PubChem Substance

描述：NCBI 的 PubChem 数据库子标识号。

取值范围：无

默认值：无

数据来源：DrugBank 数据的 XML。

```
<external-identifier>
    <resource>PubChem Substance</resource>
    <identifier>46507544</identifier>
  </external-identifier>
```

备注：无

（2）FDA 药物专利号

名称：FDA 药物专利号

别名：FDA_patent_number

描述：药物申请人根据 FDA 要求提供的专利号码。

取值范围：无

默认值：无

数据来源：FDA 橙皮书数据 patent 表。

备注：无

（3）FDA 药物专利到期日

名称：FDA 药物专利到期日

别名：FDA_Patent Expire Date

描述：申请人提交的专利到期日期，包括适用的延期。

取值范围：格式为 MMMDD,YYYY。

默认值：无

数据来源：FDA 橙皮书数据 patent 表。

备注：无

（4）FDA 药物专利提交日

名称：FDA 药物专利提交日

别名：FDA_Patent Submission Date

描述：FDA 接受新药申请人提交专利信息的日期。

取值范围：格式为 MMMDD,YYYY。

默认值：无

数据来源：FDA 橙皮书数据 patent 表。

备注：无

（5）FDA 药物标签

名称：FDA 药物标签

别名：FDA_Substance Flag

描述：表明申请者在提交专利时列明了物质标志。

取值范围：Y 或 null。

默认值：无

数据来源：FDA 橙皮书数据 product 表。

备注：无

（6）FDA 药品标签

名称：FDA 药品标签

别名：FDA_Product Flag

描述：表明申请者在提交专利时列明了标志。

取值范围：Y 或 null。

默认值：无

数据来源：FDA 橙皮书数据 product 表。

备注：无

（7）FDA 药物用途代码

名称：FDA 药物用途代码

别名：FDA_Patent Use Code

描述：指明药物制作过程中专利的用途。

取值范围：格式为 nnnnnnnnnn。

默认值：无

数据来源：FDA 橙皮书数据 patent 表。

备注：无

（8）FDA 新药申请（NDA）申请号

名称： FDA 新药申请（NDA）申请号

别名： FDA_NDA Number

描述： FDA 为新药申请分配的编号。

取值范围： 格式为 nnnnnn。

默认值： 无

数据来源： FDA 橙皮书数据 patent 表。

备注： 无

（9）FDA 药物商品名

名称： FDA 药物商品名

别名： FDA_Trade Name

描述： 药品标签上显示的商品名称。

取值范围： 无。

默认值： 无

数据来源： FDA 橙皮书数据 product 表。

备注： 无

（10）FDA 药物活性成分

名称： FDA 药物活性成分

别名： FDA Ingredient

描述： 药物的活性成分。

取值范围： 多个成分按字母顺序排列，用分号分隔。

默认值： 无

数据来源： FDA 橙皮书数据 product 表。

备注： 无

（11）FDA 药物申请人

名称： FDA 药物申请人

别名： FDA_Applicant

描述： 对新药申请负有法律责任的机构简称。

取值范围： 公司名称压缩为最多 20 个字符的唯一字符串。

默认值： 无

数据来源： FDA 橙皮书数据 product 表。

备注： 无

（12）FDA 药物产品序号

名称：FDA 药物产品序号

别名：FDA_Product Number

描述：FDA 为新药产品分配的序号。

取值范围：格式是 nnn.

默认值：无

数据来源：FDA 橙皮书数据 product 表。

备注：无

（13）FDA 药物申请人全名

名称：FDA 药物申请人全名

别名：FDA_Applicant Full Name

描述：对新药申请负有法律责任的机构全称。

取值范围：无

默认值：无

数据来源：FDA 橙皮书数据 product 表。

备注：无

（14）FDA 新药申请类型

名称：FDA 新药申请类型

别名：FDA_NDA Type

描述：获得批准的新药申请类型。

取值范围：创新药为“N”，仿制药为“A”。

默认值：无

数据来源：FDA 橙皮书数据 product 表。

备注：无

8.2.2.3 FDA 数据库

FDA 数据库共包括 7 张表，如表 8-28 所示，这些表格间的主键－外键关系如图 8-6 所示。下面将对这些表结构分别进行介绍（表 8-29 至表 8-35）。

表 8-28 FAD 数据库表单

序号	表名	描述
1	product	产品表
2	patent	专利表
3	applicant	申请人表

续表

序号	表名	描述
4	exclusivity	专有权表
5	ingredient	成分表
6	product_applicant	产品 – 申请人关系表
7	product_ingredient	产品 – 成分表

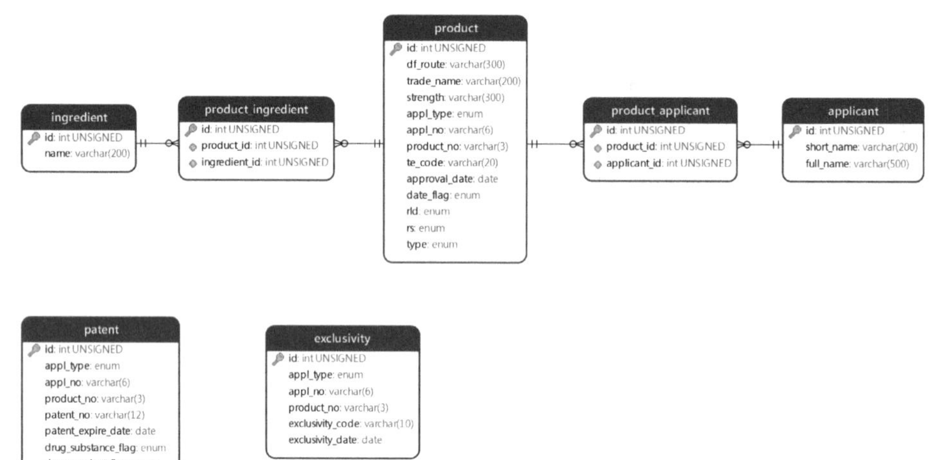

图 8-6　FDA 数据库关系

表 8-29　product

序号	字段	描述	类型
1	id		int（10）
2	df_route	剂型 / 给药途径	varchar（300）
3	trade_name	商号	varchar（200）
4	strength	单位剂量	varchar（300）
5	appl_type	新型药物应用类型	enum（A, N）
6	appl_no	新药申请编号	varchar（6）
7	product_no	产品编号	varchar（3）
8	te_code	治疗等效码	varchar（20）
9	approval_date	批准日期	date
10	date_flag	日期标志	enum（EXACT, PRIOR）
11	rld	参考清单药物	enum（Y, N）

续表

序号	字段	描述	类型
12	rs	参考标准	enum（Y, N）
13	type	批准的药物的组或类别	enum（DISCN, OTC, RX）

表 8–30 patent

序号	字段	描述	类型
1	id		int（10）
2	appl_type	新型药物应用类型	enum（A, N）
3	appl_no	新药申请编号	varchar（6）
4	product_no	产品编号	varchar（3）
5	patent_no	专利号	varchar（12）
6	patent_expire_date	专利期满日期	date
7	drug_substance_flag	药标	enum（Y, N）
8	drug_product_flag	药品旗帜	enum（Y, N）
9	patent_use_code	专利使用代码	varchar（10）
10	delist_flag	专利除名请求旗帜	enum（Y, N）
11	submission_date	专利提交日期	date

表 8–31 applicant

序号	字段	描述	类型
1	id		int（10）
2	short_name	申请人缩写	varchar（200）
3	full_name	申请人全称	varchar（500）

表 8–32 exclusivity

序号	字段	描述	类型
1	id		int（10）
2	appl_type	新型药物应用类型	enum（A, N）
3	appl_no	新药申请编号	varchar（6）
4	product_no	产品编号	varchar（3）
5	exclusivity_code	排他性代码	varchar（10）
6	exclusivity_date	排他性日期	date

表 8-33 ingredient

序号	字段	描述	类型
1	id		int（10）
2	name	成分名称	varchar（200）

表 8-34 product_applicant

序号	字段	描述	类型
1	id		int（12）
2	product_id	product 表 id 的外键	int（10）
3	applicant_id	applicant 表 id 的外键	int（10）

表 8-35 product_ingredient

序号	字段	描述	类型
1	id		int（12）
2	product_id	product 表 id 的外键	int（10）
4	ingredient_id	ingredient 表 id 的外键	int（10）

8.3 癌症药物专利数据服务 API

8.3.1 癌症药物专利数据服务 API 的服务对象和开发目的

癌症药物专利数据服务 API 是为研究人员、分析人员提供的对专利及相关数据进行快速编程访问的接口。旨在通过智能采集、数据集成提升专利及相关信息的价值、实用性与透明度。

数据服务 API 是一种信息服务模式，研发人员、技术情报分析人员可以通过简单查询语句，调用癌症药物专利数据服务 API 中的专利信息，并利用这些深度加工的专利信息开展新兴技术识别、竞争对手预警工作。

癌症药物专利数据服务 API 是以开放数据为基础，通过智能采集、数据集成技术实现专利信息深度加工与多源数据融合，最终通过 RESTful 数据服务 API 为科研人员、情报分析人员提供可编程的数据服务。因此，癌症药物专利数据服务 API 在功能上表现为以下特点。

易用性。通过 REST 服务将复杂专利数据搜索过程简化为检索过程，使科研人员、情报分析人员根据相关文档指引，无须理解复杂的关系数据结构，通过简单的编程操作即可直接获取数据。

自动化。在传统权威来源、规范化的自动数据采集技术的基础上，对于癌症药物的专利信息和新闻信息等进行集成，建立兼顾实时性、异构性数据的自动采集管道。

8.3.2 癌症药物专利数据服务 API 设计

8.3.2.1 整体流程设计

癌症药物专利数据服务 API 整体流程示意如图 8-7 所示。

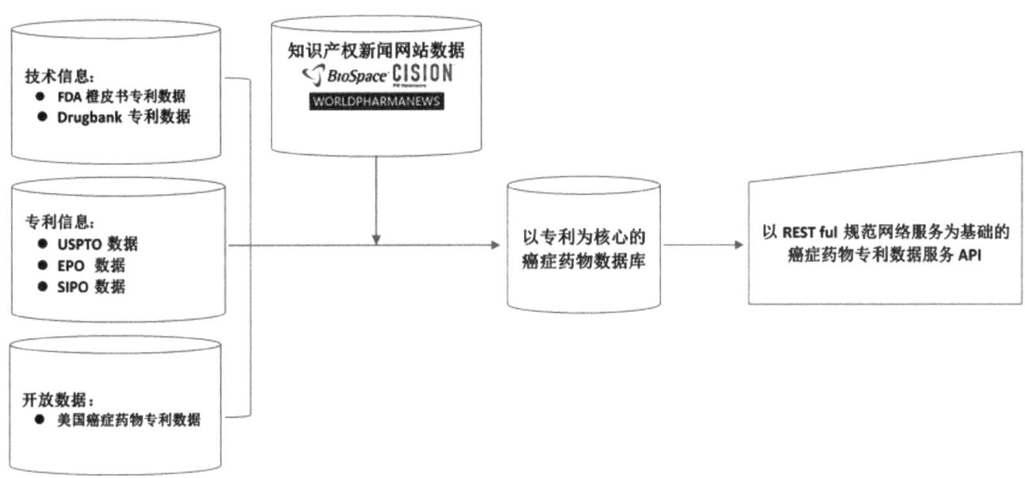

图 8-7 癌症药物专利数据服务 API 整体流程示意

8.3.2.2 整体架构

癌症药物专利数据服务 API 的整体架构分为 3 层：数据资源层、数据处理层及应用服务层。

数据资源层主要是针对异构数据来源的数据存储、数据采集。

数据处理层的主要功能在于对数据资源层获取的信息进行数据解析与数据集成，在实现上述功能模块前还需要辅助一些必要的功能，如网页提取、信息筛选、网页去重、信息匹配及更新等。

应用服务层则主要包含 3 个部分：数据检索、数据接口调用、WEB REST 服务。WEB REST 服务作为最终的服务接口向终端用户展现，而数据检索、数据接口调用则是构成 WEB REST 服务的两项核心应用（图 8-8）。

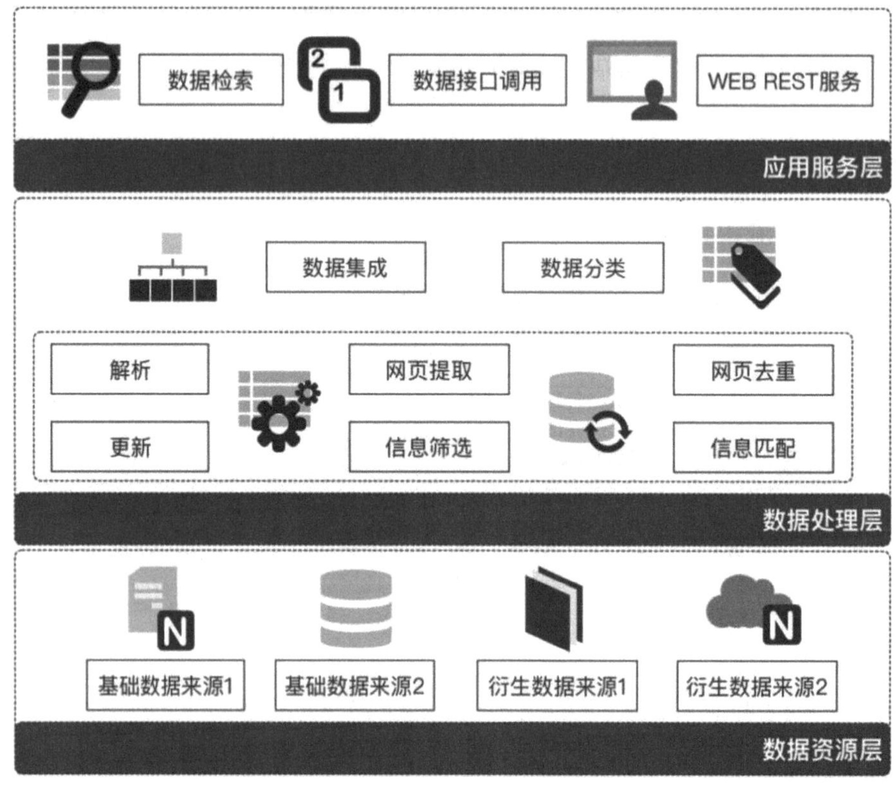

图 8-8　癌症药物专利数据服务 API 整体架构示意

8.3.3　癌症药物专利数据服务 API 的主要数据源及其集成

癌症药物专利数据由 4 部分构成。

①专利信息：USPTO 数据、EPO 数据、SIPO 数据；

②技术信息：FDA 橙皮书专利数据、DrugBank 专利数据；

③开放数据：美国癌症药物专利数据；

④知识产权新闻网站数据。

8.3.3.1　癌症药物专利数据库

癌症药物专利数据服务 API 的数据存储在 Mysql 数据库中，采用客户 – 服务器结构。癌症药物专利数据库共包括 24 张表（表 8–36），这些表格间的主键 – 外键关系如图 8–9 所示。下面将对这些表结构分别进行介绍。

表 8-36 癌症药物专利数据库表单

序号	表名	描述
1	patent	专利表
2	country	国家表
3	cpc	CPC 表
4	ipc	IPC 表
5	entity	实体表（包括申请人、发明人和专利权人）
6	news	信息表
7	download_list	下载清单表
8	cited_patent	被引专利表
9	non_patent	被引非专利文献表
10	drugbank_patent_article	DrugBank 专利 – 文献关系表
11	drugbank_patent_atc_code	DrugBank 专利 –atc 代码关系表
12	drugbank_patent_drug	DrugBank 专利 – 药物关系表
13	drugbank_patent_drugbank_id	DrugBank 专利 –drugbank_id 关系表
14	drugbank_patent_external_identifier	DrugBank 专利 – 外部来源关系表
15	drugbank_patent_synonym	DrugBank 专利 – 药物同名关系表
16	fda_patent_drug	Fda 专利 – 药物关系表
17	news_applicant	信息 – 申请人关系表
18	patent_applicant	专利 – 申请人关系表
19	patent_inventor	专利 – 发明人关系表
20	patent_cpc	专利 –CPC 关系表
21	patent_ipc	专利 –IPC 关系表
22	patent_cited_patent	专利 – 被引专利关系表
23	patent_non_patent	专利 – 被引非专利文献关系表
24	patent_priority	专利 – 优先权表

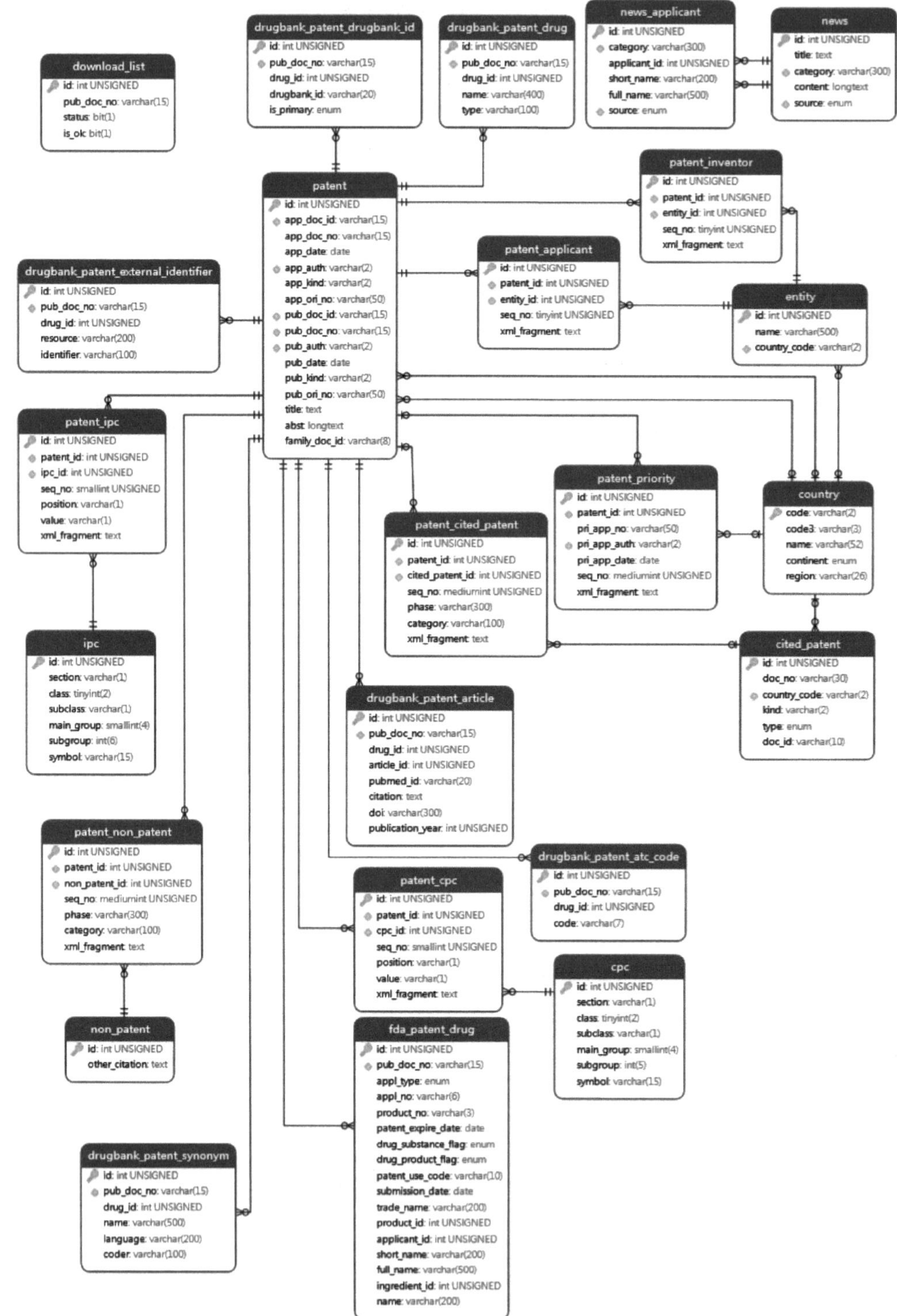

图 8-9　癌症药物数据库关系

8.3.3.2 癌症药物数据集成

掌握相对完备的信息是开展知识产权运营活动的制胜法宝。了解尽可能多的专利、技术、商业信息对于运营环节中的决策而言至关重要。如何简单、快速、有效地构建一个面向知识产权运营包含专利、技术、商业信息综合的数据集，并随时间变化及时更新、调整，实时地、有针对性地服务于相关人员，已经成为目前亟待解决的需求。

一般而言，专利检索都需要经过一个复杂的检索流程，包括分类号检索、关键词检索、发明人、机构检索；为了进一步了解相关商业和非专利的特定领域信息，信息采集人员还需要跨多个数据库开展综合检索，才能够满足知识产权运营过程中分析、决策的需求。

然而，上述复杂的检索过程不仅需要花费大量的人力，同时，检索式一旦定下来通常是无法随时间变化自动更新的，这是传统专利检索及相关检索过程中面临的关键挑战。挑战主要有 3 个方面。

①检索复杂。为了保证数据检索的准确性，专业的专利数据分析人员会利用多种工具，如分类号、关键词、机构进行交叉综合检索，该过程中可能会使用一些特定的商业工具，如 DWPI 分类号、特定关键词词典表，这些工具的存在为提升搜索精度提供了保障，但也会带来检索的不可重复性问题。

②检索工具的更新问题。有些辅助检索的工具，如分类号 IPC、CPC、USPC 等会随着时间变化进行调整，此时，如果利用之前检索式来开展检索，会出现偏差。例如，USPC 自 2017 年之后就不再更新了，于是就无法再利用 USPC 检索 2017 年以后的数据；又如，CPC 是当前各国专利局着力建设的分类体系，但近几年 CPC 分类的回溯覆盖率存在较大的变化。

③检索式中的人工因素。在当前的专利检索过程中，人工判定、缩小范围是一个重要的步骤，尤其对于很多重要的技术领域、创新点的判别都集成了专家的经验与智慧。这种人工的因素有时是很重要的，甚至还是关键性的。

正是由于上述因素的影响，使得通常检索式订立之后一到两年，就无法再继续使用了，原因可能是无法包含全部的检索工具、检索式过于复杂，或者是无法有相应的专家来协助判断。而未来一种理想的状态是利用人工智能技术来辅助检索式的重构，使那些花费大量人力、物力、财力的检索式能够通过自我更新的方式持续为用户提供服务。

想要建立更加开放、便捷的数据自动采集工具为癌症药物专利数据服务 API 提供坚实的数据保障，其中一个关键问题就是能够实现数据的自动化的采集与集成，而这个过程中的关键步骤就是：

①构建能够服务于数据自动化采集的检索式；

②构建能够服务于数据自动化采集的数据服务。

数据集成的目标为以下内容。

①构建一个与癌症药物相关的专利数据集。根据欧洲专利局 EPO 提供的全球专利著录信息标识（doc-id）对所采集的多源专利信息进行统一标识，比较并评估采集专利数据数量与质量的完整性。

②通过数据集成服务提供一个完整的癌症药物专利数据集。数据集成由三部分构成：过往专利信息与自动采集专利数据（更新数据）的集成；专利信息与药物相关技术信息的集成；专利信息与药物相关商业信息的集成。

③上述集成数据可作为独立端点，并可以通过 API 调用。

8.3.4 癌症药物专利数据 API 的功能

该 API 提供了自 1976 年 1 月 1 日以来，对约 20 万条与癌症药物相关的授权专利信息的检索获取服务。数据检索包含了对专利申请号、专利授权号、专利 IPC 信息、专利 CPC 信息、专利标题、摘要信息、药物名称、药物成分、药物产品、药物申请人、药物相关论文、药物相关同义词、药物相关 ATC 分类的号码与全文检索（图 8-10）。

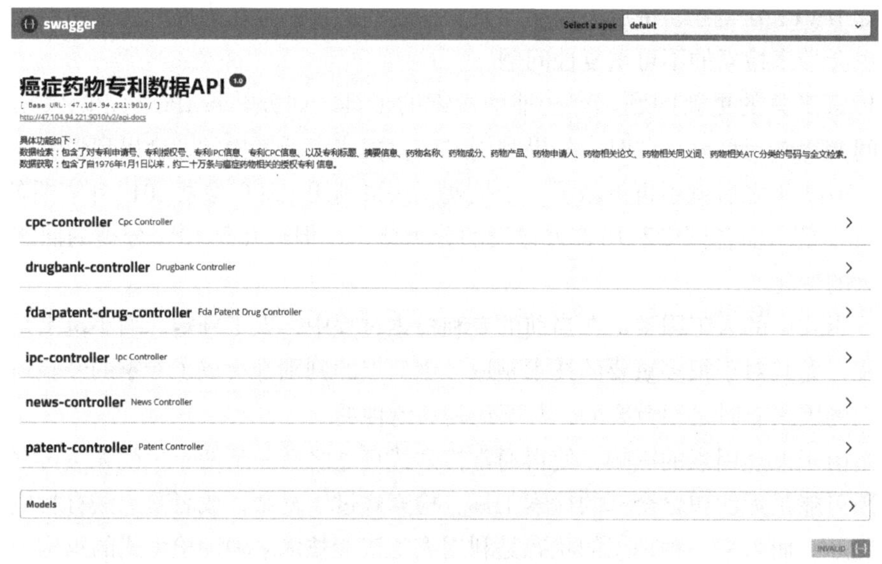

图 8-10　癌症药物专利数据 API

癌症药物专利数据服务 API 具体调用方式如下。

（1）cpc-controller

图 8-11 为 cpc-controller 调用接口，可以通过查询唯一标识和关键词检索两种方式获取需要的专利数据。cpc-controller API 功能如表 8-37 所示。

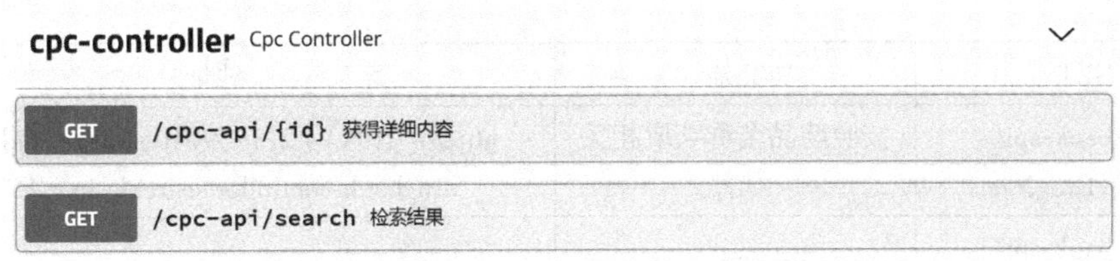

图 8-11 cpc-controller

表 8-37 cpc-controller API 功能

GET	功能描述	地址
/cpc-api/{id}	获取 cpc 结构信息及关联信息	http://47.104.94.221：9010/swagger-ui.html#/cpc-controller/getUsingGET
/cpc-api/search	按照 cpc 号获取结构信息及关联信息	http://47.104.94.221：9010/swagger-ui.html#/cpc-controller/searchUsingGET

（2）drugbank-controller

图 8-12 为 drugbank-controller 调用接口，可以通过查询唯一标识、药物名称等多种方式获取指定的 DrugBank 数据。drugbank-controller API 功能如表 8-38 所示。

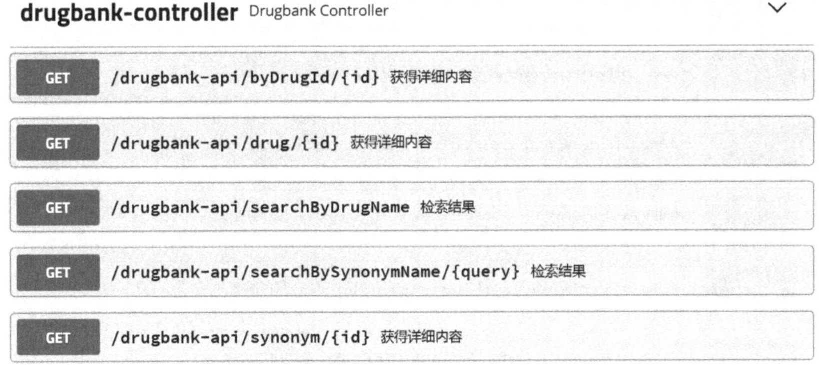

图 8-12 drugbank-controller

表 8-38 drugbank-controller API 功能

GET	功能描述	地址
/drugbank-api/byDrugId/{id}	按照药品 id 获取相关信息	http://47.104.94.221：9010/swagger-ui.html#/drugbank-controller/getByDrugIdUsingGET
/drugbank-api/drug/{id}	获取药品相关信息	http://47.104.94.221：9010/swagger-ui.html#/drugbank-controller/getDrugUsingGET

续表

GET	功能描述	地址
/drugbank-api/searchByDrugName	按照药品名称获取相关信息	http://47.104.94.221：9010/swagger-ui.html#/drugbank-controller/searchUsingGET_1
/drugbank-api/searchBySynonymName/{query}	按照药品同名名称获取相关信息	http://47.104.94.221：9010/swagger-ui.html#/drugbank-controller/searchSynonymUsingGET
/drugbank-api/synonym/{id}	按照药品同名名称 id 获取相关信息	http://47.104.94.221：9010/swagger-ui.html#/drugbank-controller/getUsingGET_1

（3）fda-patent-drug-controller

图 8–13 为 fda-patent-drug-controller 调用接口，可以通过查询药品唯一标识、成分、药品名称、专利号码、关键词等多种方式获取指定的药物专利数据。FDA 专利药物 API 功能如表 8–39 所示。

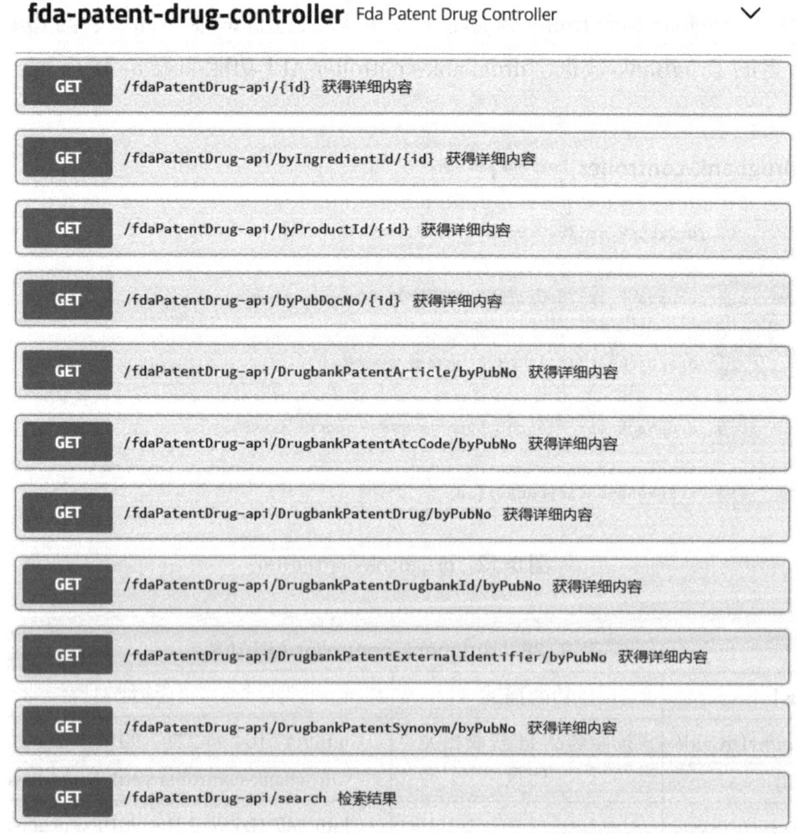

图 8–13　fda-patent-drug-controller

表 8-39　FDA 专利药物 API 功能

GET	功能描述	地址
/fdaPatentDrug-api/{id}	按照 fda 专利药品的 id 获取相关信息	http://47.104.94.221：9010/swagger-ui.html#/fda-patent-drug-controller/getUsingGET_3
/fdaPatentDrug-api/byIngredientId/{id}	按照成分 id 获取相关信息	http://47.104.94.221：9010/swagger-ui.html#/fda-patent-drug-controller/byIngredientIdUsingGET
/fdaPatentDrug-api/byProductId/{id}	按照产品 id 获取相关信息，将获取的 json 数据展示到页面上	http://47.104.94.221：9010/swagger-ui.html#/fda-patent-drug-controller/byProductIdUsingGET
/fdaPatentDrug-api/byPubDocNo/{id}	按照专利文献号码 id 获取相关信息	http://47.104.94.221：9010/swagger-ui.html#/fda-patent-drug-controller/getUsingGET_2
/fdaPatentDrug-api/DrugbankPatentArticle/byPubNo	按照专利文献号码 id 获取专利文章相关信息	http://47.104.94.221：9010/swagger-ui.html#/fda-patent-drug-controller/getArticleByUsingGET
/fdaPatentDrug-api/DrugbankPatentAtcCode/byPubNo	按照专利文献号码 id 获取 atc 代码相关信息	http://47.104.94.221：9010/swagger-ui.html#/fda-patent-drug-controller/getAtcCodeUsingGET
/fdaPatentDrug-api/DrugbankPatentDrug/byPubNo	按照专利文献号码 id 获取专利药品相关信息	http://47.104.94.221：9010/swagger-ui.html#/fda-patent-drug-controller/getPatentDrugUsingGET
/fdaPatentDrug-api/DrugbankPatentDrugbankId/byPubNo	按照专利文献号码 id 获取 drugbank 专利 id 相关信息	http://47.104.94.221：9010/swagger-ui.html#/fda-patent-drug-controller/searchUsingGET_2
/fdaPatentDrug-api/DrugbankPatentExternalIdentifier/byPubNo	按照专利文献号码 id 获取外部来源相关信息	http://47.104.94.221：9010/swagger-ui.html#/fda-patent-drug-controller/searchUsingGET_2
/fdaPatentDrug-api/DrugbankPatentSynonym/byPubNo	按照专利文献号码 id 获取同义词	http://47.104.94.221：9010/swagger-ui.html#/fda-patent-drug-controller/searchUsingGET_2
/fdaPatentDrug-api/search	按照检索式获取相关信息	http://47.104.94.221：9010/swagger-ui.html#/fda-patent-drug-controller/searchUsingGET_2

（4）ipc-controller

图 8-14 为 ipc-controller 调用接口，可以通过查询 id 和关键词检索两种方式获取需要的专利信息。ipc-controller API 功能如表 8-40 所示。

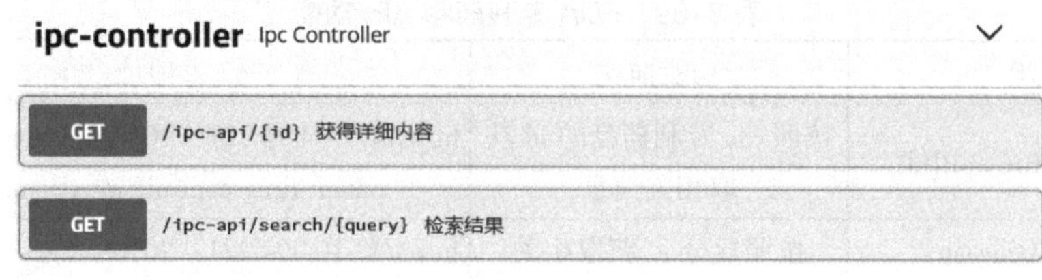

图 8-14　ipc-controller

表 8-40　ipc-controller API 功能

GET	功能描述	地址
/ipc-api/{id}	获取 ipc 结构信息及关联信息	http://47.104.94.221：9010/swagger-ui.html#/ipc-controller/getUsingGET_4
/ipc-api/search/{query}	按照 ipc 号获取所有完整结构信息	http://47.104.94.221：9010/swagger-ui.html#/ipc-controller/searchUsingGET_3

（5）news-controller

图 8-15 为 news-controller 调用接口，可以通过查询唯一标识和关键词检索两种方式获取需要的新闻信息。news-controller API 功能如表 8-41 所示。

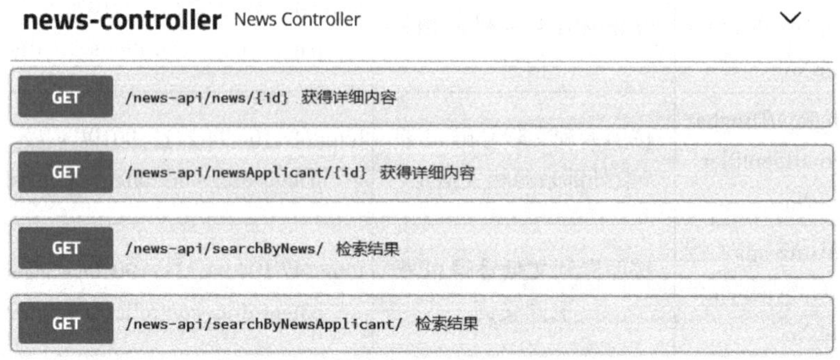

图 8-15　news-controller

表 8-41　news-controller API 功能

GET	功能描述	地址
/news-api/news/{id}	获取癌症药物相关新闻信息的 id	http://47.104.94.221：9010/swagger-ui.html#/news-controller/getNewsUsingGET
/news-api/newsApplicant/{id}	获取癌症药物相关新闻信息的机构、公司	http://47.104.94.221：9010/swagger-ui.html#/news-controller/getNewsApplicantsUsingGET

续表

GET	功能描述	地址
/news-api/searchByNews/	获取癌症药物相关新闻信息	http://47.104.94.221：9010/swagger-ui.html#/news-controller/searchNewsUsingGET
/news-api/searchByNewsApplicant/	按照机构、公司名称获取癌症药物相关新闻	http://47.104.94.221：9010/swagger-ui.html#/news-controller/searchNewsApplicantUsingGET

（6）patent-controller

图 8-16 为 patent-controller 调用接口，可以通过查询唯一标识、专利申请号、专利公开号、关键词检索等多种方式获取需要的专利信息。patent-controller API 功能如表 8-42 所示。

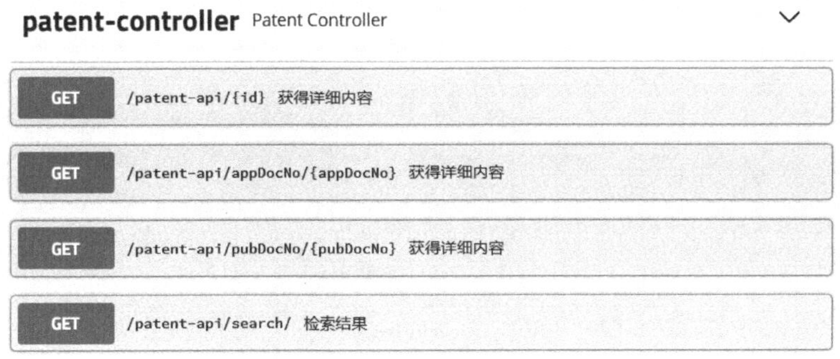

图 8-16 patent-controller

表 8-42 patent-controller API 功能

GET	功能描述	地址
/patent-api/{id}	按照专利 id 获取专利信息及关联信息	http://47.104.94.221：9010/swagger-ui.html#/patent-controller/getUsingGET_5
/patent-api/appDocNo/{appDocNo}	按照专利申请号码获取专利信息及关联信息	http://47.104.94.221：9010/swagger-ui.html#/patent-controller/appDocNoUsingGET
/patent-api/pubDocNo/{pubDocNo}	按照专利文献号码获取专利信息及关联信息	http://47.104.94.221：9010/swagger-ui.html#/patent-controller/pubDocNoUsingGET
/patent-api/search/	按照检索式获取相关信息	http://47.104.94.221：9010/swagger-ui.html#/patent-controller/searchUsingGET_4

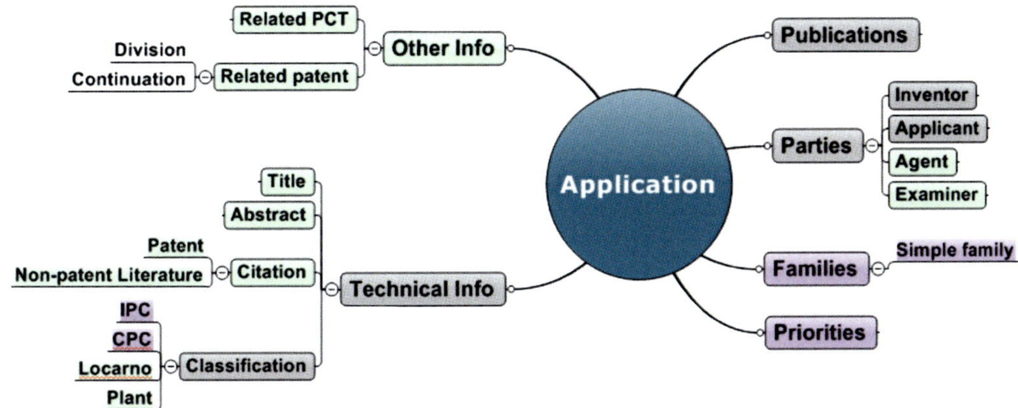

图 4-4　美国专利数据库概念

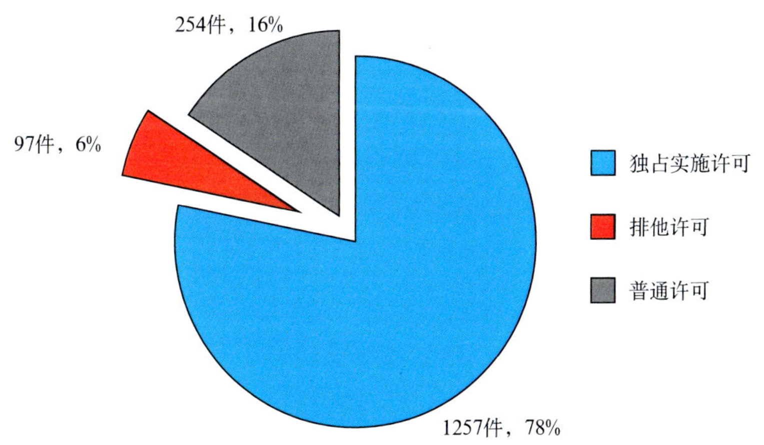

图 6-21　我国生物医药专利许可类型分析

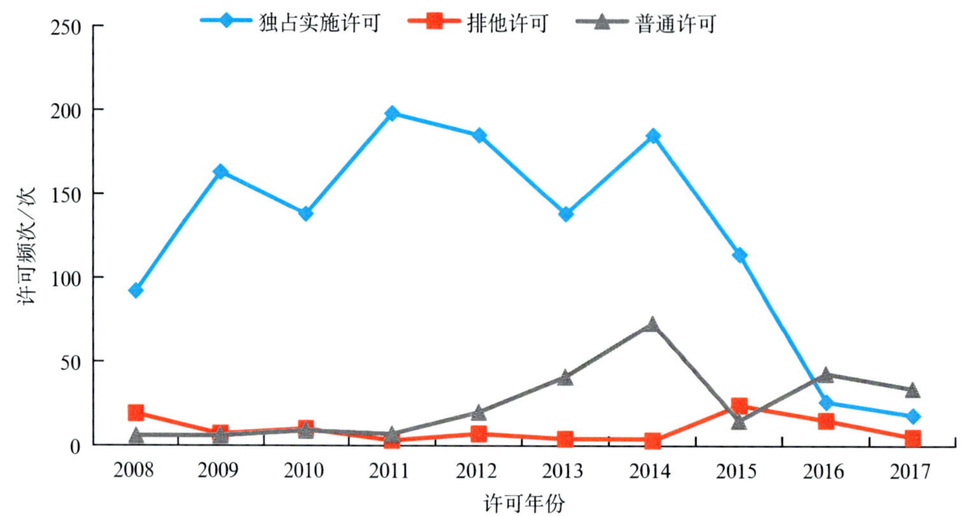

图 6-22　我国生物医药专利许可类型年度变化趋势分析

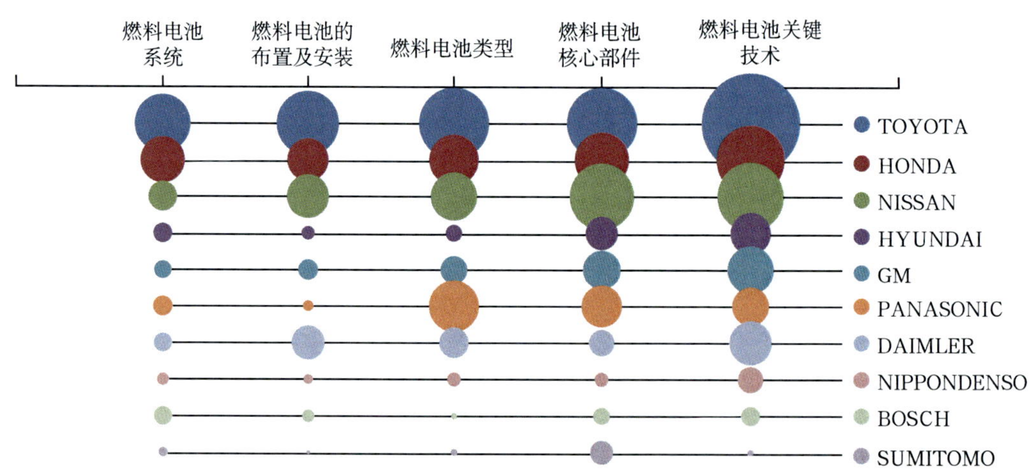

图 7-7　前 10 家企业在燃料电池系统分类的专利分布

TOYOTA：日本丰田汽车公司；HONDA：本田汽车集团；NISSAN：日产汽车公司；HYUNDAI：现代自动车株式会社；GM：通用汽车公司；PANASONIC：松下电器产业株式会社；DAIMLER：戴姆勒股份公司；NIPPONDENSO：日本电装公司；BOSCH：博世公司；SUMITOMO：日本住友电气工业株式会社。

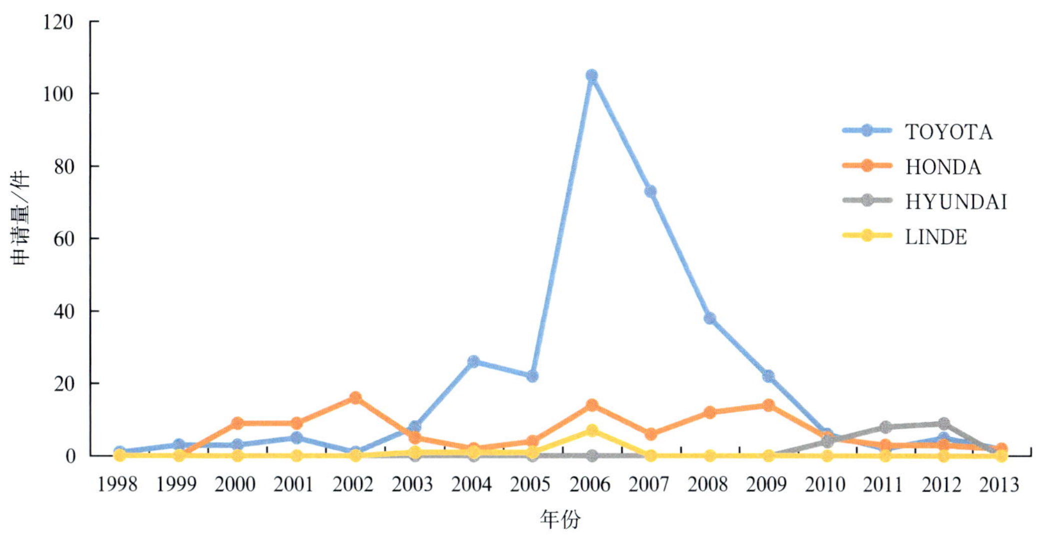

图 7-9　燃料储备技术主要市场主体专利申请趋势

TOYOTA：日本丰田汽车公司；HONDA：本田汽车集团；HYUNDAI：现代自动车株式会社；LINDE：德国林德集团。

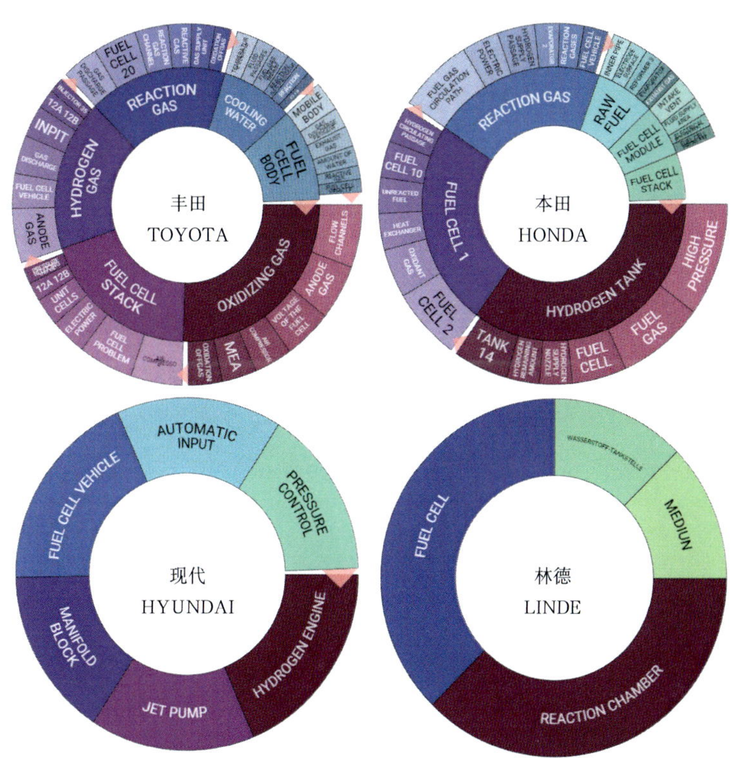

图 7-10　燃料储备技术主要市场主体专利技术特征分析

TOYOTA：日本丰田汽车公司；HONDA：本田汽车集团；HYUNDAI：现代自动车株式会社；LINDE：德国林德集团。

	发电	电流收集	电能存储	散热器	冷却	热交换	电压检测	电流检测	温度检测	压力检测	异常检测	催化剂	制氢	传输氢	储氢	氢检测	氢回收	燃料电池	电极	电解质	离子	电机	开关	水汽分离	氧化剂	通信显示	储液
稳定性					1	7		1				16	4		1			54	14	18	4	1		1		4	
耐用性	1				5	4											1	20	1	6	4			7	4		
成本			7	3	5	1			6	1	3	17	9	7	10			72	4	11		12		16		21	
性能	1	7			9	3			1			19		4	9			63	20	7			3	11	12	10	
精确度																		1									
能耗						3												8	3								
重量	1	3			14					3		3	1		8			41	2	2				8	3		
结构	2	5	7	3	7				2	7	3	17	7	7	11			146	39	33	5		1	21	3	21	1
安全					2					1		1		1	8			13	4				5	5		1	1
温度	3	4		7	33	19			19	2	3	44	7	1	13	2		171	16	17			2	10	14	10	1
噪音												3			2			13				2		2			
舒适性																		1									
环保				2		2						24	8		4			56	8	2				1			2

图 7-11　燃料储备技术功效分析

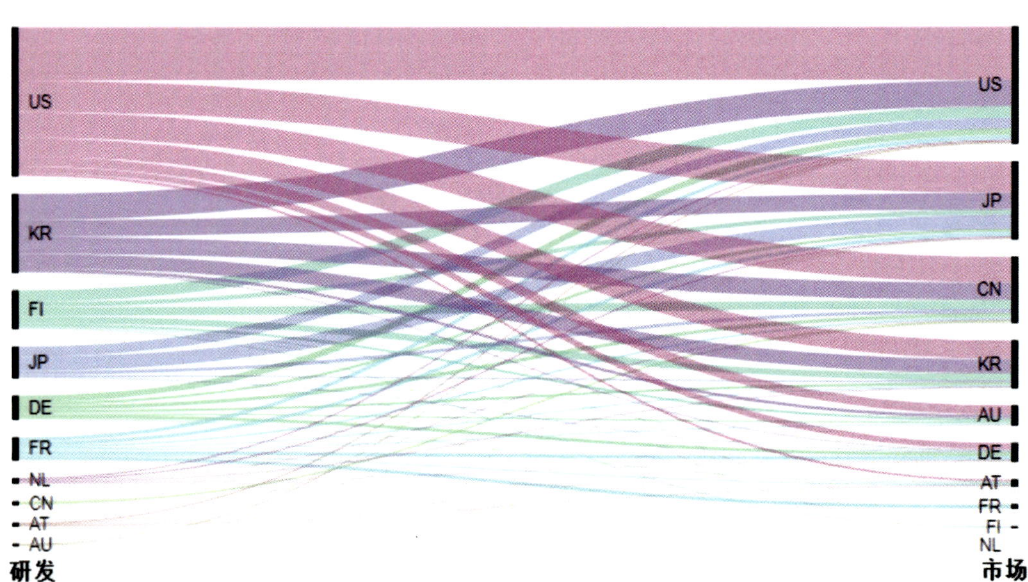

图 8-4　ISO 标准必要专利从研发到市场的地理流动